MÉTHODES

NOUVELLES ET FACILES

DE FORMER LES PUISSANCES

PAR L'ADDITION.

Se trouve à Paris *chez*
BACHELIER, *Libraire*, Quai des Augustins, n° 55;
CHARLES BECHET, *idem*, *idem*, n° 57;
LE COINTRE ET DUREY, *idem*, *idem*, n° 49;
ARTHUS-BERTRAND, *idem*, rue Hautefeuille, n° 22.

MÉTHODES

NOUVELLES ET FACILES

DE FORMER LES PUISSANCES

PAR L'ADDITION,

ET D'EXTRAIRE

LES RACINES QUARRÉES ET CUBIQUES

QUI RÉSULTENT

DE LEURS PROGRESSIONS GÉNÉRATRICES, etc., etc. ;

PAR M. BARAILON,

ANCIEN MAGISTRAT.

LIMOGES,

IMPRIMERIE DE J.-B. BARGEAS.

M DCCC XXVI.

[illegible]

[illegible]

[illegible]

[illegible]

[illegible]

[illegible]

[illegible]

REMARQUES

PRÉLIMINAIRES.

Suivant la méthode ordinaire, la formation des puissances se fait par la multiplication : l'extraction de la racine quarrée provient de la décomposition de ce polynôme $a^2 + 2ab + b^2$; l'extraction de la racine cubique provient de celle de cet autre polynome $a^3 + 3a^2b + 3ab^2 + b^3$. Ainsi les préceptes généraux qui résultent de ces deux quantités algébriques, deviennent d'autant plus difficiles à suivre, que les nombres dont on veut extraire les racines quarrées ou cubiques, sont grands. L'extraction des racines des quatrième, cinquième, etc. puissances, dépendante des règles qui dérivent des polynomes représentant ces différentes puissances, présente beaucoup plus de difficultés et devient même impraticable.

Suivant notre méthode, la formation des puissances se fait par l'addition ; l'extraction des racines quarrées et cubiques des plus grands nombres qui se fait principalement par l'addition, est aussi sûre que facile. Les règles que nous avons employées pour extraire les racines des quarrés et des cubes, émanent naturellement de l'origine de ces deux puissances, et proviennent essentiellement de chacune des manières dont elles sont formées.

Le calcul numérique est le calcul naturel des chiffres qui expriment séparément une valeur. Il est une lumière directe qui, en éclairant notre esprit et notre entendement, nous fait découvrir des méthodes simples, lumineuses et utiles dans les sciences mathématiques. C'est en décomposant par la soustraction les 2me, 3me, 4me, 5me, 6me, 7me, 8me, 9me puissances, que nous sommes parvenus à connaître les progressions arithmétiques de chacune d'elles. Nous appelons ces progressions arithmétiques, progressions génératrices; par la raison qu'elles sont les principes générateurs et infaillibles d'où l'on part pour les former par la simple règle de l'addition.

Cette découverte qui peut paraître importante, nous a conduit naturellement à en faire d'autres qui résultent de différentes manières de sommer les termes de la progression génératrice des quarrés 1, 3, 5, 7, 9, 11, 13, 15, etc., etc., pour former les 3me, 4me, 5me, etc.

puissances ; et pour extraire leurs racines. Tous les termes de cette série étant calculés jusqu'à l'infini, produisent jusqu'à l'infini les quarrés qui comprennent les puissances de tous les degrés pairs, c'est-à-dire, les puissances des 4me, 6me, 8me, etc. degrés. Ces puissances des degrés pairs étant comprises parmi les quarrés des nombres naturels, formés successivement par les termes de la progression primitive 1, 3, 5, etc., etc. ; peuvent être également formés par les termes de cette même progression qui a la propriété immuable d'opérer précisément ces diverses formations, en les calculant d'après les règles appropriées à chacune de ces puissances paires.

Mais les puissances des degrés impairs proviennent de deux opérations. La première qui consiste à calculer un nombre suffisant de termes de la progression primitive, donne justement la puissance de la racine du degré pair laquelle précède immédiatement celle du degré impair que nous cherchons. La seconde qui consiste à multiplier ce premier produit par la racine, c'est-à-dire, à répéter ce premier produit, résultant d'un certain nombre de termes de la progression génératrice des quarrés, autant de fois que la racine a d'unités, donne exactement la puissance du degré impair de la même racine. Delà il suit que la

progression génératrice des quarrés est l'ori=
gine de toutes les puissances.

Les principes qui nous ont servi à former
ces diverses puissances, et qui émanent essentiellement de la progression génératrice des
quarrés, source féconde de leur formation,
nous ont également servi pour l'extraction de
leurs racines.

Telles sont les connaissances aussi simples
que faciles qui résultent du calcul numérique,
et qui vont être développées dans cet ouvrage.
Nous ne pensons pas qu'un autre quelconque
eût pu le remplacer pour produire de semblables résultats.

Au reste, nous désirons bien que les sciences
mathématiques qui présentent assez de difficultés pour décourager beaucoup de lecteurs,
se simplifient Leur simplicité contribuera sans
doute à les faire aimer, propager et perfec-
tionner.

Il nous paraît que les calculs sont d'autant
plus simples et plus faciles qu'ils partent de
leurs sources naturelles. Ainsi plus ils s'en
éloignent, plus ils sont pénibles et difficiles.

IDÉE GÉNÉRALE

SUR LA FORMATION DES PUISSANCES.

Les nombres naturels 1, 2, 3, 4, 5, 6, 7, 8, 9, etc., etc. qui ont 1 pour différence constante entre tous leurs termes même poussés jusqu'à l'infini, sont les racines de toutes les puissances. Ces nombres naturels élevés, successivement et suivant leur ordre numérique, à la seconde, troisième, quatrième, cinquième, etc. puissances, suivent invariablement une marche sûre et progressive, par la raison que les racines conservant toujours entre elles la même différence, chaque puissance, qui dans sa formation, suit l'ordre des nombres naturels, doit avoir nécessairement dans le principe une disposition de nombres progressifs, et conservant toujours entre eux la même différence : donc toutes les puissances des nombres naturels sont subordonnées à des lois particulières, progressives et génératrices, dont la différence entre leurs termes est constante.

Pour trouver les progressions génératrices des 2me, 3me, 4me, 5me, 6me, 7me, 8me, et 9me

2

puissances, qui sont les lois particulières et primordiales de chacune d'elles auxquelles elles sont subordonnées, nous avons élevé les nombres 1, 2, 3, 4, 5, 6, 7, 8, 9, etc. à ces différentes puissances; ensuite nous les avons décomposées par la soustraction, jusqu'à ce que nous ayons obtenu une série de termes qui aient entre eux la même différence, et qui, par cela même, sont leurs progressions génératrices.

Plus la puissance est élevée, plus les termes de la progression génératrice sont difficiles à obtenir; par la raison que les premiers termes de la colonne destinée pour la progression génératrice ont une différence variable entre eux, et qu'on ne trouve qu'après ceux-ci, les termes dont la différence est constante.

Plus la puissance est petite, plus son principe générateur est rapproché de la puissance; plus aussi la différence de ces termes est petite. Plus la puissance est élevée, plus son principe générateur est éloigné de la puissance; plus aussi la différence de ses termes est grande.

Les nombres naturels 1, 2, 3, 4, 5, 6, 7, 8, 9, etc., etc. qui sont les racines de la première puissance, sont en même temps les termes de la progression génératrice, et ceux de la première puissance. Par conséquent les racines, les termes de la progression génératrice de la première puissance, et les termes de cette

même puissance sont numériquement iden-
tiques.

Les termes de la progression génératrice de
la seconde puissance sont 1, 3, 5, 7, 9, 11,
13, etc., etc., dont 2 est la différence constante.
L'addition successive de ces termes forme les
quarrés des nombres naturels.

Les termes de la progression génératrice de
la troisième puissance sont 0, 6, 12, 18, 24,
30, 36, etc., etc., dont 6 est la différence constante. L'addition successive de 1, premier terme
de la suite des différences des cubes, et des
termes de la progression génératrice, produit
la suite des différences des cubes : et l'addition
successive des termes de cette suite produit les
cubes.

Les termes de la progression génératrice de
la quatrième puissance sont 0, 12, 36, 60, 84,
108, 132, etc., etc., dont 24 est la différence
constante. L'addition successive de 2, premier
terme de la deuxième série des différences et
des termes de la progression génératrice, produit les termes de la deuxième série. L'addition
successive de 1, premier terme de la première
série des différences et des termes de la deuxième
série, produit les termes de la première série
des différences : et l'addition successive des termes de cette première série, produit la quatrième puissance des nombres naturels.

Les termes de la progression génératrice de
la cinquième puissance sont o, 120, 240, 360,
480, 600, 720, etc., etc., dont 120 est la différence constante. La formation de cette puissance et des suivantes se fait de la même manière
que les précédentes.

Les termes de la progression génératrice de
la sixième puissance sont o, 420, 1080, 1800,
2520, 3240, etc., etc., dont 720 est la différence constante, et commencent entre 1080
et 1800 deux termes de cette progression.

Les termes de la progression génératrice de
la septième puissance sont o, 120, 1440, 5160,
10080, 15120, 20160, etc., etc.; dont 5040
est la différence constante, et commencent
entre 10080 et 15120 deux termes de cette
progression.

Les termes de la progression génératrice de la
huitième puissance sont o, 250, 4790, 24950,
60729, 100801, 141120, 181440, 221760,
262080, etc., etc., dont 40320 est la différence
constante, et commencent entre 141120 et
181440 deux termes de cette progression.

Les termes de la progression génératrice de
la neuvième puissance sont o, 510, 15600,
118980, 378480, 726270, 1088640, 1451520,
1814400, 2177280, etc., etc., dont 362880
est la différence constante, et commencent entre
1088640 et 1451520 deux termes de cette
progression.

Il est aisé de connaître la différence des termes de la progression génératrice de chaque puissance, en multipliant chaque différence par l'exposant de la puissance suivante. Des exemples rendront sensible cette vérité.

Si nous multiplions 2, qui exprime la différence constante entre les termes de la progression génératrice de la deuxième puissance, par 3 l'exposant de la troisième puissance, nous obtiendrons 6 qui exprime la différence constante entre les termes de la progression génératrice de la troisième puissance.

Si nous multiplions 6 par 4 l'exposant de la quatrième puissance, nous obtiendrons 24 qui exprime la différence constante entre les termes de la progression génératrice de la quatrième puissance.

Si nous multiplions 24 par 5 l'exposant de la cinquième puissance, nous obtiendrons 120 qui exprime la différence constante entre les termes de la progression génératrice de la cinquième puissance.

Si nous multiplions 120 par 6 l'exposant de la sixième puissance, nous obtiendrons 720 qui exprime la différence constante entre les termes de la progression génératrice de la sixième puissance.

Si nous multiplions 720 par 7 l'exposant de la septième puissance, nous obtiendrons 5040.

qui exprime la différence constante entre les termes de la progression génératrice de la septième puissance.

Si nous multiplions 5040 par 8 l'exposant de la huitième puissance, nous obtiendrons 40320 qui exprime la différence constante entre les termes de la progression génératrice de la huitième puissance.

Si nous multiplions 40320 par 9 l'exposant de la neuvième puissance, nous obtiendrons 362880 qui exprime la différence constante entre les termes de la progression génératrice de la neuvième puissance.

Dans la formation des puissances suivantes, y compris la colonne des racines, la seconde puissance a trois colonnes; la troisième en a quatre; la quatrième en a cinq; la cinquième en a six; la sixième en a sept; la septième en a huit; la huitième en a neuf; le neuvième en a dix : ainsi de suite.

La connaissance de la différence constante des termes de la progression génératrice de chaque puissance, et la connaissance du nombre des colonnes nécessaire pour leur formation, sont deux signes indicateurs pour nous faire trouver les progressions génératrices de chacune d'elles.

MÉTHODE FACILE

Pour former la 2ème, 3ème, 4ème, etc. puissances des Nombres naturels 1, 2, 3, 4, 5, 6, 7, 8, 9, 10, etc., etc.

CHAPITRE PREMIER.

SECTION PREMIÈRE.

De la formation de la deuxième puissance des Nombres naturels 1, 2, 3, 4, 5, 6, 7, 8, 9, 10, *etc., etc.*

Les nombres naturels 1, 2, 3, 4, 5, 6, 7, 8, 9, 10, 11, 12, etc., etc., forment une série qui est une progression arithmétique croissante dont la différence est toujours 1. Leurs quarrés 1, 4, 9, 16, 25, 36, 49, 64, 81, 100, 121, 144, etc., etc., sont une suite de grandeurs numériques qui varient à chaque terme, puisque la différence de 4 à 1 est 3, de 9 à 4 est 5, de

16 à 9 est 7, de 25 à 16 est 9, de 36 à 25 est 11 ; de 49 à 36 est 13, de 64 à 49 est 15, de 81 à 64 est 17, de 100 à 81 est 19, de 121 à 100, est 21, de 144 à 121 est 23. Mais les différences des quarrés des nombres naturels 3, 5, 7, 9, 11, 13, 15, 17, 19, 21, 23 etc.; forment une série de termes qui suivent la même loi, dont la différence 2 est constante, et qui est une progression arithmétique croissante à laquelle nous donnons 1 pour premier terme. Désormais nous l'appellerons progression génératrice ; par la raison qu'elle sert à former tous les quarrés des nombres naturels pris selon leur ordre et calculés jusqu'à l'infini, en additionnant successivement ses termes. En effet 1 égale 1 le quarré de 1 ; 1 plus 3 égalent 4 le quarré de 2 ; 4 plus 5 égalent 9 le quarré de 3 ; 9 plus 7 égalent 16 le quarré de 4 ; 16 plus 9 égalent 25 le quarré de 5 ; 25 plus 11 égalent 36 le quarré de 6 ; 36 plus 13 égalent 49 le quarré de 7 ; 49 plus 15 égalent 64 le quarré de 8 ; 64 plus 17 égalent 81 le quarré de 9 ; 81 plus 19 égalent 100 le quarré de 10 ; 100 plus 21 égalent 121 le quarré de 11 ; 121 plus 23 égalent 144 le quarré de 12 ; etc., etc. Ainsi de suite. *Voyez le Tableau premier.*

TABLEAU I.

RACINES.	QUARRÉS.	PROGRESSION génératrice.
1.	1.	1.
2.	4.	3.
3.	9.	5.
4.	16.	7.
5.	25	9.
6.	36.	11.
7.	49.	13.
8.	64.	15.
9.	81.	17.
10.	100.	19.
11.	121.	21.
12.	144.	23.
13.	169.	25.
14.	196.	27.
15.	225.	29.
16.	256.	31.
17.	289.	33.
18.	324.	35.
19.	361.	37.
20.	400.	39.
21.	441.	41.
22.	484.	43.
23.	529.	45.
24.	576.	47.
25.	625.	49.
26.	676.	51.
27.	729.	53.
28.	784.	55.
29.	841.	57.
30.	900.	59.
31.	961.	61.
32.	1024.	63.
33.	1089.	65.
34.	1156.	67.
35.	1225.	69.
36.	1296.	71.
37.	1369.	73.

RACINES.	QUARRÉS.	PROGRESSION génératrice.
38.	1444.	75.
39.	1521.	77.
40.	1600.	79.
41.	1681.	81.
42.	1764.	83.
43.	1849.	85.
44.	1936.	87.
45.	2025.	89.
46.	2116.	91.
47.	2209.	93.
48.	2304.	95.
49.	2401.	97.
50.	2500.	99.
51.	2601.	101.
52.	2704.	103.
53.	2809.	105.
54.	2916.	107.
55.	3025.	109.
56.	3136.	111.
57.	3249.	113.
58.	3364.	115.
59.	3481.	117.
60.	3600.	119.
61.	3721.	121.
62.	3844.	123.
63.	3969.	125.
64.	4096,	127.
65.	4225.	129.
66.	4356.	131.
67.	4489.	133.
68.	4624.	135.
69.	4761.	137.
70.	4900.	139.
71.	5041.	141.
72.	5184.	143.
73.	5329.	145.
74.	5476.	147.
75.	5625.	149.
76.	5776.	151.
77.	5929.	153.

RACINES.	QUARRÉS.	PROGRESSION génératrice.
78.	6084.	155.
79.	6241.	147.
80.	6400;	159.
81.	6561.	161.
82.	6724.	163.
83.	6889.	165.
84.	7056.	167.
85.	7225.	169.
86.	7396.	171.
87.	7569.	173.
88.	7744.	175.
89.	7921.	177.
90.	8100.	179.
91.	8281.	181
92.	8464.	183.
93.	8649.	185.
94.	8836.	187.
95.	9025.	189.
96.	9216.	191.
97.	9409.	193.
98.	9604.	195.
99.	9801.	197.
100.	10000.	199.

SECTION II.

Au commencement de cet ouvrage, nous avons dit que la progression arithmétique croissante 1 , 3 , 5 , 7 , 9 , 11 , 13, 15, 17, 19, etc., etc., dont la différence 2 est constante, doit être appelée progression génératrice ; par la raison qu'elle sert à former tous les quarrés des nombres naturels pris selon leur ordre et calculés jusqu'à l'infini, en additionnant successivement ses termes. Ainsi les quarrés des dizaines, des centaines, des mille , etc. qui se trouvent compris dans la formation des quarrés ci-dessus expliqués, suivent la même loi que celle des quarrés des nombres naturels 1 , 2 , 3 , 4 , 5 , etc., etc. , puisqu'ils résultent de l'addition successive des termes provenans d'autant de progressions génératrices qui ont les mêmes rapports et qui produisent les mêmes effets que la première ; en observant que les termes de la progression génératrice qui servent à former les quarrés de la racine qui augmente de dizaine en dizaine, diffèrent entre eux de 200 ; que ceux de la progression génératrice qui servent à former les quarrés de la racine qui augmente de centaine en centaine , diffèrent entre eux de 20000 ; que ceux de la progression génératrice qui servent à former les quarrés de la racine qui augmente de mille en mille , diffèrent entre eux de 2000000 ; et qu'enfin les termes d'une progression génératrice quelconque ont toujours un nombre de zéros double de celui des zéros des racines correspondantes.

Effectivement, la différence de 100 quarré de 10 et de 400 quarré de 20, est 300 ; la différence de 400 et de 900 quarré de 30 , est 500 ; la différence de 900 et de 1,600 quarré de 40 , est 700 ; la différence de 1600 et de 2500 quarré de 50, est 900 ; la différence de 2500 et de 3600 quarré de 60 , est 1100 ; la différence de 3600 et de 4900 quarré de 70 , est 1300 ; la différence de 4900 et de 6400 quarré de 80, est 1500 ; la différence de 6400 et de 8100 quarré de 90, est 1700 ; la différence de 8100 et de 10000 quarré de 100, est 1900. Nous donnons 100 pour premier terme de toutes ces différences ; nous avons la série 100, 300, 500, 700, 900, 1100, 1300, 1500, 1700, 1900, etc., dont la différence 200 est constante, et qui a la propriété immuable de former par l'addition successive de ses termes tous les quarrés de la racine qui augmente de dizaine en dizaine.

La différence de 10000 quarré de 100 et de 40000 quarré de 200, est 30000 ; la différence de 40000 et de 90000 quarré de 300, est 50000 ; la différence de 90000 et de 160000 quarré de 400, est 70000 ; la différence de 160000 et de 250000 quarré de 500, est 90000 ; la différence de 250000 et de 360000 quarré de 600, est 110000, la différence de 360000 et de 490,000 quarré de 700, est 130,000 ; la différence de 490000 et de 640000 quriré de 800, est 150000 ; la différence de 640000 et de 810000 quarré de 900, est 170000, la différence de 810000 et de 1000000 quarré de 1000, est 190000. Nous donnons 10000 pour premier terme de toutes ces différences ; et nous avons la série 10000, 30000, 50000, 70000, 90000, 110000, 130000, 150000, 170000, 190000, etc., dont la différence 20000 est constante, et qui a la propriété immuable de former par l'addition successive de ses termes tous les quarrés de la racine qui augmente de centaine en centaine.

La différence de 1000000 quarré de 1000 et de 4000000 quarré de 2000, est 3000000 ; la différence de 4000000 et de 9000000 quarré de 3000, est 5000000 ; la différence de 9000000 et de 16000000 quarré de 4000, est 7000000 ; la différence de 16000000 et de 25000000 quarré de 5000, est 9000000 ; la différence de 25000000 et de 36000000 quarré de 6000, est 11000000 ; la différence de 36000000 et de 49000000

quarré de 7,000 , est 13000000 ; la différence de 49000000
et de 64000000 quarré de 8000 , est 15000000 ; la
différence de 64000000 et de 81000000 quarré de
9000 , est 17000000 ; la différence de 81000000 et de
100000000 quarré de 10000 , est 19000000. Nous
donnons 1000000 pour premier terme de toutes ces différences ; et nous avons la série 1,000000 , 3000000 ,
5000000 , 7000000 , 9000000 , 11000000 , 13000000 ,
15000000 , 17000000 , 19000000 , etc., dont la différence
2000000 est constante , et qui a la propriété immuable
de former par l'addition successive de ses termes tous les
quarrés de la racine qui augmente de mille en mille.

Chacune de ces séries et des subséquentes analogues ,
est une progression arithmétique croissante parfaitement
semblable à la première 1 , 3 , 5 , 7 . 9 , 11 , 13 , 15 ,
17 , 19 , etc. , etc. , parce qu'elles ont toutes les mêmes
rapports entre leurs termes correspondans , et donnent
les mêmes résultats.

En effet il est évident que ces séries dont les termes
sont successivement additionnés , ont la propriété immuable de former tous les quarrés des dizaines de la
racine qui s'éloignent ou se rapprochent de plus en plus
de ses unités.

Dans cette section , nous traiterons d'abord des quarrés
des dizaines de la racine qui s'éloignent de plus en plus
des quarrés de ses unités ; puis , en opérant à la suite
du même nombre , nous traiterons des quarrés des dizaines
de la racine qui se rapprochent de plus en plus des
quarrés de ses unités : nous la divisons en dix articles.

ARTICLE I.

Afin de nous éloigner des quarrés des unités de la
racine , et par cela même de nous rapprocher de ceux
des grands nombres , nous allons faire un tableau des

quarrés des dizaines de la racine qui suivent immédiatement ceux de cent unités.

Les termes de la série qui servent à former les quarrés de la racine qui augmente de dizaine en dizaine, et que nous appelons progression génératrice, sont 100, 300, 500, 700, 900, 1100, etc., dont 200 est la différence constante. Ainsi il nous faut obtenir le terme de cette série qui nous fait passer des unités aux dizaines, et qui correspond à 100 la racine et à son quarré ; ensuite trouver par l'addition le quarré de 110. Or, pour réussir dans cette double opération : il faut 1° chercher la différence des quarrés des deux dernières dizaines de la racine qui précèdent celui de 110, c'est-à-dire, la différence de 10000 quarré de 100 et de 8100 quarré de 90 qui est 1900 ; ou, ce qui produit le même résultat, prendre 199 le terme de la progression génératrice correspondant à 100 la dernière racine et égalant le double de cette même racine moins un, remplacer le dernier 9 du terme 199 par deux zéros, afin d'avoir 1900 cette même différence, laquelle est le terme de la série qui nous est nécessaire pour passer des unités aux dizaines ; 2° augmenter de deux centaines le terme 1900, et ainsi le convertir en cet autre 2100 qui correspond à la racine 110 ; 3° additionner 10000 le dernier quarré et 2100 le terme augmenté de deux centaines, pour avoir la somme 12,100 qui est vraiment le quarré de 110.

Mais, afin de trouver les quarrés des dizaines suivantes de la racine, l'opération est plus simple. Il faut, à chaque dizaine dont on cherche le quarré, 1° augmenter de deux centaines le dernier terme connu ; 2° additionner le dernier quarré trouvé et le terme augmenté de deux centaines ; la somme sera toujours le quarré du nombre cherché. Par exemple, on demande le quarré de 120 : pour l'avoir, il faut augmenter de deux centaines le dernier terme 2100 qui, par cette augmentation, est changé en cet autre 2300 ; additionner 12100 quarré de 110 et 2300 terme augmenté de deux centaines ; la somme 14400 sera le quarré de 120. Cette opération simple est facile à voir dans la première suite du tableau I, où on aperçoit aussitôt que 1900 la différence des deux derniers quarrés des dizaines de la racine qui précèdent celui de 110, est le premier terme de la progression génératrice que nous faisons correspondre à 100 la racine et à son quarré, afin de passer des unités de la racine à ses dizaines ; que ce premier terme augmenté, à chaque addition, de deux centaines, compose les termes suivans.

Mais, dira-t-on, chaque terme de la progression génératrice doit être exactement le double de chaque racine correspondante moins une unité ; pourquoi chaque terme de la progression génératrice, lorsqu'il s'agit de trouver les quarrés des racines qui augmentent de dizaine en dizaine, est-il numériquement plus grand que le double moins un de chaque racine correspondante, puisque le terme 2100 dépasse beaucoup le double moins un de 110 la racine correspondante ; et que le terme 2300 dépasse aussi beaucoup le double moins un de 120 la racine correspondante ?

Nous répondrons que chaque terme de la progression génératrice est effectivement toujours le double moins un de chaque racine correspondante ; lorsqu'on cherche les quarrés de la racine qui augmente d'unité en unité. Mais dès que l'on cherche les quarrés de la racine qui augmente de dizaine en dizaine, de centaine en centaine, de mille en mille, etc. : alors il devient nécessaire que chaque terme provienne de chacune des séries dont les termes diffèrent constamment entre eux de 200, ou de 2000000, etc. pour opérer ces diverses transitions, et pour former, par l'addition, les quarrés de la racine qui croît de dizaine en dizaine, de centaine en centaine, de mille en mille, etc.

PREMIÈRE SUITE DU TABLEAU I.

Formation des quarrés des dizaines de la racine qui suivent immédiatement les quarrés des 100 unités.

RACINES.	QUARRÉS.	PROGRESSION génératrice.
100.	10000.	1900.
110.	12100.	2100.
120.	14400.	2300.
130.	16900.	2500.
140.	19600.	2700.
150.	22500.	2900.
160.	25600.	3100.
170.	28900.	3300.
180.	32400.	3500.
190.	36100.	3700.
200.	40000.	3900.
210.	44100.	4100.
220.	48400.	4300.
230.	52900.	4500.
240.	57600.	4700.
250.	62500.	4900.
260.	67600.	5100.
270.	72900.	5300.
280.	78400.	5500.
290.	84100.	5700.
300.	90000.	5900.
310.	96100.	6100.
320.	102400.	6300.
330.	108900.	6500.
340	115600.	6700.
350.	122500.	6900.
360.	129600.	7100.
370.	136900.	7300.
380.	144400.	7500.
390.	152100.	7700.
400.	160000.	7900.

ARTICLE II.

Des dizaines de la racine nous passons à ses centaines : comme nous voulons continuer notre opération, nous allons faire un tableau des quarrés des centaines de la racine qui suivent immédiatement ceux du nombre 400 où nous nous sommes arrêté.

Les termes de la série qui servent à former les quarrés de la racine qui augmente de centaine en centaine, et que nous appelons progression génératrice, sont 10000, 30000, 50000, 70000, 90000, etc., dont 20000 est la différence constante. Ainsi il nous faut obtenir le terme de cette série qui nous fait passer des dizaines aux centaines, et qui correspond à 400 la racine et à son quarré ; ensuite trouver par l'addition le quarré de 500. Or pour faire cette double opération, il faut 1° chercher la différence des quarrés des deux dernières centaines de la racine qui précèdent celui de 500, c'est-à-dire, la différence de 160000 quarré de 400 et de 90000 quarré de 300, qui est 70000 ; ou ce qui produit le même résultat, remplacer par deux zéros le 9 qui en précède deux autres de 7900 dernier terme de la série qui nous a servi à trouver les quarrés de la racine qui augmente de dizaine en dizaine, pour avoir 70000 le même terme qui nous est nécessaire pour passer des dizaines de la racine aux centaines, et qui correspond à la racine 400 et à son quarré ; 2° augmenter de 20000 le terme 70000, et ainsi le changer en cet autre 90000 qui correspond à la racine 500 ; 3° additionner 160000 le quarré de 400 et 90000 le dernier terme augmenté de 20000, pour avoir la somme de 250000 qui est vraiment le quarré de 500.

Mais, afin de trouver les quarrés des centaines suivantes, l'opération est plus simple. Il faut, à chaque centaine dont on cherche le quarré, 1º augmenter de 20000 le dernier terme connu; 2º additionner le dernier quarré trouvé et le terme augmenté de 20000; la somme sera toujours le quarré du nombre cherché. Par exemple, on demande le quarré de 600 : pour l'avoir, il faut augmenter de 20000 le dernier terme 90000 qui est changé en cet autre 110000; additionner 250000 quarré de 500 et 110000 terme augmenté de 20000; la somme sera 360000 quarré de 600. Cette opération simple est facile à voir dans la deuxième suite du tableau I, où on aperçoit aussitôt que 70000 est le premier terme de la série qui correspond à la racine 400 et à son quarré; que ce premier terme augmenté, à chaque addition, de 20000, compose les termes suivans.

IIᵉ SUITE DU TABLEAU I.

Formation des quarrés des centaines de la racine qui suivent immédiatement ceux du nombre 400.

RACINES.	QUARRÉS.	PROGRESSION génératrice.
400.	160000.	70000.
500.	250000.	90000.
600.	360000.	110000.
700.	490000.	130000.
800.	640000.	150000.
900.	810000.	170000.
1000.	1000000.	190000.
1100.	1210000.	210000.
1200.	1440000.	230000.
1300.	1690000.	250000.
1400.	1960000.	270000.
1500.	2250000.	290000.

RACINES.	QUARRÉS.	PROGRESSION génératrice.
1600.	2560000.	310000.
1700.	2890000.	330000.
1800.	3240000.	350000.
1900.	3610000.	370000.
2000.	4000000.	390000.
2100.	4410000.	410000.
2200.	4840000.	430000.
2300.	5290000.	450000.
2400.	5760000.	470000.
2500.	6250000.	490000.
2600.	6760000.	510000.
2700.	7290000.	530000.
2800.	7840000.	550000.
2900.	8410000.	570000.
3000.	9000000.	590000.
3100.	9610000.	610000.
3200.	10240000.	630000.
3300.	10890000.	650000.
3400.	11560000.	670000.
3500.	12250000.	690000.
3600.	12960000.	710000.
3700.	13690000.	730000.
3800.	14440000.	750000.
3900.	15210000.	770000.
4000.	16000000.	790000.
4100.	16810000.	810000.
4200.	17640000.	830000.
4300.	18490000.	850000.
4400.	19360000.	870000.
4500.	20250000.	890000.
4600.	21160000.	910000.
4700.	22090000.	930000.
4800.	23040000.	950000.
4900.	24010000.	970000.
5000.	25000000.	990000.

ARTICLE III.

Des centaines de la racine nous passons à ses mille : comme nous voulons continuer notre opération, nous allons faire un tableau des quarrés des mille de la racine qui suivent immédiatement ceux du racine nombre 5000 où nous nous sommes arrêté.

Les termes de la série qui servent à former les quarrés de la racine qui augmente de mille en mille, et que nous appelons progression génératrice, sont 1000000, 3000000, 5000000, 7000000, 9000000, etc., dont 2000000 est la différence constante. Ainsi il nous faut obtenir le terme de cette série qui nous fait passer des centaines aux mille, et qui correspond à 5000 la racine et à son quarré, ensuite trouver par l'addition le quarré de 6000. Or, pour faire cette double opération, il faut 1° chercher la différence des quarrés des deux derniers mille de la racine qui précèdent celui de 6000, c'est-à-dire, la différence de 25000000 quarré de 5000 et de 16000000 quarré de 4000, qui est 9000000 ; ou, ce qui produit le même résultat, remplacer par deux zéros le 9 qui en précède quatre autres de 990000 dernier terme de la série qui nous a servi à trouver les quarrés de la racine qui augmente de centaine en centaine, pour avoir 9000000 le même terme qui nous est nécessaire pour passer des centaines de la racine aux mille, et qui correspond à la racine 5000 et à son quarré ; 2° augmenter de 2000000 le terme 9000000, et ainsi le changer en cet autre 11000000 qui correspond à la racine 6000 ; 3° additionner 25000000 le quarré de 5000 et 11000000 le dernier terme augmenté de 2000000, pour avoir la somme 36000000 qui est vraiment le quarré de 6000.

Mais, afin de trouver les quarrés suivans des mille de

la racine, l'opération est plus simple. Il faut, à chaque
mille qu'on ajoute et dont on cherche ensuite le quarré,
1° augmenter de 2000000 le dernier terme connu ; 2° additionner le dernier quarré trouvé et le terme augmenté de
2000000 ; la somme sera toujours le quarré du nombre
cherché. Par exemple, on demande le quarré de 7000 ; on
l'obtient aisément, en augmentant de 2000000, 11000000
le dernier terme de la série qui est changé en cet autre
13000000 ; en additionnant 36000000 quarré de 6000 et
13000000 terme augmenté de 2000000, la somme 49000000
sera le quarré de 7000. Cette opération simple est facile
à voir dans la troisième suite du tableau I, où on aperçoit
aussitôt que 9000000 est le premier terme qui correspond
à 5000 la racine et à son quarré, que ce premier terme
augmenté, à chaque addition, de 2000000, compose les
termes suivans.

IIIᵉ SUITE DU TABLEAU I.

Formation des quarrés des mille de la racine qui suivent immédiatement ceux du nombre 5000.

RACINES.	QUARRÉS.	PROGRESSION génératrice.
5000. . .	25000000. . . .	9000000.
6000. . .	36000000. . . .	11000000.
7000. . .	49000000. . . .	13000000.
8000. . .	64000000. . . .	15000000.
9000. . .	81000000. . . .	17000000.
10000. . .	100000000. . . .	19000000.
11000. . .	121000000. . . .	21000000.
12000. . .	144000000. . . .	23000000.
13000. . .	169000000. . . .	25000000.
14000. . .	196000000. . . .	27000000.
15000. . .	225000000. . . .	29000000.
16000. . .	256000000. . . .	31000000.
17000. . .	289000000. . . .	33000000.
18000. . .	324000000. . . .	35000000.
19000. . .	361000000. . . .	37000000.
20000. . .	400000000. . . .	39000000.
21000. . .	441000000. . . .	41000000.
22000. . .	484000000. . . .	43000000.
23000. . .	529000000. . . .	45000000.
24000. . .	576000000. . . .	47000000.
25000. . .	625000000. . . .	49000000.
26000. . .	676000000. . . .	51000000.
27000. . .	729000000. . . .	53000000.
28000. . .	784000000. . . .	55000000.
29000. . .	841000000. . . .	57000000.
30000. . .	900000000. . . .	59000000.

ARTICLE IV.

Des mille de la racine nous passons à ses dix mille : comme nous voulons continuer notre opération, nous allons faire un tableau des quarrés des dix mille de la racine qui suivent immédiatement ceux du nombre 30000 où nous nous sommes arrêté.

Les termes de la série qui servent à former les quarrés de la racine qui augmente de dix mille en dix mille, et que nous appelons progression génératrice, sont 100000000, 300000000, 500000000, 700000000, 900000000, etc., dont 200000000 est la différence constante. Ainsi il nous faut obtenir le terme de cette série qui nous fait passer des mille aux dix mille, correspond à 30000 la racine et à 900000000 son quarré ; et celui de la même série qui nous fait trouver par l'addition le quarré de 40000. Or, pour faire cette double opération, 1º il faut remplacer par deux zéros le 9 qui en précède six autres de 59000000 dernier terme de la série qui a servi à trouver les quarrés de la racine qui augmente de mille en mille, pour avoir 500000000 le terme qui nous est nécessaire pour passer des mille de la racine aux dix mille, et qui correspond à la racine 30000 et à son quarré ; 2º augmenter de 200000000 le terme 500000000, pour avoir 700000000 autre terme de la même série qui correspond à 40000 la racine ; 3º additionner 900000000 le quarré de 30000 et 700000000 le dernier terme augmenté de 200000000, pour avoir la somme 1600000000 quarré de 40000.

Mais, afin de trouver les quarrés des dix mille suivans de la racine, l'opération est plus simple. Il faut, à chaque dix mille qu'on ajoute et dont on cherche le quarré, 1º augmenter de 200000000 le dernier terme connu ; 2º additionner le dernier quarré trouvé et le terme augmenté de

200000000 ; la somme sera toujours le quarré du nombre cherché. Par exemple, on demande le quarré de 50000, on l'obtient aisément, en augmentant de 200000000, 700000000 le dernier terme de la série qui est changé en cet autre 900000000, en additionnant 160000000 quarré de 40000 et 900000000 terme augmenté de 200000000, la somme 2500000000 sera le quarré de 50000. Cette opération simple est facile à voir dans la quatrième suite du tableau I, où on aperçoit aussitôt que 500000000 est le premier terme qui correspond à 30000 la racine et à son quarré, que ce premier terme augmenté, à chaque addition, de 200000000, compose les termes suivans.

IV.ᵉ SUITE DU TABLEAU I.

Formation des quarrés des dix mille de la racine qui suivent immédiatement ceux du nombre 30000.

RACINES.	QUARRÉS.	PROGRESSION génératrice.
30000.	900000000.	500000000.
40000.	1600000000.	700000000.
50000.	2500000000.	900000000.
60000.	3600000000.	1100000000.
70000.	4900000000.	1300000000.
80000.	6400000000.	1500000000.
90000.	8100000000.	1700000000.
100000.	10000000000.	1900000000.
110000.	12100000000.	2100000000.
120000.	14400000000.	2300000000.
130000.	16900000000.	2500000000.
140000.	19600000000.	2700000000.
150000.	22500000000.	2900000000.
160000.	25600000000.	3100000000.

RACINES.	QUARRÉS.	PROGRESSION génératrice.
170000.	28900000000.	3300000000.
180000.	32400000000.	3500000000.
190000.	36100000000.	3700000000.
200000.	40000000000.	3900000000.
210000.	44100000000.	4100000000.
220000.	48400000000.	4300000000.
230000.	52900000000.	4500000000.
240000.	57600000000.	4700000000.
250000.	62500000000.	4900000000.
260000.	67600000000.	5100000000.
270000.	72900000000.	5300000000.
280000.	78400000000.	5500000000.
290000.	84100000000.	5700000000.
300000.	90000000000.	5900000000.
310000.	96100000000.	6100000000.
320000.	102400000000.	6300000000.
330000.	108900000000.	6500000000.
340000.	115600000000.	6700000000.
350000.	122500000000.	6900000000.
360000.	129600000000.	7100000000.
370000.	136900000000.	7300000000.
380000.	144400000000.	7500000000.
390000.	152100000000.	7700000000.
400000.	160000000000.	7900000000.
410000.	168100000000.	8100000000.
420000.	176400000000.	8300000000.
430000.	184900000000.	8500000000.
440000.	193600000000.	8700000000.
450000.	202500000000.	8900000000.
460000.	211600000000.	9100000000.
470000.	220900000000.	9300000000.
480000.	230400000000.	9500000000.
490000.	240100000000.	9700000000.
500000.	250000000000.	9900000000.

ARTICLE V.

Des dix mille de la racine nous passons à ses cents mille : comme nous voulons continuer notre opération, nous allons faire un tableau des quarrés des cents mille de la racine qui suivent immédiatement ceux du nombre 500000 où nous nous sommes arrêté.

Les termes de la série qui servent à former les quarrés de la racine qui augmente de cent mille en cent mille, et que nous appelons, comme les précédentes, progression génératrice, sont 10000000000, 30000000000, 50000000000, 70000000000, 90000000000, etc., dont 20000000000 est la différence constante. Ainsi il nous faut obtenir le terme de cette série qui nous fait passer des dix mille aux cents mille, correspond à 500000 la racine et à 250000000000 son quarré, et celui de la même série qui nous fait trouver par l'addition le quarré de 600000. Or, pour faire cette double opération, 1° il faut remplacer par deux zéros le 9 qui en précéde huit autres de 9900000000 dernier terme de la série qui nous a servi à trouver les quarrés de la racine qui augmente de dix mille en dix mille, pour avoir 9000000000 le terme qui nous est nécessaire pour passer des dix mille de la racine aux cents mille, et qui correspond à la racine 500000 et à son quarré ; 2° augmenter de 20000000000 le terme 9000000000, pour avoir 11000000000 autre terme de la même série qui correspond à 600000 la racine et à son quarré ; 3° additionner 250000000000 le quarré de 500000 et 11000000000 le dernier terme augmenté de 20000000000, pour avoir la somme 360000000000 qui est vraiment le quarré de 600000.

Mais, afin de trouver les quarrés des cents mille suivans de la racine, l'opération est plus simple. Il faut, à chaque

ceut mille qu'on ajoute, et dont on cherche le quarré,
1° augmenter de 20000000000 le dernier terme connu;
2° additionner le dernier quarré trouvé et le terme augmenté de 20000000000, la somme sera toujours le quarré
du nombre cherché. Par exemple, on demande le quarré
de 700000, on l'obtient aisément, en augmentant de
20000000000, 110000000000 le dernier terme de la série
qui est changé en cet autre 130000000000, en additionnant 360000000000 quarré de 600000 et 130000000000
terme augmenté de 20000000000, la somme 490000000000
sera le quarré de 700000. Cette opération simple est facile
à voir dans la cinquième suite du tableau I, où on aperçoit
aussitôt que 90000000000 est le premier terme qui correspond à 500000 la racine et à son quarré, que ce premier
terme augmenté, à chaque addition, de 20000000000,
compose les termes suivans.

Ve SUITE DU TABLEAU I.

Formation des quarrés des cents mille de la racine qui suivent immédiatement ceux du nombre 500000.

RACINES.	QUARRÉS.	PROGRESSION génératrice.
500000	250000000000	90000000000
600000	360000000000	110000000000
700000	490000000000	130000000000
800000	640000000000	150000000000
900000	810000000000	170000000000
1000000	1000000000000	190000000000
1100000	1210000000000	210000000000
1200000	1440000000000	230000000000
1300000	1690000000000	250000000000
1400000	1960000000000	270000000000
1500000	2250000000000	290000000000
1600000	2560000000000	310000000000
1700000	2890000000000	330000000000
1800000	3240000000000	350000000000
1900000	3610000000000	370000000000
2000000	4000000000000	390000000000
2100000	4410000000000	410000000000
2200000	4840000000000	430000000000
2300000	5290000000000	450000000000
2400000	5760000000000	470000000000
2500000	6250000000000	490000000000
2600000	6760000000000	510000000000
2700000	7290000000000	530000000000
2800000	7840000000000	550000000000
2900000	8410000000000	570000000000
3000000	9000000000000	590000000000
3100000	9610000000000	610000000000
3200000	10240000000000	630000000000
3300000	10890000000000	650000000000
3400000	11560000000000	670000000000
3500000	12250000000000	690000000000
3600000	12960000000000	710000000000

RACINES.	QUARRÉS.	PROGRESSION génératrice.
3700000.. .	1369000000000.. .	730000000000.
3800000.. .	14440000000000.. .	750000000000.
3900000.. .	15210000000000.. .	770000000000.
4000000.. .	16000000000000.. .	790000000000.
4100000.. .	16810000000000.. .	810000000000.
4200000.. .	17640000000000.. .	830000000000.
4300000.. .	18490000000000.. .	850000000000.
4400000.. .	19360000000000.. .	870000000000.
4500000.. .	20250000000000.. .	890000000000.
4600000.. .	21160000000000.. .	910000000000.
4700000.. .	22090000000000.. .	930000000000.
4800000.. .	23040000000000.. .	950000000000.
4900000.. .	24010000000000.. .	970000000000.
5000000.. .	25000000000000.. .	990000000000.
5100000.. .	26010000000000.. .	1010000000000.
5200000 . .	27040000000000.. .	1030000000000.
5300000.. .	28090000000000.. .	1050000000000.
5400000.. .	29160000000000.. .	1070000000000.
5500000.. .	30250000000000.. .	1090000000000.
5600000.. .	31360000000000.. .	1110000000000.
5700000.. .	32490000000000.. .	1130000000000.
5800000.. .	33640000000000.. .	1150000000000.
5900000.. .	34810000000000.. .	1170000000000.
6000000.. .	36000000000000.. .	1190000000000.

ARTICLE VI.

Des cents mille de la racine noùs passons aux millions : comme nous voulons continuer notre opération , nous allons faire un tableau des quarrés des millions de la racine qui suivent immédiatement ceux du nombre 6000000.

Les termes de la série qui servent à former les quarrés de la racine qui augmente de million en million , et que nous appelons , comme les précédentes progression génératrice , sont 1000000000000, 3000000000000, 5000000000000, 7000000000000, 9000000000000, etc., dont 2000000000000 est la différence constante. Ainsi il nous faut obtenir le terme de cette série qui nous fait passer des cents mille aux millions, correspond à 6000000 la racine et à 36000000000000 son quarré, et celui de la même série qui nous fait trouver par l'addition le quarré de 7000000. Or, pour faire cette double opération, 1° il faut remplacer par deux zéros le 9 qui en précède dix autres de 119000000000000 dernier terme de la série qui nous à servi à trouver les quarrés de le racine qui augmente de cent mille en cent mille, pour avoir 110000000000000 le terme qui nous est nécessaire pour passer des cent mille de la racine aux millions, et qui correspond à 6000000 et à son quarré; 2° augmenter de 2000000000000 le terme 110000000000000, pour avoir 13000000000000 autre terme la même série qui correspond à 7000000 la racine; 3° additionner 36000000000000 le quarré de 6000000 et 13000000000000, le dernier terme augmenté de 2000000000000, pour avoir la somme 49000000000000 qui est le quarré de 7000000.

Mais, afin de trouver les quarrés des millions suivans de la racine, l'opération est plus simple. Il faut, à chaque million qu'on ajoute et dont on cherche le quarré, 1° augmenter de 2000000000000 le dernier terme connu; 2° additionner le dernier quarré trouvé et le terme augmenté de 2000000000000, la somme sera toujours le quarré du nombre cherché. Par exemple, on demande le quarré de 8000000, on l'obtient aisément, en augmentant de 2000000000000, 13000000000000 le dernier terme de la série qui est changé en cet autre 15000000000000, en additionnant 49000000000000 quarré de 7000000 et 15000000000000, terme augmenté de 2000000000000, la somme 64000000000000 sera le quarré de 8000000. Cette opération simple est facile à voir dans la sixième suite du tableau I, où on aperçoit aussitôt que 1100000000000 est le premier terme qui correspond à 6000000 la racine et à son quarré ; que ce premier terme augmenté à chaque addition, de 200000000000 , compose les termes suivans.

VIe SUITE DU TABLEAU I.

Formation des quarrés des millions de la racine qui suivent immédiatement ceux du nombre 6000000.

RACINES.	QUARRÉS.	PROGRESSION génératrice.
6000000. .	36000000000000.	. 1100000000000.
7000000. .	49000000000000.	. 1300000000000.
8000000. .	64000000000000.	. 1500000000000.
9000000. .	81000000000000.	. 1700000000000.
10000000. .	100000000000000.	. 1900000000000.
11000000. .	121000000000000.	. 2100000000000.
12000000. .	144000000000000.	. 2300000000000.
13000000. .	169000000000000.	. 2500000000000.
14000000. .	196000000000000.	. 2700000000000.
15000000. .	225000000000000.	. 2900000000000.
16000000. .	256000000000000.	. 3100000000000.
17000000. .	289000000000000.	. 3300000000000.
18000000. .	324000000000000.	. 3500000000000.
19000000. .	361000000000000.	. 3700000000000.
20000000. .	400000000000000.	. 3900000000000.
21000000. .	441000000000000.	. 4100000000000.
22000000. .	484000000000000.	. 4300000000000.
23000000. .	529000000000000.	. 4500000000000.
24000000. .	576000000000000.	. 4700000000000.
25000000. .	625000000000000.	. 4900000000000.
26000000. .	676000000000000.	. 5100000000000.
27000000. .	729000000000000.	. 5300000000000.
28000000. .	784000000000000.	. 5500000000000.
29000000. .	841000000000000.	. 5700000000000.

RACINES.	QUARRÉS.	PROGRESSION génératrice.
30000000.	900000000000000.	59000000000000.
31000000.	961000000000000.	61000000000000.
32000000.	1024000000000000.	63000000000000.
33000000.	1089000000000000.	65000000000000.
34000000.	1156000000000000.	67000000000000.
35000000.	1225000000000000.	69000000000000.
36000000.	1296000000000000.	71000000000000.
37000000.	1369000000000000.	73000000000000.
38000000.	1444000000000000.	75000000000000.
39000000.	1521000000000000.	77000000000000
40000000.	1600000000000000.	79000000000000.
41000000.	1681000000000000,	81000000000000.
42000000.	1764000000000000.	83000000000000.
43000000.	1849000000000000.	85000000000000.
44000000.	1936000000000000.	87000000000000.
45000000.	2025000000000000,	89000000000000.
46000000.	2116000000000000.	91000000000000.
47000000.	2209000000000000.	93000000000000.
48000000.	2304000000000000.	95000000000000.
49000000.	2401000000000000.	97000000000000.
50000000.	2500000000000000.	99000000000000.
51000000.	2601000000000000.	101000000000000.
52000000.	2704000000000000.	103000000000000.
53000000.	2809000000000000.	105000000000000.
54000000.	2916000000000000.	107000000000000.
55000000.	3025000000000000.	109000000000000.
56000000.	3136000000000000.	111000000000000.
57000000.	3249000000000000.	113000000000000.
58000000.	3364000000000000.	115000000000000.
59000000.	3481000000000000.	117000000000000.
60000000.	3600000000000000.	119000000000000.
61000000.	3721000000000000.	121000000000000.
62000000.	3844000000000000.	123000000000000.
63000000.	3969000000000000.	125000000000000.
64000000.	4096000000000000.	127000000000000.
65000000.	4225000000000000.	129000000000000.
66000000.	4356000000000000.	131000000000000.
67000000.	4489000000000000.	133000000000000.
68000000.	4624000000000000.	135000000000000.
69000000.	4761000000000000.	137000000000000.

RACINES.	QUARRÉS.	PROGRESSION génératrice.
70000000..	4900000000000000.	13900000000000000
71000000..	5041000000000000.	14100000000000000
72000000..	5184000000000000	14300000000000000
73000000..	5329000000000000	14500000000000000
74000000..	5476000000000000.	14700000000000000
75000000..	5625000000000000	14900000000000000
76000000..	5776000000000000.	15100000000000000
77000000..	5929000000000000.	15300000000000000
78000000..	6084000000000000	15500000000000000.
79000000..	6241000000000000	15700000000000000
80000000..	6400000000000000.	15900000000000000

ARTICLE VII.

Retour et rapprochement des quarrés des dizaines de la racine depuis 80000000 vers les quarrés de ses unités.

Dans la racine nous distinguons deux sortes de dizaines ; les dizaines ascendantes, et les dizaines descendantes.

Les dizaines ascendantes sont celles qui s'éloignent de plus en plus des unités de la racine, et s'approchent dans la même proportion de l'infini.

Les dizaines descendantes sont au contraire celles qui s'éloignent de plus en plus de l'infini, s'approchent des unités de la racine, et servent à l'extraction de la racine quarrée.

La méthode pour trouver les quarrés des dizaines ascendantes, répétée dans les six articles précédens, est facile à concevoir et à exécuter. Ainsi il est inutile de s'en occuper désormais ; puisque nous pouvons, en suivant strictement

les principes qui y sont expliqués, qui sont simples et uni-
formes, passer des quarrés des unités de la racine aux
quarrés de ses dizaines, des quarrés de ses dizaines aux
quarrés de ses centaines, des quarrés de ses centaines aux
quarrés de ses mille, etc.; ensuite, après chacune de ces
diverses transitions, obtenir les quarrés de cette racine
qui croît de dizaine en dizaine, de centaine en centaine,
de mille en mille, etc. Cette méthode tend à nous faire
trouver les quarrés des plus grands nombres qui vont à
l'infini. Les séries ascendantes dont on se sert pour les
former, augmentent de deux zéros, à chaque transition
d'une dizaine de la racine à une autre immédiatement
supérieure.

Maintenant la même méthode, prise en raison inverse,
nous fera trouver les quarrés des dizaines descendantes
de la racine qui, pourtant dans ce calcul, augmentera de
valeur numérique. Ses quarrés nous font approcher successivement de ceux de ses unités. Mais pour les trouver,
nous nous servons des séries descendantes qui diminuent
de deux zéros, à chaque transition d'une dizaine de la
racine à une autre immédiatement inférieure.

D'abord, pour descendre des quarrés des millions de la
racine 80000000, dont 6400000000000000 est le quarré, et
1590000000000000 est le terme correspondant de la série
qui a servi à trouver ceux de la racine accrue de million
en million dans les quarrés des cents mille; et puis pour
former ceux de cette racine qui croît de cent mille en cent
mille, il faut trouver les termes de la série immédiatement
inférieure qui opèrent ce double résultat. Or, pour les
trouver : 1° il est nécessaire de supprimer deux zéros de ce
même terme 1590000000000000 que l'on remplace par un 9,
et de le convertir ainsi en cet autre 15990000000000 que
nous faisons correspondre à 80000000 et à son quarré;
2° d'ajouter deux unités au chiffre de ce même terme placé
devant les dix zéros, pour avoir 16010000000000 le terme

de la série correspondant à 8010000 la racine dont on cherche le quarré; 3° d'additionner 64000000000000 quarré de 8000000 et 1601000000000 le terme de la série augmenté de 2000000000, pour avoir la somme de 64160100000000 qui est le quarré de 8010000. Cette opération est facile à voir dans la septième suite du tableau I, où on aperçoit aussitôt que 1599000000000 est le premier terme de la série qui correspond à 8000000 la racine et à son quarré; que ce premier terme accru, à chaque addition, de 2000000000, compose les termes suivans qui, additionnés successivement avec les quarrés précédens, forment les quarrés de la racine qui augmente de cent mille en cent mille.

VIIe SUITE DU TABLEAU I.

Formation des quarrés des cents mille de la racine qui suivent immédiatement ceux du nombre 8000000.

RACINES.	QUARRÉS.	PROGRESSION génératrice.
8000000.	64000000000000.	1599000000000.
8010000.	64160100000000.	1601000000000.
8020000.	64320400000000.	1603000000000.
8030000.	64480900000000.	1605000000000.
8040000.	64641600000000.	1607000000000.
8050000.	64802500000000.	1609000000000.
8060000.	64963600000000.	1611000000000.
8070000.	65124900000000.	1613000000000.
8080000.	65286400000000.	1615000000000.
8090000.	65448100000000.	1617000000000.
8100000.	65610000000000.	1619000000000.
8110000.	65772100000000.	1621000000000.

RACINES.	QUARRÉS.	PROGRESSION génératrice.
81200000	6593440000000000	16230000000000
81300000	6609690000000000	16250000000000
81400000	6625960000000000	16270000000000
81500000	6642250000000000	15290000000000
81600000	6658560000000000	16310000000000
81700000	6674890000000000	16330000000000
81800000	6691240000000000	16350000000000
81900000	6707610000000000	16370000000000
82000000	6724000000000000	16390000000000
82100000	6740410000000000	16410000000000
82200000	6756840000000000	16430000000000
82300000	6773290000000000	16450000000000
82400000	6789760000000000	16470000000000
82500000	6806250000000000	16490000000000
82600000	6822760000000000	16510000000000
82700000	6839290000000000	16530000000000
82800000	6855840000000000	16550000000000
82900000	6872410000000000	16570000000000
83000000	6889000000000000	16590000000000
83100000	6905610000000000	16610000000000
83200000	6922240000000000	16630000000000
83300000	6938890000000000	16650000000000
83400000	6955560000000000	16670000000000
83500000	6972250000000000	16690000000000
83600000	6988960000000000	16710000000000
83700000	7005690000000000	16730000000000
83800000	7022440000000000	16750000000000
83900000	7039210000000000	16770000000000
84000000	7056000000000000	16790000000000
84100000	7072810000000000	16810000000000
84200000	7089640000000000	16830000000000
84300000	7106490000000000	16850000000000
84400000	7123360000000000	16870000000000
84500000	7140250000000000	16890000000000
84600000	7157160000000000	17910000000000
84700000	7174090000000000	15930000000000
84800000	7191040000000000	16950000000000
84900000	7208010000000000	16970000000000
85000000	7225000000000000	16990000000000

ARTICLE VIII.

Pour passer des qnarrés des cents mille à ceux des dix mille qui suivent immédiatement la racine 85000000, dont 7225000000000000 est le quarré, et 169900000000000 est le terme correspondant de la série qui a servi à trouver les quarrés de la racine accrue de cent mille en cent mille, et puis pour former successivement les quarrés de cette racine qui croît de dix mille en dix mille : il faut trouver les termes de la série immédiatement inférieure qui opère ce double résultat. Or, pour les trouver 1° il est nécessaire de supprimer deux zéros de ce même terme 169900000000000 que l'on remplace par un 9, et ainsi de le convertir en cet autre 1699900000000 que nous faisons correspondre à 85000000 et à son quarré ; 2° d'ajouter deux unités au chiffre de ce même terme placé devant les huit zéros ; pour avoir 1700100000000 le terme de la série correspondant à 85010000 dont on cherche le quarré ; 3° d'additionner 7225000000000000 quarré de 85000000 et 1700100000000 le terme de la série augmenté de 200000000 ; pour avoir la somme de 7226700100000000 qui est vraiment le quarré de 85010000. Cette opération est facile à voir dans la huitième suite du tableau I, où on aperçoit aussitôt que 1699900000000 est le premier terme de la série qui correspond à 85000000 la racine et à son quarré ; que ce premier terme accru, à chaque addition, de 200000000, compose les termes suivans qui, additionnés avec les quarrés précédens, forment les quarrés de la racine qui augmente de dix mille en dix mille.

VIIIᵉ SUITE DU TABLEAU I.

Formation des quarrés des dix mille de la racine qui suivent immédiatement ceux du nombre 85000000.

RACINES.	QUARRÉS.	PROGRESSION génératrice.
85000000	7225000000000000,	1699900000000.
85010000	7226700100000000.	1700100000000.
85020000	7228400400000000.	1700300000000.
85030000	7230100900000000.	1700500000000.
85040000	7231801600000000.	1700700000000.
85050000	7233502500000000.	1700900000000.
85060000	7235203600000000.	1701100000000.
85070000	7236904900000000.	1701300000000.
85080000	7238606400000000.	1701500000000.
85090000	7240308100000000.	1701700000000.
85100000	7242010000000000,	1701900000000.
85110000	7243712100000000.	1702100000000.
85120000	7245414400000000.	1702300000000.
85130000	7247116900000000	1702500000000.
85140000	7248819600000000.	1702700000000.
85150000	7250522500000000.	1702900000000.
85160000	7252225600000000.	1703100000000.
85170000	7253928900000000	1703300000000.
85180000	7255632400000000.	1703500000000.
85190000	7257336100000000.	1703700000000.
85200000	7259040000000000.	1703900000000.
85210000	7260744100000000.	1704100000000.
85220000	7262448400000000.	1704300000000.
85230000	7264152900000000.	1704500000000.
85240000	7265857600000000.	1704700000000.
85250000	7267562500000000.	1704900000000.
85260000	7269267600000000.	1705100000000.
85270000	7270972900000000.	1705300000000.
85280000	7272678400000000.	1705500000000.
85290000	7274384100000000.	1705700000000.
85300000	7276090000000000.	1705900000000.
85310000	7277796100000000.	1706100000000.

(34)

RACINES.	QUARRÉS.	PROGRESSION génératrice.
85320000.	7279502400000000.	17063000000000.
85330000.	7281208900000000.	17065000000000.
85340000.	7282915600000000.	17067000000000.
85350000.	7284622500000000.	17069000000000.
85360000.	7286329600000000.	17071000000000.
85370000.	7288036900000000.	17073000000000.
85380000.	7289744400000000.	17075000000000.
85390000.	7291452100000000.	17077000000000.
85400000.	7293160000000000.	17079000000000.

ARTICLE IX.

Dans la transition des quarrés des dix mille à ceux
des mille de la racine qui se forment successivement,
il faut passer des termes de la série dont la différence
constante est 200000000 et qui a servi à former les
quarrés de la racine croissante de dix mille en dix
mille, aux termes de la série dont la différence constante est 2000000 et qui doit servir à former les quarrés de la racine qui croîtra de mille en mille. Pour
opérer cette transition et ensuite pour former les quarrés
de la racine qui augmentera de mille en mille, il faut
trouver le terme de cette dernière série qui correspond
à 85400000 la racine et à son quarré 7293160000000000,
et puis les termes suivans qui se succèdent immédiatement. Or, afin de les trouver 1° il est nécessaire de
supprimer, de 17079000000000 dernier terme de la
première série, deux zéros que nous remplaçons par un
9, pour avoir 17079900000000 le terme de cette dernière
série, que nous faisons correspondre à 85400000 la racine

et à son quarré ; 2° d'ajouter deux unités au chiffre de ce même terme placé devant les six zéros, pour avoir 170801000000 le terme de la série correspondant à 85401000 la racine dont on cherche le quarré ; 3° d'additionner 7293160000000000 quarré de 85400000 et 170801000000 le terme de la série augmenté de 2000000 ; afin d'avoir la somme de 7293330801000000 qui est le quarré de 85401000.

Cette opération est facile à voir dans la neuvième suite du tableau I, où on aperçoit aussitôt que 170799000000 est le premier terme de la série qui correspond à 85400000 la racine et à son quarré, que ce premier terme accru, à chaque addition, de 2000000, compose les termes suivans qui, additionnés consécutivement avec les quarrés précédens, forment les quarrés de la racine qui augmente de mille en mille.

IX.ᵉ SUITE DU TABLEAU I.

Formation des quarrés des mille de la racine qui suivent immédiatement ceux du nombre 85400000.

RACINES.	QUARRÉS.	PROGRESSION génératrice.
85400000. .	7293160000000000.	170799000000.
85401000. .	7293330801000000.	170801000000.
85402000. .	7293501604000000.	170803000000.
85403000. .	7293672409000000.	170805000000.
85404000. .	7293843216000000.	170807000000.
85405000. .	7294014025000000.	170809000000.
85406000. .	7294184836000000.	170811000000.
85407000. .	7294355649000000.	170813000000.
85408000. .	7294526464000000.	170815000000.
85409000. .	7294697281000000.	170817000000.

RACINES.	QUARRÉS.	PROGRESSION génératrice.
85410000..	7294868100000000.	170819000000.
85411000..	7295038921000000.	170821000000.
85412000..	7295209744000000.	170823000000.
85413000..	7295380569000000.	170825000000.
85414000..	7295551396000000.	170827000000.
85415000..	7295722225000000.	170829000000.
85416000..	7295893056000000.	170831000000.
85417000..	7296063889000000.	170833000000.
85418000..	7296234724000000.	170835000000.
85419000..	7296405561000000.	170837000000.
85420000..	7296576400000000.	170839000000.
85421000..	7296747241000000.	170841000000.
85422000..	7296918084000000.	170843000000.
85423000..	7297088929000000.	170845000000.
85424000..	7297259776000000.	170847000000.
85425000..	7297430625000000.	170849000000.
85426000..	7297601476000000.	170851000000.
85427000..	7297772329000000.	170853000000.
85428000..	7297943184000000.	170855000000.
85429000..	7298114041000000.	170857000000.
85430000..	7298284900000000.	170859000000.

ARTICLE X.

Pour passer des quarrés des mille de la racine aux quarrés de ses centaines, et puis pour trouver les quarrés de cette même racine qui augmente de centaine en centaine ; nous allons opérer sur 17085900000 le dernier terme de la série qui correspond à la dernière racine 85430000 et à son quarré 7298284900000000. Afin d'avoir ce double résultat : 1° Il faut supprimer deux zéros du même terme 17085900000 de la série qui a servi à former les quarrés de la racine croissante de mille en mille, et les remplacer par un 9 ; pour avoir 17085990000 le terme de la série immédiatement inférieure, qui doit servir à trouver les quarrés de la racine croissante de centaine en centaine, lequel terme nous faisons correspondre à la même racine 85430000 et à son quarré ; 2° ajouter deux unités au chiffre 9 du même terme 17085990000 placé devant les quatre zéros ; pour avoir 17086010000 le terme suivant qui correspond à la racine 85430100 dont on cherche le quarré ; 3° additionner 7298284900000000 quarré de 85430000, et 17086010000 le terme de la série augmenté de 20000 ; pour avoir 7298301986010000 quarré de 85430100.

Cette opération est facile à voir dans la dixième suite du tableau I, où on aperçoit aussitôt que 17085990000 est le premier terme de la série qui correspond à la racine 85430000 et à son quarré ; que ce premier terme accru, à chaque addition, de 20000, compose les termes suivans qui, additionnés consécutivement avec les quarrés précédens, forment les quarrés de la racine qui augmente de centaine en centaine.

Pour passer des quarrés des centaines de la racine aux quarrés de ses dizaines, et puis pour trouver les quarrés de cette même racine qui augmente de dizaine en dizaine ; nous allons opérer sur 1708659oooo le dernier terme de la série qui correspond à la dernière racine 85433ooo et à son quarré 7298797489oooooo. Afin d'avoir ce double résultat : 1º il faut supprimer deux zéros du même terme 1708659oooo de la série qui a servi à former les quarrés de la racine croissante de centaine en centaine, et les remplacer par un 9 ; pour avoir 170865990o le terme de la série immédiatement inférieure qui doit servir à trouver les quarrés de la racine croissante de dizaine en dizaine, lequel terme nous faisons correspondre à la même racine 85433ooo et à son quarré ; 2º ajouter deux unités au chiffre 9 du même terme 170865990o placé devant les deux zéros ; afin d'avoir 170866010o le terme suivant qui correspond à la racine 85433010 dont on cherche le quarré ; 3º additionner 7298797489oooooo quarré de 85433ooo et 170866010o terme de la dernière série augmenté de 200 ; pour avoir la somme 7298799197660100 quarré de 85433010.

Cette opération est facile à voir dans la onzième suite du tableau I, où on aperçoit aussitôt que 170865990o est le premier terme de la série qui correspond à la racine 85433ooo et à son quarré ; que ce premier terme accru, à chaque addition, de 200, compose les termes suivans qui, additionnés consécutivement avec les quarrés précédens, forment les quarrés de la racine qui augmente de dizaine en dizaine.

Pour passer des quarrés des dizaines de la racine aux quarrés de ses unités, et puis pour trouver les quarrés de cette même racine qui augmente d'unité en unité, nous allons opérer sur 170866390o le dernier terme de la série qui correspond à la dernière racine 85433200 et à son quarré 7298831662240ooo. Afin d'avoir ce double résultat : 1º il faut supprimer deux zéros du même terme 170866390o de la série qui a servi à former les quarrés.

de la racine croissante de dizaine en dizaine, et les remplacer par un 9; pour avoir 170866399 le terme de la série immédiatement inférieure qui doit servir à trouver les quarrés de la racine croissante d'unité en unité, lequel terme nous faisons correspondre à la même racine 85433200 et à son quarré; 2^u ajouter deux unités au dernier chiffre 9 du même terme 170866399; afin d'avoir 170866401 le terme suivant qui correspond à la racine 85433201 dont on cherche le quarré; 3° additionner 7298831662240000 quarré de 85433200 et 170866401 terme de la dernière série augmenté de deux unités; pour avoir la somme 7298831833106401 quarré de 85433201.

Cette opération est facile à voir dans la douzième suite du tableau I, où on aperçoit aussitôt que 170866399 est le premier terme de la série qui correspond à la racine 85433200 et à son quarré; que ce premier terme accru, à chaque addition, de deux unités, compose les termes suivans qui, additionnés consécutivement avec les quarrés précédens, forment les quarrés de la racine qui augmente d'unité en unité.

Xᵉ SUITE DU TABLEAU I.

Formation des quarrés des centaines de la racine qui suivent immédiatement ceux du nombre 85430000.

RACINES.	QUARRÉS.	PROGRESSION génératrice.
85430000. .	7298284900000000. .	17085990000.
85430100. .	7298301986010000. .	17086010000.
85430200. .	7298319072040000. .	17086030000.
85430300. .	7298336158090000. .	17086050000.
85430400. .	7298353244160000. .	17086070000.
85430500. .	7298370330250000. .	17086090000.
85430600. .	7298387416360000. .	17086110000.
85430700. .	7298404502490000. .	17086130000.
85430800. .	7298421588640000. .	17086150000.
85430900. .	7298438674810000. .	17086170000.
85431000. .	7298455761000000. .	17086190000.
85431100. .	7298472847210000. .	17086210000.
85431200. .	7298489933440000. .	17086230000.
85431300. .	7298507019690000. .	17086250000.
85431400. .	7298524105960000. .	17086270000.
85431500. .	7298541192250000. .	17086290000.
85431600. .	7298558278560000. .	17086310000.
85431700. .	7298575364890000. .	17086330000.
85431800. .	7298592451240000. .	17086350000.
85431900. .	7298609537610000. .	17086370000.
85432000. .	7298626624000000. .	17086390000.
85432100. .	7298643710410000. .	17086410000.
85432200. .	7298660796840000. .	17086430000.
85432300. .	7298677883290000. .	17086450000.
85432400. .	7298694969760000. .	17086470000.
85432500. .	7298712056250000. .	17086490000.
55432600. .	7298729142760000. .	17086510000.
85432700. .	7298746229290000. .	17086530000.
85432800. .	7298763315840000. .	17086550000.
85432900. .	7298780402410000. .	17086570000.
85433000. .	7298797489000000. .	17086590000.

XIe SUITE DU TABLEAU I.

Formation des quarrés des dizaines de la racine qui suivent immédiatement ceux du nombre 85433000.

RACINES.	QUARRÉS.	PROGRESSION génératrice.
85433000..	7298797489000000..	1708659900.
85433010..	7298799197660100..	1708660100.
85433020..	7298800906320400..	1708660300.
85433030..	7298802614980900..	1708660500.
85433040..	7298804323641600..	1708660700.
85433050..	7298806032302500..	1708660900.
85433060..	7298807740963600..	1708661100.
85433070..	7298809449624900..	1708661300.
85433080..	7298811158286400..	1708661500.
85433090..	7298812866948100..	1708661700.
85433100..	7298814575610000..	1708661900.
85533110..	7298816284272100..	1708662100.
85433120..	7298817992934400..	1708662300.
85433130..	7298819701596900..	1708662500.
85433140..	7298821410259600..	1708662700.
85433150..	7298823118922500..	1708662900.
85433160..	7298824827585600..	1708663100.
85433170..	7298826536248900..	1708663300.
85433180..	7298828244912400..	1708663500.
85433190..	7298829953576100..	1708663700.
85433200..	7298831662240000..	1708663900.

XIIe SUITE DU TABLEAU I.

Formation des quarrés des unités de la racine qui suivent immédiatement ceux du nombre 85433200.

RACINES.	QUARRÉS.	PROGRESSION génératrice.
85433200..	7298831662240000..	170866399.
83433201..	7298831833106401..	170866401.
85433202..	7298832003972804..	170866403.
85433203..	7298832174839209..	170866405.
85433204..	7298832345705616..	170866407.
85433205..	7298832516572025..	170866409.
85433206..	7298832687438436..	170866411.
85433207..	7298832858304849..	170866413.
85433208..	7298833029171264..	170866415.
85433209..	7298833200037681..	170866417.
85433210..	7298833370904100..	170866419.
85433211..	7298833541770521,.	170866421.
85433212..	7298833712636944..	170866423.
85433213..	7298833883503364..	170866425.
85433214..	7298834054369796..	170866427.
85433215..	7298834225236225..	170866429.
85433216..	7298834396102656..	170866431.
85433217..	7298834566969089..	170866433.
85433218..	7298834737835524..	170866435.
85433219..	7298834908701961..	170866437.
85433220..	7298835079568400..	170866439.

SECTION III.

Moyen facile et sûr pour nous faire connaître l'exactitude du calcul des quarrés d'une racine quelconque, par exemple, de la racine 84533220 qui, de dix en dix, s'élève à de grands nombres ou s'abaisse vers ses unités.

Nous avons successivement trouvé les quarrés de 85433220 ; soit en formant ceux de cette même racine que nous avons élevée de dizaine en dizaine à 80000000, de cette manière éloignée des quarrés de ses unités ; soit en formant ceux de cette même racine que nous avons abaissée de dizaine en dizaine depuis 80000000 jusques et compris 85433220, ainsi rapprochée des quarrés de ses unités, et dans cet abaissement fait augmenter de valeur numérique. D'après cela, nous partageons cette section en deux articles.

ARTICLE PREMIER.

Moyen facile et sûr pour nous faire connaître l'exactitude du calcul des quarrés de la racine qui s'élève de dizaine en dizaine à de grands nombres.

Comme les dizaines ascendantes de la racine vers les grands nombres ont beaucoup de zéros, et que leurs quarrés en ont le double, afin d'observer la proportion d'un à deux ainsi que le demande rigoureusement le calcul ; c'est pourquoi l'on trouve, en comparant les racines qui augmentent d'unité en unité et leurs quarrés, aux racines qui s'élèvent de dizaine en dizaine à de grands nombres et leurs quarrés , abstraction faite de leurs zéros, les mêmes chiffres. Si, dans cette comparaison, on a des chiffres différens, alors il faut recommencer l'opération jusqu'à ce qu'on ait trouvé les mêmes chiffres de part et d'autre. Cette comparaison a été notre boussole pour nous assurer des quarrés compris dans les première, deuxième, troisième, quatrième, cinquième et sixième suites du tableau I, où nous avons successivement élevé les racines à 8000000o, et trouvé exactement le ursquarrés.

ARTICLE II.

Moyen facile et sûr pour nous faire connaître l'exactitude du calcul des quarrés de la racine qui s'abaisse et se rapproche de dizaine en dizaine vers ses unités.

Dans le retour et rapprochement successif des dizaines de la racine vers ses unités; quoique les racines et leurs quarrés diminuent proportionnellement de zéros qui sont remplacés dans la même proportion par d'autres chiffres qui ont une valeur numérique: cependant, dans la septième suite du tableau I, où la transition des millions de la racine à ses cents mille s'est opérée, et où l'on a formé les quarrés de cette même racine croissante de cent mille en cent mille; on trouve les chiffres de chaque dizaine de la racine et de chaque quarré qui lui correspond, abstraction faite des zéros, absolument les mêmes que ceux des racines croissantes d'unité en unité et de leurs quarrés calculés jusques à 100. D'après cette certitude, nous sommes assuré que les quarrés intermédiaires sont vraiment ceux des racines correspondantes; par la raison qu'ils résultent de l'addition successive des termes de la progression qui a la propriété immuable de former ainsi tous les quarrés.

(45)

Cette augmentation successive de chiffres , autres que les zéros , dans les huitième , neuvième , dixième , onzième et douzième suites du tableau I , fait que les racines et leurs quarrés compris dans ces cinq dernières suites , né peuvent pas être comparés aux racines croissantes d'unité en unité et calculées seulement jusques à 100 compris, et à leurs quarrés ; que par là on ne peut pas savoir si le calcul est exact. Alors il nous a paru utile et même indispensable de faire les tableaux comparatifs des cinq numéros suivans qui contiennent les quarrés postérieurs à ceux des septième , huitième , neuvième , dixième et onzième suites du tableau I. Les tableaux comparatifs des cinq numéros suivans nous ont servi à former sûrement les quarrés de la racine qui, depuis 85000000 , s'est rapprochée de dix en dix de ses unités , et qui néanmoins s'est élevée successivement à 85433220 dont on connaît le quarré.

En effet, la racine descendante d'une dizaine vers ses unités , égale la même racine accrue d'une unité avant sa transition ; et le quarré de la première égale le quarré de la seconde. Les tableaux ci-après dont les racines et leurs quarrés ont été comparés aux dizaines des racines et à leurs quarrés exprimés dans les huitième , neuvième , dixième , onzième et douzième suites du tableau I , constatent cette vérité.

NUMÉRO I.

Quarrés postérieurs à ceux de la septième suite du tableau I , destinés à vérifier les quarrés de la racine qui augmente de dix mille en dix mille.

85000000. .	7225000000000000. . .	16990000000000.
85100000. .	7242010000000000. . .	17010000000000.
85200000. .	7259040000000000. . .	17030000000000.
85300000. .	7276090000000000. . .	17050000000000.
85400000. .	7293160000000000. . .	17070000000000.

NUMÉRO II.

Quarrés postérieurs à ceux de la huitième suite du tableau I, destinés à vérifier les quarrés de la racine qui augmente de mille en mille.

85400000. .	729316000000000. . .	1707900000000.
85410000. .	729486810000000. . .	1708100000000.
85420000. .	729657640000000. . .	1708300000000.
85430000. .	729828490000000. . .	1708500000000.

NUMÉRO III.

Quarrés postérieurs à ceux de la neuvième suite du tableau I, destinés à vérifier les quarrés de la racine qui augmente de centaine en centaine.

85430000. .	729828490000000. . .	170859000000.
85431000. .	729845576100000. . .	170861000000.
85432000. .	729862662400000. . .	170863000000.
85433000. .	729879748900000. . .	170865000000.

NUMÉRO IV.

Quarrés postérieurs à ceux de la dixième suite du tableau I, destinés à vérifier les quarrés de la racine qui augmente de dizaine en dizaine.

85433000. .	729879748900000. . .	17086590000.
85433100. .	729881457561000o. . .	17086610000.
85433200. .	729883166224000o. . .	17086630000.

NUMÉRO V.

Quarrés postérieurs à ceux de la onzième suite du tableau I, destinés à vérifier les quarrés de la racine qui augmente d'unité en unité.

85433200. .	7298831662240000. . .	1708663900.
85433210. .	7298833370904100 . .	1708664100.
85433220. .	7298835079568400. . .	1708664300.

Comme les quarrés des dizaines des racines exprimées dans les huitième, neuvième, dixième, onzième et douzième suites du tableau I, pour être exacts, doivent égaler les quarrés des racines comprises dans les cinq numéros ci-devant ; et comme les premiers dépendent absolument de l'exactitude des quarrés des racines intermédiaires, c'est pourquoi les quarrés des dizaines des racines étant exacts, les quarrés des racines intermédiaires le sont nécessairement.

En un mot, 7298835079568400 étant précisément le quarré de 85433220 la dernière racine, tous les précédens doivent être absolument les quarrés des racines correspondantes ; par la raison qu'ils résultent de l'addition successive des termes de la progression génératrice qui a la propriété immuable de les former.

CHAPITRE II.

SECTION PREMIÈRE.

De l'Extraction de la Racine quarrée.

Nous avons fait connaître la manière de trouver les quarrés de la racine qui s'élève de dizaine en dizaine vers les plus grands nombres, et se rapproche ainsi de plus en plus de l'infini. Comme nous avons vu que les séries ascendantes, dont les différences entre leurs termes respectifs sont 2, 200, 20000, 2000000, etc., augmentent de deux zéros; à chaque transition d'une dizaine de la racine à une autre immédiatement supérieure, et ont la propriété immuable de former tous les quarrés possibles : c'est pourquoi, afin de trouver les quarrés de la racine qui descend de dizaine en dizaine vers ceux de ses unités, nous avons aisément compris que la même manière devait être prise en raison inverse, c'est-à-dire, qu'il fallait employer les séries descendantes, dont les différences entre leurs termes respectifs sont 200000000, 2000000, 20000, 200, 2, qui diminuent de deux zéros à chaque transition d'une dizaine de la racine à une autre immédiatement inférieure, et ont également la propriété immuable de former tous les quarrés possibles.

La méthode de former les quarrés de la racine qui se rapproche de dizaine en dizaine vers ceux de ses unités, nous servira à trouver la racine quarrée d'un nombre quelconque.

Mais, pour bien saisir et approfondir les principes concernant l'extraction des racines quarrées de divers nombres, il est à-propos de donner une notion claire et précise de la formation des deuxièmes puissances de la racine qui s'élève de dizaine en dizaine vers l'infini, ou qui descend de dizaine en dizaine vers ses unités.

1° Les quarrés 1, 4, 9, 16, 25, 36, etc., etc., qui ont pour racines 1, 2, 3, 4, 5, 6, etc., etc., sont formés jusqu'à l'infini par l'addition successive des termes de la progression arithmétique croissante 1, 3, 5, 7, 9, 11, etc., etc., qui diffèrent constamment entre eux de 2.

2° Les quarrés 100, 400, 900, 1600, 2500, 3600, etc., etc., qui ont pour racines 10, 20, 30, 40, 50, 60, etc., etc., sont formés par l'addition successive des termes de la progression arithmétique croissante 100, 300, 500, 700, 900, 1100, etc., etc., qui diffèrent constamment entre eux de 200.

3° Les quarrés 10000, 40000, 90000, 160000, 250000, 360000, etc., etc., qui ont pour racines 100, 200, 300, 400, 500, 600, etc., etc., sont formés par l'addition successive des termes de la progression arithmétique croissante 10000, 30000, 50000, 70000, 90000, 110000, etc., etc., qui diffèrent constamment entre eux de 20000.

4° Les quarrés 1000000, 4000000, 9000000, 16000000, 25000000, 36000000, etc., etc., qui ont pour racines 1000, 2000, 3000, 4000, 5000, 6000, etc., etc., sont formés par l'addition successive des termes de la progression arithmétique croissante 1000000, 3000000, 5000000, 7000000, 9000000, 11000000, etc., etc., qui diffèrent constamment entre eux de 2000000.

5° Les quarrés 100000000, 400000000, 900000000, 1600000000, 2500000000, 3600000000, etc., etc., qui ont pour racines 10000, 20000, 30000, 40000, 50000, 60000, etc., etc., sont formés par l'addition successive des termes de la progression arithmétique croissante 100000000, 300000000, 500000000, 700000000, 900000000,

110000000o, etc., etc., qui diffèrent constamment entre eux de 200000000.

6° Les quarrés 10000000000, 40000000000, 90000000000, 160000000000, 250000000000, 36000000000o, etc., etc., qui ont pour racines 100000, 200000, 3ooooo, 400000, 5ooooo, 6ooooo, etc., etc., sont formés par l'addition successive des termes de la progression arithmétique croissante 10000000000, 30000000000, 50000000000, 70000000000, 90000000000, 110000000000, etc., etc., qui diffèrent constamment entre eux de 20000000000.

Ainsi de suite jusques aux plus grands nombres.

Toutes ces progressions arithmétiques croissantes ou séries sont des progressions génératrices ; puisque, par l'addition successive de leurs termes respectifs, elles forment des quarrés dont on connaît simultanément les racines. Elles sont semblables ; par la raison qu'elles ont proportionnellement la même différence, et produisent les mêmes résultats. En effet, tous les quarrés qui résultent de l'addition successive des termes de la deuxième, troisième, quatrième, cinquième, sixième, etc. progression arithmétique croissante, sont compris dans les quarrés des nombres naturels formés jusqu'à l'infini par l'addition successive des termes de la progression primitive 1, 3, 5, 7, 9, 11, etc., etc., et sont par conséquent subordonnés à la même loi de calcul.

Delà il résulte bien évidemment que les quarrés de la racine qui descend de dizaine en dizaine, et ainsi se rapproche de ses unités, sont formés par l'addition successive des termes des séries descendantes qui, quoique prises en raison inverse, sont les mêmes que les précédentes, et suivent par conséquent la même loi de calcul.

Nous avons dit dans l'article 7 de la section 2 du chapitre I, que les dizaines descendantes de la racine qui s'approchent de plus en plus de ses unités, servent à l'extraction de la racine quarrée. Pour trouver ainsi la racine quarrée

d'un nombre quelconque, laquelle doit avoir un ou plusieurs zéros ; nous nous servons des séries descendantes qui
diminuent de deux zéros , à chaque transition d'une dizaine
de la racine à une autre immédiatement inférieure , et dont
chaque terme est le double moins un , de chaque racine correspondante , et de plus a le double de zéros de cette même
racine pour former chaque quarré.

Les chiffres des quarrés et de leurs racines diminuent de
leur valeur en allant de gauche à droite en raison sous-
décuple et proportionnellement à leur décroissance ; et au
contraire ils augmentent de leur valeur en allant de droite à
gauche en raison décuple et proportionnellement à leur
croissance. Les chiffres des quarrés , à mesure qu'ils se forment , et de leurs racines augmentent en raison décuple.

Dans l'extraction des racines quarrées des nombres quelconques, soit qu'ils soient des quarrés parfaits, soit qu'ils
soient des quarrés imparfaits , nous suivrons l'ordre naturel de la formation des quarrés , c'est-à-dire , nous opè-
rerons d'abord sur les chiffres qui ont une plus grande
valeur , et ensuite nous descendrons de dizaine en dizaine
vers les nnités où nous terminerons ce calcul.

Mais , afin de faire cette opération , il est utile de savoir
qu'un nombre exprimé par plus de deux chiffres , en a nécessairement deux à la racine quarrée ; et qu'un nombre exprimé
par deux chiffres , en a seulement un. Car 100 qui est le
plus petit des nombres exprimés par trois chiffres, a pour
racine 10 exprimée par deux caractères ; et 99 qui est le
plus grand des nombres exprimés par deux chiffres , a pour
racine 9 exprimé par un seul caractère, et un reste. Cette
vérité sensible et importante suffit pour nous prouver qu'un
nombre dont on cherche la racine quarrée , doit être divisé
par tranches de deux chiffres en deux chiffres ; et que
sa racine quarrée doit avoir autant de chiffres qu'il a de
tranches.

Comme nous devons commencer à opérer sur les chiffres

à gauche qui ont le plus de valeur , continuer l'opération sur les autres qui suivent immédiatement , et enfin la finir sur les unités qui sont à droite : nous divisons de droite à gauche le nombre donné par tranches de deux chiffres en deux chiffres, en observant néanmoins que la tranche qui est à gauche , peut n'en avoir qu'un. Ensuite nous cherchons la racine du quarré de la tranche le plus à gauche ; nous mettons , à la suite du chiffre qui l'exprime , autant de zéros qu'il reste de tranches sur lesquelles nous devons opérer ; et à la suite du chiffre ou des chiffres qui expriment le quarré , deux fois autant de zéros que ceux de sa racine , ou ce qui est la même chose, autant de zéros que les tranches suivantes ont de chiffres. Nous doublons cette racine accompagnée de ses zéros ; nous ôtons de cette racine doublée , une unité. Alors nous avons la racine quarrée de la tranche le plus à gauche , son quarré , et le terme correspondant de la progression génératrice tout composé de 9 , excepté le chiffre le plus à gauche.

Or, si nous voulons continuer nos opérations pour avoir par gradation la racine du plus grand quarré d'un nombre donné ; nous nous servirons des séries descendantes que nous trouvons , en supprimant du terme de la progression génératrice autant de 9 que la racine suivante a de zéros, en les remplaçant par le double de zéros ; à l'effet d'obtenir le terme de la série descendante qui nous est nécessaire pour opérer, et que nous faisons correspondre à la première racine et à son quarré. Nous augmentons de deux unités le chiffre du terme de la série placé devant les zéros, et nous additionnons ce terme ainsi augmenté et le premier quarré ; la somme sera le quarré de la racine suivante. Nous faisons ces deux dernières opérations jusqu'à ce que nous ayons trouvé la racine du plus grand quarré des deux premières tranches.

Afin de trouver la racine du plus grand quarré des trois premières tranches ; il faut passer d'une dizaine de la racine à une autre immédiatement inférieure, et obtenir la série inférieure à la précédente. Or, pour faire cette transition, nous diminuerons le dernier terme de la progression génératrice ou série de deux zéros que nous remplacerons par un 9; et ainsi nous aurons le terme de la série inférieure à la précédente, lequel terme correspondra, malgré ce changement, au dernier quarré et à sa racine; puis nous augmentons de deux unités le chiffre de ce terme placé devant les zéros; et enfin nous additionnons ce terme ainsi augmenté avec le dernier quarré, pour avoir la somme qui sera le quarré de la racine suivante. Nous répétons ces deux dernières opérations jusqu'à ce que nous ayons trouvé la racine du plus grand quarré des trois premières tranches. Cette méthode ci-dessus expliquée nous servira à trouver celle des quatre premières tranches, des cinq premières tranches, etc., et du nombre entier. Les exemples suivans rendront sensibles et confirmeront ces vérités mathématiques.

Puisque nous passons successivement des dizaines de la racine à ses dizaines qui suivent d'une manière immédiate; nous descendrons des milliards aux cents millions, des cents millions aux dix millions, des dix millions aux millions, des millions aux cents mille, des cents mille aux dix mille, des dix mille aux mille, des mille aux centaines, des centaines aux dizaines, des dizaines aux unités; après chacune de ces transitions, nous trouverons les quarrés de la racine qui augmente de cent millions en cent millions, de dix millions en dix millions, de million en million, de cent mille en cent mille, de dix mille en dix mille, de mille en mille, de centaine en centaine, de dizaine en dizaine, d'unité en unité.

EXEMPLE 1.

1, 63, 84, 96, 3o, 21.

Nous partageons le nombre 16384963021 dont nous voulons extraire la racine quarrée, en six tranches. Les six tranches de ce nombre nous montrent clairement que sa racine quarrée doit avoir six chiffres qui exprimeront des cents mille, des dix mille, des mille, des centaines, des dizaines et des unités.

Nous extrayons 1 la racine quarrée de 1 la tranche le plus à gauche. Nous mettons à la suite de 1 la racine quarrée cinq zéros égalant les cinq tranches qui sont à calculer, pour avoir 100000, et à la suite de 1 son quarré dix zéros, pour avoir 10000000000; ensorte que 100000 est la racine quarrée de 10000000000:

Pour trouver la racine du plus grand quarré de 16300000000 les deux premières tranches; nous passons des cents mille de la racine à ses dix mille, et puis nous obtenons les quarrés de la racine qui augmente de dix mille en dix mille. Afin d'avoir ce double résultat, nous ôtons de la racine doublée 200000 une unité, pour avoir 199999, le terme de la série, nous supprimons de ce terme autant de 9 que 110000 la racine suivante a de zéros, nous les remplaçons par le double de zéros, pour avoir 1900000000 le terme que nous faisons correspondre à la racine 100000 et à son quarré : 1° nous ajoutons deux unités au chiffre 9 du terme de la série placé devant les huit zéros, nous avons 2100000000 autre terme de la même série, lequel nous additionnons avec le quarré 10000000000, pour avoir 12100000000 quarré de 110000; 2° nous ajoutons deux unités au chiffre 1 du terme de la série placé devant les huit zéros, nous avons 2300000000 autre terme que nous additionnons avec le quarré 12100000000; pour avoir 1440000000 quarré de 120000, le plus approchant de 1630000000 les deux premières tranches; puisque 1690000000 quarré de 130000 les dépasse.

Pour trouver la racine du plus grand quarré de 1638400000 les trois premières tranches, il faut passer des dix mille de la racine à ses mille, et puis obtenir les quarrés de la racine qui augmente de mille en mille. Or, pour faire cette double opération, nous supprimons deux zéros de 2300000000 terme de la série que nous remplaçons par le chiffre 9, nous avons 23900000 terme de la série inférieure que nous faisons correspondre à 120000 et à son quarré; nous ajoutons deux unités au chiffre 9 de ce dernier terme placé devant les six zéros, pour avoir 24100000 terme que nous additionnons avec 1440000000 quarré de 120000; la somme est 1464100000 quarré de 121000. A chaque addition, nous ajoutons deux unités au chiffre du dernier terme de la même série placé devant les six zéros, nous additionnons ce terme ainsi augmenté avec le quarré précédent; la somme sera toujours le quarré de la racine suivante. C'est de cette manière que nous sommes parvenus à trouver 1638400000 quarré de 128000 qui égale les trois premières tranches.

Pour trouver la racine du quarré le plus approchant de 1638496000 les quatre premières tranches; nous passons des mille de la racine à ses centaines, et puis nous obtenons les quarrés de cette même racine qui augmente de centaine en centaine. Or, pour avoir ce double résultat, nous supprimons deux zéros de 255000000 terme de la série qui correspond à la racine 128000 et à son quarré, nous les remplaçons par le chiffre 9, pour avoir 2559000 terme de la série inférieure que nous faisons correspondre à la racine 128000 et à son quarré; nous ajoutons deux unités au chiffre 9 du terme 2559000 placé devant les quatre zéros, pour avoir 2561000 terme correspondant à 128100 la racine quarrée, terme qui, étant additionné avec 16384000000 dernier quarré, donne la somme 16409610000 quarré de 128100 qui excède 16384960000 les quatre premières tranches. Delà il résulte que 16384000000 dont la racine est 128000 et qui correspond à 25590000 terme de la série, en est le quarré le plus approchant.

Pour trouver la racine du quarré le plus approchant de 16384963000 les cinq premières tranches; nous passons des centaines de la racine à ses dizaines, et nous cherchons les quarrés de cette même racine qui augmente de dizaine en dizaine. Or, pour faire cette double opération, nous supprimons deux zéros de 25590000 terme de la dernière série, nous les remplaçons par le chiffre 9, pour avoir 2559900, terme de la série inférieure que nous faisons correspondre à la racine 128000 et à son quarré; nous ajoutons deux unités au chiffre 9 de ce dernier terme placé devant les deux zéros pour avoir 2560100 le terme suivant de la même série correspondant à 128010 la racine; nous additionnons ce terme et le quarré 16384000000, pour avoir la somme 16386560100 quarré de 128010 qui excède les cinq premières tranches. Delà il résulte que 16384000000 qui a pour racine 128000 et pour terme correspondant de la série 2559900, est encore le quarré le plus approchant de 16384963000 les cinq premières tranches.

Nous terminons l'extraction de la racine quarrée du nombre entier 16384963021, en passant des dizaines de la racine à ses unités, et en trouvant les quarrés de la racine qui augmente d'unité en unité. Or, pour faire cette double opération, nous supprimons les deux derniers zéros de 2559900 terme de la série, nous les remplaçons par le chiffre 9, pour avoir 255999 que nous faisons correspondre à la racine 128000 et à son quarré, nous ajoutons deux unités au dernier 9 de ce terme, pour avoir 256001 le terme que nous faisons correspondre à la racine 128001

dont nous cherchons le quarré que nous obtenons aisément, en additionnant le terme 256001 et le quarré
16384000000. Effectivement la somme 16384256001 est le
quarré de 128001. Nous additionnons 256003 terme augmenté de deux unités et 16384256001 dernier quarré,
pour avoir 16384512004 quarré de 128002. Nous additionnons 256005 terme augmenté de deux unités, et
16384512004 dernier quarré, pour avoir 16384768009
quarré de 128003 le plus approchant du nombre entier
16384963021 ; puisque 16385024016 quarré de 128004
l'excède ; donc 128003 est la racine quarrée de 16384963021.

$$1, 63, 84, 96, 30, 21.$$

RACINES.	QUARRÉS.	PROGRESSION génératrice.
100000. . .	10000000000. . . .	1900000000.
110000. . .	12100000000. . . .	2100000000.
120000. . .	14400000000. . . .	2300000000.
130000. . .	16900000000. . . .	2500000000.

   14400000000 quarré de 120000, est le plus près de
16300000000 les deux premières tranches ; puisque
16900000000 quarré de 130000 les excède.

Transition des dix mille de la racine en mille.

120000. . .	14400000000.	. .	239000000.
121000. . .	14641000000.	. .	241000000.
122000. . .	14884000000.	. .	243000000.
123000. . .	15129000000.	. .	245000000.
124000. . .	15376000000.	. .	247000000.
125000. . .	15625000000.	. .	249000000.
126000. . .	15876000000.	. .	251000000.
127000. . .	16129000000.	. .	253000000.
128000. . .	16384000000.	. .	255000000.

   16384000000 quarré de 128000, égale les trois premières tranches.

Transition des millle de la racine en centaines.

128000. . .| 16384000000.   . .| 25590000.
128100. . .| 16409610000.   . .| 25610000.

16384000000 quarré de 128000, est le plus près de 16384960000 les quatre premières tranches ; puisque 16409610000 quarré de 128100 les excède.

Transition des centaines de la racine en dizaines.

128000. . .| 16384000000.   . .| 25559 00.
128010. . .| 16386560100.   . .| 2560100.

16384000000 quarré de 128000, est le plus près de 16384963000 les cinq premières tranches ; puisque 16386560100 quarré de 128010 les excède.

Transition des dizaines de la racine en unités.

128000. . .| :6384000000.   . .| 255999.
128001. . .| 16384256001.   . .| 256001.
128002. . .| 16384512004.   . .| 256003.
128003. . .| 16384768009.   . .| 256005.
128004. . .| 16385024016.   . .| 256007.

16384768009 quarré de 128003, est le plus approchant de 16384963021 nombre entier ; puisque 16385024016 quarré de 128004 l'excède.

Ce que nous avons dit précédemment sur l'extraction de la racine quarrée d'un nombre quelconque se réduit 1° à partager de droite à gauche le nombre par tranches de deux chiffres en deux chiffres, en observant que la tranche le plus à gauche peut n'en avoir qu'un, et en observant aussi que la quantité numérique des tranches, indique celles des chiffres de la racine ; 2° à extraire la racine quarrée de la tranche le plus à gauche, après laquelle on met autant de zéros qu'il reste de tranches à calculer, et après son quarré le double de ceux de la racine ; afin d'observer le rapport d'un à deux, ainsi que le demande ce calcul ; 3° à ôter une unité de la racine doublée, pour avoir le terme de la progressiou génératrice ou série duquel nous supprimons autant de 9 que la racine qui vient après celle que nous avons trouvée, a de zéros, et que nous remplaçons par le double de zéros ; afin de former exactement les quarrés des racines qui se succèdent sans interruption ; 4° à augmenter de deux unités, à chaque addition, le chiffre du terme de la série placé devant les zéros, et même le dernier chiffre du terme de la première série, quand il s'agit de chercher les quarrés de la racine qui croît d'unité en unité, et puis à additionner ce terme ainsi augmenté et le quarré précédent, pour avoir la somme qui est précisément le quarré de le racine suivante. Enfin on opère ainsi jusqu'à ce qu'on ait trouvé la racine du plus grand quarré soit des deux, des trois, des quatre, etc. premières tranches, soit du nombre entier, et on supprime, à chaque transition d'une dizaine de la racine à une autre immédiatement inférieure, les deux zéros du terme de la série que nous remplaçons par un 9, à l'effet de descendre d'une série à une autre. Tels sont les principes que nous avons déjà employés dans le premier exemple, et que nous emploierons dans l'exemple suivant pour l'extraction de la racine quarrée.

EXEMPLE II.

$$8, 45, 03, 96, 17, 29, 87.$$

RACINES.	QUARRÉS.	PROGRESSION génératrice.
2000000. . .	400000000000. . .	390000000000.
2100000. . .	441000000000. . .	410000000000.
2200000. . .	484000000000. . .	430000000000.

10

2300000. . .	5290000000000. . .	450000000000.
2400000. . .	5760000000000. . .	470000000000.
2500000. . .	6250000000000. . .	490000000000.
2600000. . .	6760000000000. . .	510000000000.
2700000. . .	7290000000000. . .	530000000000.
2800000. . .	7840000000000. . .	550000000000.
2900000. . .	8410000000000. . .	570000000000.
3000000. . .	9000000000000. . .	590000000000.

8410000000000 quarré de 2900000, est le plus près de 8450000000000 les deux premières tranches ; puisque 9000000000000 quarré de 3000000 les excède.

Transition des cents mille de la racine en dix mille.

2900000. . .	8410000000000. . .	57900000000.
2910000. . .	8464100000000. . .	58100000000.

8410000000000 quarré de 2900000, est le plus près de 8450300000000 les trois premières tranches ; puisque 8464100000000 quarré de 2910000 les excède.

Transition des dix mille de la racine en mille.

2900000. . .	8410000000000. . .	5799000000.
2901000. . .	8415801000000. . .	5801000000.
2902000. . .	8421604000000. . .	5803000000.
2903000. . .	8427409000000. . .	5805000000.
2904000. . .	8433216000000. . .	5807000000.
2905000. . .	8439025000000, . .	5809000000.
2906000. . .	8444836000000. . .	5811000000.
2907000. . .	8450649000000. . .	5813000000.

8444836000000 quarré de 2906000, est le plus près de 8450396000000 les quatre premières tranches ; puisque 8450649000000 quarré de 2907000 les excède.

Transition des mille de la racine en centaines.

2906000. . .	8444836000000. . .	581190000.
2906100. . .	8445417210000. . .	581210000.
2906200. . .	8445998440000. . .	581230000.
2906300. . .	8446579690000. . .	581250000.

2906400. . .	8447160960000. . .	5812700000.
2906500. . .	8447742250000. . .	5812900000,
2906600. . .	8448323560000. . .	5813100000.
2906700. . .	8448904890000. . .	5813300000.
2906800. . .	8449486240000. . .	5813500000.
2906900. . .	8450067610000. . .	5813700000.
2907000. . .	8450649000000. . .	5813900000.

8450067610000 quarré de 2906900, est le plus près de 8450396170000 les cinq premières tranches ; puisque 8450649000000 quarré de 2907000 les excède.

Transition des centaines de la racine en dizaines.

2906900. . .	8450067610000. . .	58137900.
2906910. . .	8450125748100. . .	58138100.
2906920. . .	8450183886400. . .	58138300.
2906930. . .	8450242024900. . .	58138500.
2906940. . .	8450300163600. . .	58138700.
2906950. . .	8450358302500. . .	58138900.
2906960. . .	8450416441600. . .	58139100.

8450358302500 quarré de 2906950, est le plus près de 8450396172900 les six premières tranches ; puisque 8450416441600 quarré de 2906960 les excède.

Transition des dizaines de la racine en unités.

2906950. . .	8450358302500. . .	5813899.
2906951. . .	8450364116401. . .	5813901.
2906952. . .	8450369930304. . .	5813903.
2906953. . .	8450375744209. . .	5813905.
2906954. . .	8450381558116. . .	5813907.
2906955. . .	8450387372025. . .	5813909.
2906956. . .	8450393185936. . .	5813911.
2906957. . .	8450398999849. . .	5813913.

8450393185936 quarré de 2906956, est le plus approchant du nombre 8450396172987 ; puisque 8450398999849 quarré de 2906957 excède ce même nombre ; donc 2906956 est la racine quarrée la plus approchante de 8450396172987.

SECTION II.

Dans la première section du chapitre II concernant l'extraction de la racine quarrée, nous avons partagé, de droite à gauche, le nombre à extraire, par tranches de deux chiffres en deux chiffres, ensorte que la tranche le plus à gauche peut n'avoir qu'un seul chiffre. Nous avons opéré sur les tranches, en allant de gauche à droite, de la manière suivante : premièrement sur la tranche le plus à gauche, secondement sur les deux premières tranches, troisièmement sur les trois premières tranches, quatrièmement sur les quatre premières tranches, etc., et enfin sur le nombre entier. C'est pourquoi, en suivant ce même ordre, nous les nommons première, seconde, troisième, quatrième, etc., tranches. Cette division faite, et ses parties connues sous ces diverses dénominations, afin de diminuer le nombre des chiffres dans nos calculs sur l'extraction de la racine quarrée, nous chercherons, désormais, sans employer les séries descendantes mentionnées dans la première section de ce chapitre, la racine du plus grand quarré d'un nombre donné, laquelle doit avoir nécessairement autant de chiffres que le nombre a de tranches. A cet effet, nous n'emploierons que la série primitive à laquelle nous coordonnerons toutes nos opérations qui alors deviendront bien plus simples.

Or, pour trouver, sans nous servir d'autres séries que de la primitive $1, 3, 5, 7, 9, 11$, etc., etc., la racine du plus grand quarré d'un nombre donné, nous commençons à extraire la racine quarrée de la tranche le plus à gauche ; ensuite nous cherchons le second chiffre de la racine qui doit provenir des deux premières tranches sur lesquelles nous devons opérer. Pour connaitre ce second chiffre : 1° nous mettons un zéro à la suite de la racine extraite de la

première tranche, et deux zéros à la suite de son quarré ;
afin d'observer le rapport d'un à deux, nécessité par ce
calcul ; 2° nous prenons le double de cette racine duquel
nous ôtons 1, pour avoir le terme de la progression génératrice ou série, lequel nous faisons correspondre à la
racine extraite de la première tranche et suivie d'un zéro, et
à son quarré ; 3° nous plaçons sur la même ligne, cette racine, son quarré, et le terme de la progression génératrice,
laquelle a la propriété immuable de former, par la simple
règle de l'addition, tous les quarrés possibles ; 4° nous additionnons le dernier quarré suivi de ses deux zéros et le
terme de la progression génératrice augmenté de deux unités,
pour avoir le quarré de la racine qui suit immédiatement ;
5° nous additionnons ainsi jusquà ce que nous ayons obtenu
la racine du plus grand quarré des deux premières tranches.

Pour connaître le troisième chiffre de la racine qui doit
provenir des trois premières tranches sur lesquelles nous
devons opérer, 1° nous mettons un zéro à la suite de la
racine extraite des deux premières tranches, et deux zéros
à la suite de son quarré ; 2° nous prenons le double de la
racine résultante des deux premières tranches et suivie d'un
zéro, duquel nous ôtons 1, pour avoir le terme de la progression génératrice, lequel nous faisons correspondre à
la racine extraite des deux premières tranches et suivie
d'un zéro, et à son quarré ; 3° nous plaçons sur la même
ligne cette racine, son quarré, et le terme de la progression
génératrice ; 4° nous additionnons le dernier quarré suivi
de ses deux zéros, et le terme de la progression génératrice
augmenté de deux unités, pour avoir le quarré de la racine
qui suit immédiatement ; 5° nous additionnons ainsi jusqu'à
ce que nous ayons obtenu la racine du plus grand quarré
des trois premières tranches.

Pour connaître le quatrième chiffre de la racine qui doit
provenir des quatre premières tranches sur lesquelles nous
devons opérer, 1° nous mettons un zéro à la suite de la

racine extraite des trois premières tranches , et deux zéros
à la suite de son quarré ; 2° nous prenons le double de la
racine résultante des trois premières tranches et suivie d'un
zéro , duquel nous ôtons 1 , pour avoir le terme de la progression génératrice , lequel nous faisons correspondre à la
racine extraite des trois premières tranches et suivie d'un
zéro , et à son quarré ; 3° nous plaçons sur la même ligne
cette racine , son quarré , et le terme de la progression
génératrice ; 4° nous additionnons le dernier quarré suivi
de ses deux zéros , et le terme de la progression génératrice
augmenté de deux unités , pour avoir le quarré de la racine
qui suit immédiatement , 5° nous additionnons ainsi jusqu'à
ce que nous ayons obtenu la racine du plus grand quarré
des quatre premières tranches.

Nous opérons de cette manière sur les autres tranches du
nombre comme sur les précédentes. Si cette méthode qui
nous fait aisément connaître les racines de tous les quarrés
possibles , nous paraît aussi facile que la première , expliquée dans la première section du chapitre II , elle doit
paraître aussi plus expéditive à cause de la diminution des
chiffres. Les exemples suivans prouveront ces vérités.

EXEMPLE III.

$$6, 89, 73, 04, 15, 29.$$

La racine quarrée du nombre 6897304 1529 partagé en
six tranches , aura six chiffres qui , considérés de gauche à
droite , vallent des cents mille , des dix mille , des mille , des
centaines , des dizaines et des unités.

2 est la racine de 4 le plus grand quarré de 6 la tranche
le plus à gauche et la première.

Pour connaître le deuxième chiffre de la racine qui doit
provenir de 689 les deux premières tranches sur lesquelles
nous devons opérer , 1° nous mettons un zéro à la suite de

2 la racine, et deux zéros à la suite de 4 son quarré; ensorte que 20 est la racine quarrée de 400; 2° nous prenons le double de 20 la racine, duquel nous ôtons 1, pour avoir 39 le terme de la progression génératrice, lequel nous faisons correspondre à la racine 20 et à son quarré 400; 3° nous plaçons sur la même ligne 20 cette racine, 400 son quarré, et 39 le terme de la progression génératrice; 4° nous additionnons 400 le dernier quarré, et 41 le terme de la progression génératrice augmenté de deux unités, pour avoir la somme de 441 qui est le quarré de 21 la racine suivante; 5° nous continuons l'opération, en additionnant le dernier quarré et le terme de la progression génératrice augmenté de deux unités, jusqu'à ce qu'on ait obtenu 26 la racine de 676 le plus grand quarré contenu dans 689 les deux premières tranches; puisque 729 quarré de 27 les dépasse.

Pour connaître le troisième chiffre de la racine qui doit provenir de 68973 les trois premières tranches sur lesquelles nous devons opérer, 1° nous mettons un zéro à la suite de 26 la racine, et deux zéros à la suite de 676 son quarré; ensorte que 260 est la racine quarrée de 67600; 2° nous prenons le double de 260 la racine, duquel nous ôtons 1, pour avoir 519 le terme de la progression génératrice, lequel nous faisons correspondre à la racine 260 et à son quarré 67600; 3° nous plaçons sur la même ligne 260 cette racine 67600 son quarré, et 519 le terme de la progression génératrice; 4° nous additionnons 67600 le dernier quarré, et 521 le terme de la progression génératrice augmenté de deux unités, pour avoir la somme 68121 le quarré de 261 la racine suivante; 5° nous additionnons 68121 dernier quarré et 523 le dernier terme augmenté de deux unités, pour avoir la somme 68644 quarré de 262 le plus approchant de 68973 les trois premières tranches; puisque 69169 quarré de 263 les dépasse.

Pour connaître le quatrième chiffre de la racine qui doit provenir de 6897304 les quatre premières tranches sur lesquelles nous devons opérer , 1° nous mettons un zéro à la suite 262 la racine, et deux zéros à la suite de 68644 son quarré ; ensorte que 2620 est la racine quarrée de 6864400 ; 2° nous prenons le double de 2620 la racine, duquel nous ôtons 1 , pour avoir 5239 le terme de la progression génératrice, lequel nous faisons correspondre à la racine 2620 et à son quarré 6864400 ; 3° nous plaçons sur la même ligne 2620 cette racine , 6864400 son quarré, et 5239 le terme de la progression génératrice ; 4° nous additionnons 6864400 le dernier quarré, et 5241 le dernier terme augmenté de deux unités , pour avoir la somme 6869641 quarré de 2621 ; 5° nous continuons l'opération en additionnant le dernier quarré et le terme de la progression génératrice augmenté de deux unités, jusqu'à ce que nous ayons obtenu 6895876 quarré de 2626 le plus approchant de 6897304 les quatre premières tranches ; puisque 6901129 quarré de 2627 les dépasse.

Pour connaître le cinquième chiffre de la racine qui doit provenir de 68973015 les cinq premières tranches sur lesquelles nous devons opérer , 1° nous mettons un zéro à la suite de 2626 la racine, et deux zéros à la suite de 6895876 son quarré , ensorte que 26260 est la racine quarrée de 68958;600 ; 2° nous prenons le double de 26260 la racine, duquel nous ôtons 1 , pour avoir 52519 le terme de la progression génératrice , lequel nous faisons correspondre à la racine 26260 et à son quarré 689587600 ; 3° nous plaçons sur la même ligne 26260 cette racine, 689587600 son quarré, et 52519 le terme de la progression génératrice ; 4° nous additionnons 689587600 dernier quarré et 52521 le dernier terme augmenté de deux unités, pour avoir la somme 689640121 quarré de 26261 ; 5° nous additionnons 689640121 quarré de 26261 , et 52523 dernier terme augmenté de deux unités, pour avoir la somme 689692644 quarré de 26262 le plus approchant de

6897304l5 les cinq premières tranches; puisque 6897745169 quarré de 26263 les dépasse.

Pour connaître le sixième chiffre de la racine qui doit provenir de 6897304l529 nombre entier sur lequel nous devons opérer : 1° nous mettons un zéro à la suite de 262626 la racine, et deux zéros à la suite de 68969 264 4, en sorte que 262620 est la racine quarrée de 68969264400; 2° nous prenons le double de 262620 la racine duquel nous ôtons 1, pour avoir 525239 le terme de la progression génératrice, lequel nous faisons correspondre à la racine 262620, et à son quarré 68969264400; 3° nous plaçons sur la même ligne 262620 la racine, 68969264400 son quarré, et 525239 le terme de la progression génératrice; 4° nous additionnons 68969264400 quarré de 262620, et 525241 dernier terme augmenté de deux unités, pour avoir la somme 68969789641 quarré de 262621; 5° nous continuons l'opération en additionnant le dernier quarré et le terme de la progression génératrice augmenté de deux unités, jusqu'à ce que nous ayons obtenu 68972941129 quarré de 262627 le plus approchant de 6897304l529 nombre entier; puisque 68973466384 quarré de 262628 le dépasse : donc 262627 est la racine quarrée de 6897304l529.

$$6, 89, 73, 04, 15, 29.$$

RACINES.	QUARRÉS.	PROGRESSION génératrice.
20.	400.	39.
21.	441.	41.
22.	484.	43.
23.	529.	45.
24.	576.	47.
25.	625.	49.
26.	676.	51.
27.	729.	53.

676 quarré de 26 est le plus approchant de 689 les deux premières tranches ; puisque 729 quarré de 27 les dépasse.

Transition des dix mille de la racine en mille.

260.	. .	67600.	519.
261.	. .	68121.	521.
262.	. .	68644.	523.
263.	. .	69169.	525.

68644 quarré de 262 est le plus approchant de 68973 les trois premières tranches ; puisque 69169 quarré de 263 les dépasse.

Transition des mille de la racine en centaines.

2620.	. .	6864400.	5239.
2621.	. .	6869641. . . .	5241.
2622.	. .	6874884. . . .	5243.
2623.	. .	6880129. . . .	5245.
2624.	. .	6885376. . . .	5247.
2625.	. .	6890625. . . .	5249.
2626.	. .	6895876. . . .	5251.
2627.	. .	6901129. . . .	5253.

6895876 quarré de 2626 est le plus approchant de 6897304 les quatre premières tranches ; puisque 6901129 quarré de 2627 les dépasse.

Transition des centaines de la racine en dizaines.

26260.	. .	6895876oo. . . .	5251g.
26261.	. .	6896401 21. . . .	52521.
26262.	. .	6896926 44. . . .	52523.
26263.	. .	6897451 69. . . .	52525.

68969264 quarré de 26262 est le plus approchant de 6897304 15 les cinq premières tranches ; puisque 6897451 69 quarré de 26263 les dépasse.

Transition des dizaines de la racine en unités.

262620.	68969264400.	525239.
262621.	68969789641.	525241.
262622.	68970314884.	525243.
262623.	68970840129.	525245.
262624.	68971365376.	525247.
262625.	68971890625.	525249.
262626.	68972415876.	525251.
262627.	68972941129.	525253.
262628.	68973466384.	525255.

68972941129 qui a pour racine 262627, est le quarré le plus approchant du nombre 68973041529; puisque 68973466384 qui a pour racine 262628, est un quarré qui excède ce même nombre : donc 262627 est la racine quarrée la plus approchante de 68973041529.

Comme il est indispensable de partager un nombre quelconque dont on cherche la racine quarrée, par tranches de deux chiffres en deux chiffres, ensorte que la tranche le plus à gauche peut n'avoir qu'un seul chiffre, comme la racine quarrée du même nombre doit avoir autant de chiffres qu'il a de tranches; comme celle du plus grand quarré de la première tranche, des deux premières tranches, des trois premières tranches, des quatre premières tranches, etc., prend successivement un chiffre, deux chiffres, trois chiffres, quatre chiffres, etc. ; est, à chaque chiffre qu'elle prend, dix fois plus grande, et enfin comme chaque chiffre pris, peut être 0, 1, 2, 3, 4, 5, 6, 7, 8, 9 : alors on commence l'extraction de la racine quarrée des tranches et même du nombre entier, en mettant un zéro à la suite de la dernière racine, et deux zéros à la suite de son quarré ; ensuite on cherche, après chaque transition, et suivant nos principes, les quarrés de la racine qui augmente de cent mille en cent mille, de dix mille en dix mille, de mille en mille, de centaine en centaine, de dizaine en dizaine, d'unité en unité ; et on continue le calcul jusqu'à ce qu'on ait trouvé le chiffre de la racine du plus grand quarré des tranches ou du nombre entier qui ne peut jamais excéder 9.

Cette seconde méthode dont les principes ont été appliqués dans le troisième exemple, nous semble suffisamment développée et assez connue pour en faire sans peine l'application sur les exemples suivans.

Mais si cette méthode ; aussi facile que sûre de trouver la racine du plus grand quarré d'un nombre donné, paraît un peu longue, on peut l'abréger ainsi. Quand on présume que le chiffre suivant doit avoir plusieurs unités, alors on additionne un nombre suffisant de termes de la progression génératrice, lequel indique qu'il faut placer à la racine le même nombre d'unités ; ensuite on additionne la somme de tous ces termes et le dernier quarré, pour avoir le quarré le plus approchant des deux premières tranches. On opère ainsi à l'égard des trois premières, des quatre premières tranches, etc., et du nombre entier.

L'exemple iv suivant, nous servira à faire bien comprendre cette abréviation de calcul.

9 est la racine de 81 le quarré le plus approchant de 99 la première tranche. Mais pour trouver brièvement la racine du plus grand quarré de 9990 les deux premières tranches : 1° nous mettons un zéro à la suite de 9 la racine extraite de la première tranche, et deux zéros à la suite de 81 son quarré ; ensorte que 90 est la racine quarrée de 8100 ; 2° nous additionnons 181, 183, 185, 187, 189, 191, 193, 195, 197, neuf termes de la progression génératrice, lesquels indiquent qu'on doit ajouter 9 à la racine 90 qui alors est 99 ; ensuite nous additionnons 1701 la somme des neuf termes et 8100 quarré de 90, pour avoir 9801 le plus grand quarré de 9990 les deux premières tranches, dont la racine est 99 ; puisque 10000 quarré de 100 les dépasse.

Cette manière d'abréger le calcul sur l'extraction de la racine des deux premières tranches de l'exemple iv, est facile à concevoir, et est applicable non-seulement aux autres tranches du même exemple, mais aussi à toutes les tranches de ceux qu'on voudra choisir. Ainsi nous donnons de suite les exemples suivans où d'on comprendra aisément ce mode d'abréviation.

EXEMPLE IV.

$$99, 90, 12, 78, 63, 57, 89.$$

RACINES.	QUARRÉS.	PROGRESSION génératrice.
90.	8100.	179.
99.	9801.	1701.
100.	10000.	199.

8100 quarré de 90, et 1701 la somme des neuf termes suivans 181, 183, 185, 187, 189, 191, 193, 195, 197, et indicateurs qu'on doit ajouter 9 à la racine 90, égalent la somme de 9801 quarré de 99 le plus grand qui soit contenu dans 9990 les deux premières tranches ; puisque 10000 quarré de 100 les dépasse.

Transition des cents mille de la racine en dix mille.

990.	980100.	1979.
999.	998001.	17901.
1000.	1000000.	1999.

980100 quarré de 990, et 17901 la somme des neuf termes suivans 1981, 1983, 1985, 1987, 1989, 1991, 1993, 1995, 1997, et indicateurs qu'on doit ajouter 9 à la racine 990, égalent celle de 998001 quarré de 999 le plus grand qui soit contenu dans 999012 les trois premières tranches ; puisque 1000000 quarré de 1000 les dépasse.

Transition des dix mille de la racine en mille.

9990.	. .	99800100.	. . .	19979.
9995.	. .	99900025.	. . .	99925.
9996.	. .	99920016.	. . .	19991.

99800100 quarré de 9990, et 99925 la somme des cinq termes suivans 19981, 19983, 19985, 19987, 19989, qui indiquent qu'on doit ajouter 5 à la racine 9990 égalent celle de 99900025 quarré ds 9995 le plus grand qui soit contenu dans 99901278 les quatre premières tranches ; puisque 99920016 quarré de 9996 les dépasse.

Transition des mille de la racine en centaines.

99950.	. .	9990002500.	. . .	199899.
99951.	. .	9990202401.	. . .	199901.

9990002500 quarré de 99950, est le plus grand qui soit contenu dans 9990127863 les cinq premières tranches ; puisque 9990202401 quarré de 99951 les dépasse.

Transition des centaines de la racine en dizaines.

999500.	. .	999000250000.	. .	1998999.
999506.	. .	999012244036.	. .	11994036.
999507.	. .	999014243049.	. .	19990013.

999000250000 quarré de 999500, et 11994036 la somme des six termes suivans 1999001, 1999003, 1999005, 1999007, 1999009, 1999011, qui indiquent qu'on doit ajouter 6 à la racine 999500 égalent celle de 999012244036 quarré de 999506 le plus grand qui soit contenu dans 999012786357 les six premières tranches ; puisque 999014243049 quarré de 999507 les dépasse.

Transition des dizaines de la racine en unités.

9995060.	. .	999012244036oo.	. .	19990119.
9995061.	. .	99901244393721.	. .	19990121.
9995062.	. .	99901264383844.	. .	19990123.
9995063.	. .	99901284373969.	. .	19990125.

99901264383844 quarré de 9995062, est le plus grand qui soit contenu dans le nombre entier 99901278635789 ; puisque 99901284373969 quarré de 9995063 dépasse ce même nombre : donc 9995062 est la racine quarrée la plus approchante de 99901278635789.

EXEMPLE V.

85, 90, 70, 16, 21, 60, 02, 36, 41.

RACINES.	QUARRÉS.	PROGRESSION génératrice.
90. . . .	8100.	179.
91. . . .	8281.	181.
92. . . .	8464.	183.
93. . . .	8649.	185.

8464 quarré de 92, est le plus grand qui soit contenu dans 8590 les deux premières tranches ; puisque 8649 quarré de 93 les dépasse.

Transition des dix millions de la racine en millions.

920. . . .	846400.	1839.
926. . . .	857476. . . .	11076.
927. . . .	859329. . . .	1853.

846400 quarré de 920, et 11076 la somme des six termes suivans 1841, 1843, 1845, 1847, 1849, 1851, et indicateurs qu'on doit ajouter à la racine 6, égalent celle de 857476 quarré de 926, le plus grand qui soit contenu dans 859070 les trois premières tranches ; puisque 859329 quarré de 927 les dépasse.

Transition des millions de la racine en cents mille.

9260. . .	85747600. . . .	18519.
9268. . .	85895824. . . .	148224.
9269. . .	85914361. . . .	18537.

85747600 quarré de 9260, et 148224 la somme des huit termes suivans 18521, 18523, 18525, 18527, 18529, 18531, 18533, 18535, lesquels indiquent qu'on doit ajouter à la racine 8, égalent celle de 85895824 quarré de 9268, le plus grand qui soit contenu dans 85907016 les quatre premières tranches; puisque 85914361 quarré de 9269 les dépasse.

Transition des cents mille de la racine en dix mille.

92680. . .	85895824oo. . .	185359.
92686. . .	85906945g6. . .	1112196.
92687. . .	85908799969. . .	185373.

85895824oo quarré de 92680, et 1112196 la somme des six termes suivans 185361, 185363, 185365, 185367, 185369, 185371, lesquels indiquent qu'on doit ajouter à la racine 6, égalent celle de 85906945g6 quarré de 92686, le plus grand qui soit contenu dans 8590701621 les cinq premières tranches; puisque 85908799969 quarré de 92687 les dépasse.

Transition des dix mille de la racine en mille.

9268600. .	8590694596oo. .	1853719.
9268601. .	85907131332i. .	1853721.

8590694596oo dont la racine est 9268600, est le quarré le plus grand de 85907016216o les six premières tranches; puisque 85907131332i quarré de 9268601 les dépasse.

Transition des mille de la racine en centaines.

9268600. .	859069459600000. .	1853719.
9268601. .	85906964497201. .	1853201.
9268602. .	8590698303404. .	1853203.
9268603. .	859070015716o9. .	1853205.
9268604. .	85907020108816. .	1853207.

859070015716o9 qui a pour racine 9268603, est le

quarré le plus grand de 85907016216002 les sept premières tranches ; puisque 85907020108816 quarré de
9268604 les dépasse.

Transition des centaines de la racine en dizaines.

926860030. .	85907001571609000. .	1853720590. *
926860037. .	85907014547653769. .	12976044600.
926860038. .	85907016401374444. .	185372075.

85907001571609000 quarré de 926860030 , et 12976044600
la somme des sept termes suivans 1853720661 , 1853720663 ,
1853720665 , 1853720667 , 1853720669 , 1853720671 ,
1853720673, lesquels indiquent qu'on doit ajouter à la racine
7 , égalent celle de 85907014547653769 quarré de 926860037
le plus grand qui soit contenu dans 85907016216002536 les
huit premières tranches ; puisque 85907016401374444 quarré de 926860038 les dépasse.

Transition des dizaines de la racine en unités.

9268600370. .	85907014547653690000.	18537207390.
9268600379. .	85907016216002364100.	16683486741.
9268600380. .	85907016401374440000.	18537207590.

85907014547653690000 quarré de 9268600370 , et
16683486741 la somme des neuf termes suivans 18537207410,
18537207430 , 18537207450 , 18537207470 , 18537207490 ,
18537207510 , 18537207530 , 18537207550 , 18537207570, lesquels indiquent qu'on doit ajouter à la racine 9 , égalent
celle de 85907016216002364100 quarré de 9268600379 ,
lequel quarré comprend en totalité le nombre à extraire de
cet exemple.

Comme nous ne voulons pas mentionner dans l'exemple
VI les termes de la progression génératrice dont la somme
additionnée avec le premier quarré trouvé après chaque
transition, donnera celui de la racine augmentée d'autant
d'unités que de termes additionnés : il est bon de dire,

afin de faire bien comprendre la manière dont nous nous servons pour abréger ce calcul, que, dans cette seconde section du chapitre II, tous les termes de la progression génératrice qui se succèdent, n'augmentent chacun que de deux unités. Ainsi il sera facile de connaître tous les termes additionnés, et de vérifier si les calculs sont exacts.

EXEMPLE VI.

$$99, \ 09, \ 15, \ 78, \ 02, \ 04, \ 95, \ 27, \ 61, \ 76.$$

RACINES.	QUARRÉS.	PROGRESSION génératrice.
90.	8100.	179.
99.	9801.	1701.
100.	10000.	199.

Transition des cents millions de la racine en dix millions.

990.	980100.	1979.
995.	990025.	9975.
996.	992016.	1991.

Transition des dix millions de la racine en millions.

9950.	99002500.	19899.
9954.	99082116.	79616.
9955.	99102025.	19909.

Transition des millions de la racine en cents mille.

99540.	9908211600.	199079.
99544.	9909007936.	796336.
99545.	9909207025.	199089.

Transition des cents mille de la racine en dix mille.

995440. . .	990900793600. . .	1990879.
995447. . .	990914729809. . .	13936209.
995448. . .	990916720704. . .	1990895.

Transition des dix mille de la racine en mille.

9954470. . .	99091472980900. .	1990893g.
9954475. . .	99091572525625. .	99544725.
9954476. . .	99091592434574. .	1990894g.

Transition des mille de la racine en centaines.

99544750. .	9909157252562500. .	199089499.
99544752. .	9909157650741504. .	398179004.
99544753. .	9909157849831009. .	199089505.

Transition des centaines de la racine en dizaines.

995447520. .	990915765074150400.	1990895039.
995447527. .	990915777901041572g.	13936265329.
995447528. .	990915781001310784.	1990895055.

Transition des dizaines de la racine en unités.

9954475270.	9909157779010415729oo.	1990895053g.
9954475276.	990915780204952761762.	1194537032762.

Le nombre entier 990915780204952761762 est un quarré parfait qui a pour racine 9954475276.

SECTION III.

Preuve d'un calcul exact sur l'extraction de la racine quarrée.

Comme la génération des quarrés des nombres naturels 1, 2, 3, 4, 5, etc., etc., provient de l'addition successive des termes de la progression arithmétique croissante 1, 3, 5, 7, 9, etc., etc., que nous appelons progression génératrice ; comme chaque quarré contient autant de termes de la progression que la racine de chacun a d'unités, comme chaque quarré égale la somme de tous les termes dont le nombre est exprimé par la racine correspondante, comme aussi chaque quarré égale le produit de la racine multipliée par elle-même : c'est pourquoi la preuve qu'on a trouvé les racines des plus grands quarrés des nombres donnés qui sont des quarrés parfaits ou imparfaits, résulte nécessairement 1° de ce que la somme du dernier quarré et du terme suivant de la progression excède le nombre donné ; 2° de ce que le produit de la racine multipliée par elle-même égale le dernier quarré, ou bien, de ce que la somme de tous les termes de la progression dont le nombre est exprimé par la racine correspondante égale le dernier quarré.

On trouve facilement la somme de tous les termes, en multipliant la somme des extrêmes par la moitié du nombre des termes, ou la moitié de la somme des extrêmes par le nombre des termes. Delà il est évident que, respectivement à chaque quarré, le produit de la racine multipliée par elle-même, égale toujours la somme de tous les termes qui y sont contenus.

Ainsi les élémens résultans de la progression génératrice sont tellement simples qu'ils nous font trouver tous les quarrés possibles des nombres naturels, connaître les racines des plus grands quarrés des nombres donnés, puisque en additionnant ces mêmes quarrés et les termes qui suivent immédiatement ceux qui les ont formés, nous les dépassons, et puisque les racines des plus grands quarrés multipliées par elles-mêmes reproduisent ces mêmes quarrés:

Par conséquent nous allons vérifier, d'après ces principes, les racines quarrées extraites des nombres donnés dans les six exemples précédens, en observant néanmoins que, pour multiplier plus aisément et plus sûrement les racines quarrées par elles-mêmes, nous les additionnerons successivement par les neuf chiffres 1, 2, 3, 4, 5, 6, 7, 8, 9.

NUMÉRO I.

Nous disons 1° que 16384768009 quarré de 128003, est le plus approchant de 16384963021 nombre donné à extraire, puisque la somme de ce dernier quarré et de 256007 terme qui suit immédiatement ceux qui l'ont formé, égale 16385024016 quarré de 128004 qui dépasse ce même nombre ; 2° que 16384768009 est le quarré parfait de 128003 ; puisque cette racine multipliée par elle-même reproduit ce quarré.

$$128003 \times 128003$$

384009	1 = . . .	128003.
000000	2 = . . .	256006.
000000	3 = . . .	384009.
1024024	4 = . . .	512012.
256006	5 = . . .	640015.
128003	6 = . . .	768018.
	7 = . . .	896021.
16384768009	8 = . . .	1024024.
	9 = . . .	1152027.

NUMÉRO II.

Nous disons 1°. que 8450393185936 quarré de 2906956 est le plus approchant de 8450396172987 nombre donné à extraire ; puisque la somme de ce dernier quarré est de 5813913 terme qui suit immédiatement ceux qui l'ont formé, égale 8.5029999849 quarré de 2906957 qui dépasse ce même nombre ; 2° que 845039385936 est le quarré parfait de 2906956 ; puisque cette racine multipliée par elle-même reproduit ce quarré.

2906956 X 2906956		
17441736	1 = ...	2906956.
14534780	2 = ...	5813912.
26162604	3 = ...	8720868.
17441736	4 = ...	11627824.
0000000	5 = ...	14534780.
26162604	6 = ...	17441736.
5813912	7 = ...	20348692.
845039385936	8 = ...	23255648.
	9 = ...	26162604.

NUMÉRO III.

Nous disons 1° que 6897294129 quarré de 262627, est le plus approchant de 6897304152 9 nombre donné à extraire ; puisque la somme de ce dernier quarré et de 525255 terme qui suit immédiatement ceux qui l'ont formé, égale 6897346384 quarré de 262628 qui dépasse ce même nombre ; 2° que 6897294129 est le quarré parfait de 262627 ; puisque cette racine multipliée par elle-même reproduit ce quarré.

262627 X 262627		
1838389	1 = ...	262627.
525254	2 = ...	525254.
1575762	3 = ...	787881.
525254	4 = ...	1050508.
1575762	5 = ...	1313135.
525254	6 = ...	1575762.
6897294129	= ...	1838389.

NUMÉRO IV.

Nous disons 1° que 99901264383844 quarré de 9995062, est le plus approchant de 99901278035789 nombre donné à extraire; puisque la somme de ce dernier quarré et de 19990125 terme qui suit immédiatement ceux qui l'ont formé, égale 99901284373969 quarré de 9995063 qui dépasse ce même nombre; 2° que 99901264383844 est le quarré parfait de 9995062; puisque cette racine multipliée par elle-même reproduit ce quarré.

```
9995062   X   9995062       1 ═ . . . 9995062.
                19990124     2 ═ . . . 19990124.
                59970372     3 ═ . . . 29985186.
                0000000      4 ═ . . . 39980248.
               49975310      5 ═ . . . 49975310.
              89955558       6 ═ . . . 59970372.
             89955558        7 ═ . . . 69965434.
            89955558         8 ═ . . . 79960496.
        ─────────────        9 ═ . . . 89955558.
        99901264383844
```

NUMÉRO V.

Nous disons que 85907016216002364 le nombre donné à extraire, est un quarré parfait; puisque la racine qui en est extraite multipliée par elle-même reproduit ce même nombre.

```
926860379   X   926860379     1 ═ . . . 926860379.
            ──────────────
                 8341743411   2 ═ . . . 1853720758.
                 6488022653   3 ═ . . . 2780581137.
                 2780581137   4 ═ . . . 3707441516.
                 000000000    5 ═ . . . 4634301895.
                5561162274    6 ═ . . . 5561162274.
               7414883032     7 ═ . . . 6488022653.
              5561162274      8 ═ . . . 7414883032.
             1853720758       9 ═ . . . 8341743411.
            8341743411
        ──────────────────
        85907016216002364
```

NUMÉRO VI.

Nous disons que 9909157802049527617̅6 le nombre donné à extraire, est un quarré parfait; puisque 9954475276
la racine qui en est extraite multipliée par elle-même reproduit ce même nombre.

$$9954475276 \times 9954475276$$

9954475276	1 = . . .	9954475276.
59726851656	2 = . . .	19908950552.
69681326932	3 = . . .	29863425828.
19908950552	4 = . . .	39817901104.
49772376380	5 = . . .	49772376380.
69681326932	6 = . . .	59726851656.
39817901104	7 = . . .	69681326932.
39817901104	8 = . . .	79635802208.
49772376380	9 = . . .	89590277484.
89590277484		
89590277484		

$$9909157802049527617̅6$$

CHAPITRE III.

SECTION PREMIÈRE.

De la formation des Cubes des Nombres naturels,
1, 2, 3, 4, 5, 6, 7, 8, 9, 10, etc., etc.

Lorsque nous voulûmes connaître le principe générateur
des cubes : 1° nous formâmes ceux des nombres naturels
1, 2, 3, 4, 5, 6, 7, 8, 9 ; qui sont 1, 8, 27, 64, 125,
216, 343, 512, 729 ; 2° nous ôtâmes, en suivant l'ordre de
leur formation, 1 de 8 dont la différence est 7 : 8 de 27
dont la différence est 19 : 27 de 64 dont la différence est 37 :
64 de 125 dont la différence est 61 : 125 de 216 dont la
différence est 91 : 216 de 343 dont la différence est 127 :
343 de 512 dont la différence est 169 : 512 de 729 dont la
différence est 217 ; nous donnâmes 1 pour premier terme de
toutes ces différences, et nous eûmes cette suite incalculable 1, 7, 19, 37, 61, 91, 127, 169, 217 ; 3° comme
cette suite dont la différence est variable entre ses termes,
ne nous parut pas être le principe générateur des cubes,
nous ôtâmes, en suivant le même ordre de soustraction que
nous avons suivi à l'égard des cubes, 1 de 7 dont la diffe-
rence est 6 : 7 de 19 dont la différence est 12 : 19 de 37
dont la différence est 18 : 37 de 61 dont la différence est
24 : 61 de 91 dont la différence est 30 : 91 de 127 dont la
différence est 36 : 127 de 169 dont la différence est 42 : 169
de 217 dont la différence est 48. Nous donnâmes zéro pour

premier terme de ces secondes différences, et nous eûmes cette progression arithmétique croissante 0 , 6, 12, 18, 24, 30, 36, 42, 48, dont la différence 6 est constante entre tous ses termes même continués jusqu'à l'infini. C'est une suite qu'on peut calculer et qui a la propriété primordiale et invariable de former, par l'addition successive de ses termes, tous les cubes même calculés jusqu'à l'infini. Elle est donc la progression génératrice des cubes.

Pour la trouver, il nous a fallu chercher 1° les premières différences qui existent entre les cubes des nombres naturels 1 , 2 , 3, 4, 5, 6, 7 , 8 , 9 ; 2° les secondes différences qui existent entre les premières, et qui sont les termes de la progression génératrice des cubes.

Cette décomposition des cubes faite de la manière ci-dessus expliquée, nous a fait penser que, pour les recomposer, il fallait opérer en sens inverse, c'est-à-dire, additionner ensemble et successivement, comme il est dit ci-après, les termes des premières différences et ceux de la progression génératrice, et puis la somme qui provient de cette addition, et le cube qui précède immédiatement. En effet, 1° pour trouver le cube de 2, nous additionnons 1 le premier terme des différences des cubes et 6 le second terme de la progression génératrice, puis 7 composé de 1 et de 6, et 1 cube de 1 : la somme est 8 cube de 2 ; 2° pour trouver le cube de 3, nous additionnons 7 le second terme des différences des cubes et 12 le troisième terme de la progression génératrice, puis 19 composé de 7 et de 12, et 8 cube de 2 : la somme est 27 cube de 3 ; 3° pour trouver le cube de 4, nous additionnons 19 le troisième terme des différences des cubes et 18 le quatrième terme de la progression génératrice, puis 37 composé de 19 et de 18, et 27 cube de 3 : la somme est 64 cube de 4 ; 4° pour trouver le cube de 5, nous additionnons 37 le quatrième terme des différences des cubes et 24 le cinquième terme de la progression géné-

ratriee, puis 61 composé de 37 et de 24 , et 64 cube de 4 :
la somme est 125 cube de 5 ; 5° pour trouver le cube de 6 ,
nous additionnons 61 le cinquième terme des différences
des cubes et 30 le sixième terme de la progression génératrice , puis 91 composé de 61 et de 30 , et 125 cube de 5 : la
somme est 216 cube de 6 ; 6° pour trouver le cube de 7 ,
nous additionnons 91 le sixième terme des différences des
cubes et 36 le septième terme de la progression génératrice ,
puis 127 composé de 91 et de 36 , et 216 cube de 6 : la
somme est 343 cube de 7 ; 7° pour trouver le cube de 8 ,
nous additionnons 127 le septième terme des différences
des cubes et 42 le huitième terme de la progression génératrice , puis 169 composé de 127 et de 42 , et 343 cube de 7 :
la somme est 512 cube de 8 ; 8° pour trouver le cube de 9 ,
nous additionnons 169 le huitième terme des différences
des cubes et 48 le neuvième terme de la progression génératrice , puis 217 composé de 169 et de 48 , et 512 cube de
8 : la somme est 729 cube de 9. Ainsi de suite.

Cette règle est infaillible pour trouver jusqu'à l'infini
les cubes des nombres naturels 1 , 2 , 3 , 4 , 5 , 6 , 7 , 8 , 9 ,
etc. , etc. Le tableau suivant fait, d'après elle, constate
suffisamment cette vérité.

TABLEAU II.

RACINES.	CUBES.	DIFFÉRENCES des Cubes.	PROGRESSION génératrice.
1.	1.	1.	0.
2.	8.	7.	6.
3.	27.	19.	12.
4.	64.	37.	18.
5.	125.	61.	24.
6.	216.	91.	30.
7.	343.	127.	36.
8.	512.	169.	42.
9.	729.	217.	48.
10.	1000.	271.	54.
11.	1331.	331.	60.
12.	1728.	397.	66.
13.	2197.	469.	72.
14.	2744.	547.	78.
15.	3375.	631.	84.
16.	4096.	721.	90.
17.	4913.	817.	96.
18.	5832.	919.	102.
19.	6859.	1027.	108.
20.	8000.	1141.	114.
21.	9261.	1261.	120.
22.	10648.	1387.	126.
23.	12167.	1519.	132.
24.	13824.	1657.	138.
25.	15625.	1801.	144.
26.	17576.	1951.	150.
27.	19683.	2107.	156.
28.	21952.	2269.	162.
29.	24389.	2437.	168.
30.	27000.	2611.	174.
31.	29791.	2791.	180.
32.	32768.	2977.	186.
33.	35937.	3169.	192.
34.	39304.	3367.	198.
35.	42875.	3571.	204.
36.	46656.	3781.	210.

RACINES.	CUBES.	DIFFÉRENCES des Cubes.	PROGRESSION génératrice.
37.	50653.	3997.	216.
38.	54872.	4219.	222.
39.	59319.	4447.	228.
40.	64000.	4681.	234.
41.	68921.	4921.	240.
42.	74088.	5167.	246.
43.	79507.	5419.	252.
44.	85184.	5677.	258.
45.	91125.	5941.	264.
46.	97336.	6211.	270.
47.	103823.	6487.	276.
48.	110592.	6769.	282.
49.	117649.	7057.	288.
50.	125000.	7351.	294.
51.	132651.	7651.	300.
52.	140608.	7957.	306.
53.	148877.	8269.	312.
54.	157464.	8587.	318.
55.	166375.	8911.	324.
56.	175616.	9241.	330.
57.	185193.	9577.	336.
58.	195112.	9919.	342.
59.	205379.	10267.	348.
60.	216000.	10621.	354.
61.	226981.	10981.	360.
62.	238328.	11347.	366.
63.	250047.	11719.	372.
64.	262144.	12097.	378.
65.	274625.	12481.	384.
66.	287496.	12871.	390.
67.	300763.	13267.	396.
68.	314432.	13669.	402.
69.	328509.	14077.	408.
70.	343000.	14491.	414.
71.	357911.	14911.	420.
72.	373248.	15337.	426.
73.	389017.	15769.	432.
74.	405224.	16207.	438.
75.	421875.	16651.	444.
76.	438976.	17101.	450.

RACINES.	CUBES.	DIFFÉRENCES des Cubes.	PROGRESSION génératrice.
77.	456533.	17557.	456.
78.	474552.	18019.	462.
79.	493039.	18487.	468.
80.	512000.	18961.	474.
81.	531441.	19441.	480.
82.	551368.	19927.	486.
83.	571787.	20419.	492.
84.	592704.	20917.	498.
85.	614125.	21421.	504.
86.	636056.	21931.	510.
87.	658503.	22447.	516.
88.	681472.	22969.	522.
89.	704969.	23497.	528.
90.	729000.	24031.	534.
91.	753571.	24571.	540.
92.	778688.	25117.	546.
93.	804357.	25669.	552.
94.	830584.	26227.	558.
95.	857375.	26791.	564.
96.	884736.	27361.	570.
97.	912673.	27937.	576.
98.	941192.	28519.	582.
99.	970299.	29107.	588.
100.	1000000.	29701.	594.

SECTION II.

Dizaines ascendantes de la racine vers l'infini, dont on forme les Cubes.

L'ADDITION successive jusqu'à l'infini de 1 premier terme de la suite des différences des cubes, et des termes de la progression génératrice 0 , 6, 12 , 18 , 24 , 30 , 36 , 42 , 48 , 54 , etc., etc., qui a 6 pour différence constante entre tous ses termes, et qui par cela même est calculable, forme la suite des différences des cubes 1 , 7 , 19 , 37 , 61 , 91 , 127 , 169 , 217 , 271 , etc. , etc. Cette suite qui se rapproche de plus en plus de l'infini, est incalculable ; par la raison que la différence va rie entre tous ses termes, et que la multiplication de la somme des extrêmes par la moitié du nombre des termes donne, à chaque opération, un produit qui excède la quantité numérique et n'exprime pas le cube correspondant. Néanmoins cette suite dont les termes additionnés successivement jusqu'à l'infini, produit jusqu'à l'infini les cubes des nombres naturels 1 , 2 , 3 , 4 , 5 , 6 , 7 , 8 , 9 , 10 , etc. etc.

De cette manière, nous venons de former les cubes de 100 unités : maintenant nous allons former ceux des dizaines, des centaines, des mille, des dix mille, des cents mille, des millions de la racine.

Comme la suite des différences des cubes dont les termes sont successivement additionnés jusqu'à l'infini, produit jusqu'à l'infini les cubes des nombres naturels : alors elle produit aussi les cubes des dizaines, des centaines, des mille, des dix mille, des cents mille, des millions de la racine, puisqu'ils sont tous compris dans la formation des cubes de la racine croissante d'unité en unité et calculée jusqu'à l'infini, et puisqu'ils sont subordonnés à la même loi de calcul.

Comme les termes de la progression génératrice des cubes 0, 6, 12, 18, 24, 30, etc., etc., et ceux de la suite des différences des cubes 1, 7, 19, 37, 61, 91, etc., etc., concourent à former tous les cubes possibles : il est donc intéressant de connaître comment ces deux séries sont elles-mêmes formées ; lorsque la racine passe de ses unités à ses dizaines, de ses dizaines à ses centaines, de ses centaines à ses mille, de ses mille à ses dix mille, de ses dix mille à ses cents mille ; de ses cents mille à ses millions ; et, après chacune de ces diverses transitions, augmente de dizaine en dizaine, de centaine en centaine, de mille en mille, de dix mille eu dix mille, de cent mille en cent mille, de million en million.

Premièrement, lorsque la racine passe de ses unités à ses dizaines, les termes du principe générateur sont 0, 6000, 12000, 18000, 24000, 30000, etc., etc., dont la différence constante entre tous ses termes est 6000. Lorsque la racine passe de ses dizaines à ses centaines, les termes du principe généateur sont 0, 6000000, 12000000, 18000000, 24000000, 30000000, etc., etc., dont la différence constante entre tous ses termes est 6000000. Lorsque la racine passe de ses centaines à ses mille, les termes du principe générateur sont 0, 6000000000, 12000000000, 18000000000, 24000000000, 30000000000, etc., etc., dont la différence constante entre tous ses termes est 6000000000. En général les termes du principe générateur ont les chiffres qui expriment des quantités numériques, les mêmes que ceux de la première progression, ou ce qui signifie la même chose, du premier principe générateur des cubes de la racine qui augmente d'unité en unité, et de plus ont un nombre de zéros triple de celui de la racine cubique. Chacune de ces séries et d'autres pareilles subséquentes, est une progression arithmétique croissante parfaitement semblable à cette première 0, 6, 12, 18, 24, 30, etc., etc., parce qu'elles sont toutes proportionnelles, et produisent, après la transition de chaque dizaine de la racine et l'addition de l'unité à chaque terme, les suites des différences des cubes dont les termes étant additionnés les uns à la suite des autres, forment les cubes des racines correspondantes.

Secondement, lorsqu'on passe d'une dizaine de la racine à une autre immédiatement supérieure, on obtient avec facilité, en prenant la différence des cubes des deux dernières dizaines de la racine, le premier terme de la suite des différences des cubes qui, étant additionnés l'un après l'autre avec les termes de la progression génératrice relative, compose tous les autres termes de la même suite, laquelle a la propriété immuable de former par l'addition tous les cubes des racines correspondantes.

Dans cette section où la racine s'élève successivement d'une dizaine à une autre immédiatement supérieure, s'éloigne de plus en plus de ses unités, et ainsi se rapproche de l'infini, nous rendrons, autant que nous pourrons, intelligibles ces élémens absolument nécessaires pour leur formation ; mais, afin de nous expliquer d'une manière plus méthodique et plus claire, nous la divisons en six articles.

ARTICLE PREMIER.

Règle de transition des unités de la racine à ses dizaines.

Puisque nous passons des unités de la racine 100 à ses dizaines, nous nous servons des termes de la progression génératrice ou série 0, 6000, 12000, 18000, 24000, etc., etc., lesquels concourent à former les cubes de la racine qui augmente de dizaine en dizaine. Nous cherchons le terme de cette série qui correspond à la racine 100, et à son cube

14

1000000 ; 1° en multipliant la racine 100 par 6 ; 2° en soustrayant 6 du produit 600 , de sorte que la soustraction de 6 se fait sur le chiffre qui précède immédiatement le dernier ; 3° en mettant à la suite du reste 540 deux zéros , pour avoir 54000 le terme de la série dont le nombre des zéros est triple de celui de la racine suivante, et qui nous est nécessaire pour opérer dans la première dizaine ascendante.

Connaissant 100 la racine cubique , 1000000 son cube , et 54000 le terme correspondant de la progression géné-ratrice, tous trois placés sur la même ligne ; nous cherchons dans le premier cas où l'on passe des 100 unités de la racine à ses dizaines immédiates , le terme de la suite des différences des cubes qui leur correspond. Pour le trouver, il faut soustraire l'un de l'autre les cubes des deux dernières dizaines , c'est-à-dire , soustraire 729000 cube de 90 , de 1000000 cube de 100 , pour avoir 271000 le terme de la suite des différences des cubes que nous faisons corres-pondre à 100 la racine , à 1000000 son cube, à 54000 le terme de la progression génératrice, et servir à trouver les cubes des dizaines suivantes de la racine.

Mais nous trouvons ce terme de la suite des différences des cubes en deux autres manières. La première provient de la multiplication de 54000 le terme de la progression génératrice , laquelle est calculable par 5 le chiffre qui exprime une quantité numérique, et non par 50 la moitié de la racine 100 indicative du nombre des termes à cal-culer, pour avoir 270000 , et de l'addition de l'unité faite avec le chiffre de ce produit qui précède immédiatement les trois derniers zéros , pour avoir 271000 le terme de la suite des différences des cubes. La seconde provient 1° de ce qu'il faut multiplier 1000 la racine cubique augmentée d'un zéro par 100 qui ne l'est pas ; 2° tripler 100000 le produit de cette multiplication, pour avoir 300000 ; 3°

soustraire 3000 la racine cubique augmentée d'un zéro, et triplée, de 300000 produit triplé, ensorte que la soustraction
de 3000 commence sur le chiffre du produit triplé 300000
qui précède le dernier; 4° additionner 1 et 270000 le
reste, en sorte que l'addition de 1 se fait avec le chiffre qui
précède immédiatement les trois derniers zéros, pour avoir
171000 le même terme de la suite des différences des cubes.

Comme, à chaque addition, nous augmentons de 6
le chiffre du terme de la progression génératrice placé
immédiatement devant les trois zéros, ainsi les termes de
cette série correspondans à 100, 110, 120, 130, 140, etc.,
ont 54000, 60000, 66000, 72000, 78000, etc.
D'après ces principes aussi solides que aisés à concevoir,
nous trouvons le cube de 110, en additionnant, 1° 60000 le
terme de cette série qui correspond à 110 la racine et
171000 le terme de la suite des différences des cubes; 2° la
somme 331000 qui résulte de cette addition et 1000000 le
cube de 100, pour avoir 1331000 le cube de 110. Nous
trouvons le cube de 120, en additionnant 1° 66000 le terme
de cette série qui correspond à 120 la racine et 331000 le
terme de la suite des différences des cubes; 2° 397000 la
somme qui résulte de cette addition et 1331000 le cube
de 110, pour avoir 1728000 le cube de 120, ainsi de suite.
Cette opération est facile à voir dans la première suite du
tableau II, où on aperçoit aussitôt la manière d'obtenir les
termes de la progression génératrice et ceux de la suite des
différences des cubes, deux séries qui concourent à former
les cubes de la racine qui augmente de dizaine en dizaine, où
on voit comment la génération de ces mêmes cubes se fait.

PREMIERE SUITE DU TABLEAU II.

Formation des Cubes des dizaines de la racine qui suivent immédiatement les Cubes des 100 unités.

RACINES.	CUBES.	DIFFÉRENCES des Cubes.	PROGRESSION génératrice.
100.	1000000.	271000.	54000.
110.	1331000.	331000.	60000.
120.	1728000.	397000.	66000.
130.	2197000.	469000.	72000.
140.	2744000.	547000.	78000.
150.	3375000.	631000.	84000.
160.	4096000.	721000.	90000.
170.	4913000.	817000.	96000.
180.	5832000.	919000.	102000.
190.	6859000.	1027000.	108000.
200.	8000000.	1141000.	114000.
210.	9261000.	1261000.	120000.
220.	10648000.	1387000.	126000.
230.	12167000.	1519000.	132000.
240.	13824000.	1657000.	138000.
250.	15625000.	1801000.	144000.
260.	17576000.	1951000.	150000.
270.	19683000.	2107000.	156000.
280.	21952000.	2269000.	162000.
290.	24389000.	2437000.	168000.
300.	27000000.	2611000.	174000.
310.	29791000.	2791000.	180000.
320.	32768000.	2977000.	186000.
330.	35937000.	3169000.	192000.
340.	39304000.	3367000.	198000.
350.	42875000.	3571000.	204000.
360.	46656000.	3781000.	210000.
370.	50653000.	3997000.	216000.
380.	54872000.	4219000.	222000.
390.	59319000.	4447000.	228000.
400.	64000000.	4681000.	234000.

ARTICLE II.

Règle de transition des dizaines de la racine à ses centaines.

Puisque nous passons des dizaines de la racine 400 à ses centaines, nous nous servons des termes de la progression génératrice ou série 0, 6000000, 12000000, 18000000, 24000000, etc., etc., lesquels concourent à former les cubes de la racine qui augmente de centaine en centaine. Nous cherchons le terme de cette série qui correspond à la racine 400 et à son cube 64000000, 1° en multipliant la racine 400 par 6, 2° en soustrayant 6 du produit 2400, de sorte que la soustraction de 6 se fait sur le chiffre qui précède immédiatement les deux derniers; 3° en mettant à la suite du reste 1800 quatre zéros, pour avoir 18000000 le terme de la série dont le nombre des zéros est triple de celui de la racine suivante et qui nous est nécessaire pour la formation des cubes de la racine qui augmente de centaine en centaine.

Connaissant 400 la racine cubique, 64000000 son cube, et 18000000 le terme correspondant de la progression génératrice, tous trois placés sur la même ligne, nous cherchons dans le second cas où on passe des dizaines de la racine 400 à ses centaines immédiates, le terme de la suite des différences des cubes qui leur correspond. Pour le trouver, il faut soustraire l'un de l'autre les cubes des deux dernières dizaines qui sont effectivement les deux dernières centaines de la racine, c'est-à-dire, soustraire 27000000 cube de 300, de 64000000 cube de 400, pour avoir 37000000 le terme de la suite des différences des cubes que nous faisons correspondre à 400 la racine, à 64000000 son cube, à 18000000 le terme de la progression génératrice, et servir à trouver les cubes des centaines suivantes de la racine.

Mais nous trouvons ce terme de la suite des différences des cubes en deux autres manières. La première est de multiplier 18000000 le terme de la progression génératrice, laquelle est calculable par 2 le chiffre qui exprime une quantité numérique, et non par 200 quoique indiquant la moitié du nombre des termes à calculer, parce que le produit qui en résulterait donnerait deux zéros de trop ; pour avoir 36000000, et d'additionner 1 avec le chiffre de ce produit qui précède immédiatement les six derniers zéros, pour avoir 37000000 le terme de la suite des différences des cubes. La seconde consiste 1° à multiplier 40000 la racine cubique augmentée de deux zéros par 400 qui ne l'est pas ; 2° à tripler 16000000 le produit de cette multiplication pour avoir 48000000 ; 3° à soustraire 120000 la racine cubique augmentée de deux zéros et triplée de 48000000 produit triplé, en sorte que la soustraction de 120000 commence sur le chiffre du produit triplé 48000000 qui précède les deux derniers ; 4° à additionner 1 et 36000000 le reste, en sorte que l'addition de 1 se fait avec le chiffre qui précède immédiatement les six derniers zéros pour avoir 37000000.

Comme, à chaque addition, nous augmentons de 6 le chiffre du terme de la progression génératrice placé devant les six zéros, ainsi les termes de cette série correspondans à 400, 500, 600, 700, 800, etc., sont 18000000, 24000000, 30000000, 36000000, 42000000, etc. D'après ces principes aussi solides que aisés à concevoir, nous trouvons le cube de 500, en additionnant, 1° 24000000 le terme de cette série qui correspond à 500 la racine et 37000000 le terme de la suite des différences des cubes ; 2° 61000000 la somme qui résulte de cette addition et 64000000 le cube de 400, pour avoir 125000000 cube de 500. Nous trouvons le cube de 600, en additionnant 1° 30000000 le terme de cette série qui correspond à 600 la racine et 61000000 le terme de la suite des différences des cubes ; 2° 91000000 la somme qui résulte de cette addition et 125000000 le cube de 500, pour avoir 216000000 cube de 600, ainsi de suite. Cette opération est facile à voir dans la deuxième suite du tableau II, où on aperçoit aussitôt la manière d'obtenir les termes de la progression génératrice et ceux de la suite des différences des cubes, deux séries qui concourent à former les cubes de la racine qui augmente de centaine en centaine, où on voit comment la génération de ces mêmes cubes se fait.

II.e SUITE DU TABLEAU II.

Formation des Cubes des centaines de la racine qui suivent immédiatement ceux du nombre 400.

RACINES.	CUBES.	DIFFÉRENCES des Cubes.	PROGRESSION génératrice.
400.	64000000.	37000000.	18000000.
500.	125000000.	61000000.	24000000.
600.	216000000.	91000000.	30000000.
700.	343000000.	127000000.	36000000.
800.	512000000.	169000000.	42000000.
900.	729000000.	217000000.	48000000.
1000.	1000000000.	271000000.	54000000.
1100.	1331000000.	331000000.	60000000.
1200.	1728000000.	397000000.	66000000.
1300.	2197000000.	469000000.	72000000.
1400.	2744000000.	547000000.	78000000.
1500.	3375000000.	631000000.	84000000.
1600.	4096000000.	721000000.	90000000.
1700.	4913000000.	817000000.	96000000.
1800.	5832000000.	919000000.	102000000.

RACINES.	CUBES.	DIFFÉRENCES des Cubes.	PROGRESSION génératrice.
1900.	6859000000	1027000000.	108000000.
2000.	8000000000.	1141000000.	114000000.
2100.	9261000000.	1261000000.	120000000.
2200.	10648000000.	1587000000.	126000000.
2300.	12167000000.	1519000000.	132000000.
2400.	13824000000	1657000000.	138000000.
2500.	15625000000	1801000000.	144000000.
2600.	17576000000.	1951000000.	150000000.
2700.	19683000000.	2107000000.	156000000.
2800.	21952000000	2269000000.	162000000.
2900.	24389000000	2437000000.	168000000.
3000.	27000000000.	2611000000.	174000000
3100.	29791000000.	2791000000.	180000000.
3200.	32768000000.	2977000000.	186000000.
3300.	35937000000.	3169000000.	192000000.
3400.	39304000000.	3367000000.	198000000.
3500.	42875000000.	3571000000.	204000000.
3600.	46656000000	3781000000.	210000000,
3700.	50653000000.	3997000000.	216000000.
3800.	54872000000.	4219000000.	222000000.
3900.	59319000000	4447000000.	228000000.
4000.	64000000000.	4681000000	234000000.
4100.	68921000000.	4921000000.	240000000.
4200.	74088000000	5167000000.	246000000.
4300.	79507000000.	5419000000.	252000000.
4400.	85184000000	5677000000.	258000000.
4500.	91125000000.	5941000000.	264000000.
4600.	97336000000.	6211000000.	270000000.
4700.	103823000000	6487000000.	276000000.
7800.	110592000000.	6769000000.	282000000.
4900.	117649000000.	7057000000.	288000000.
5000.	125000000000.	7351000000.	294000000.

ARTICLE III.

Règle de transition des centaines de la racine à ses mille.

Puisque nous passons des centaines de la racine 5000 à ses mille, nous nous servons des termes de la progression génératrice 0, 6000000000, 12000000000, 18000000000, 24000000000, etc., etc., lesquels concourent à former les cubes de la racine qui augmente de mille en mille. Nous cherchons le terme de cette série qui correspond à la racine 5000, et à son cube 125000000000 ; 1° en multipliant la racine 5000 par 6 ; 2° en soustrayant 6 du produit 30000, de sorte que la soustraction de 6 se fait sur le chiffre qui précède immédiatement les trois derniers ; 3° en mettant à la suite du reste 24000 six zéros, pour avoir le terme de la série 24000000000 dont le nombre des zéros est triple de celui de la racine suivante, et qui nous est nécessaire pour la formation des cubes de la racine qui augmente de mille en mille.

Connaissant 5000 la racine cubique, 125000000000 son cube, et 24000000000 le terme correspondant de la progression génératrice, tous trois placés sur la même ligne ; nous cherchons dans le troisième cas où l'on passe des centaines de la racine 5000 à ses mille immédiats, le terme de la suite des différences des cubes qui leur correspond. Pour le trouver, il faut soustraire l'un de l'autre les cubes des deux dernières dizaines de la racine qui effectivement en sont les deux dernières mille unités, c'est-à-dire, soustraire 64000000000 cube de 4000, et 125000000000 cube de 5000, pour avoir 61000000000 le terme de la suite des différences des cubes que nous faisons correspondre à 5ooo la racine, 125oooooooo son cube, 24oooooooo le terme de la pro- progression génératrice, et servir à trouver les cubes des mille suivans de la racine.

Mais nous trouvons ce terme de la suite des différences des cubes en deux autres manières. La première, est de multiplier 12oooooooo la moitié de la somme de o et de 24oooooooo les premier et dernier termes de la progres- sion génératrice laquelle est calculable, par 5ooo la racine qui indique le nombre des termes à calculer. Mais afin de faire avec précision et exactitude cette multiplication, il faut seulement multiplier les chiffres 12 qui expriment des quantités numériques, par le seul chiffre 5 qui exprime une quantité numérique ; ajouter au produit 6o une unité, et mettre à la suite de la somme 61 les neuf zéros, pour avoir 61oooooooo le terme de la suite des différences des cubes. La seconde, consiste 1º à multiplier 5ooooo la racine cubi- que augmentée de trois zéros par 5ooo qui ne l'est pas ; 2º à tripler 25oooooooo le produit de cette multiplication, pour avoir 75oooooooo ; 3º à soustraire 15ooooo la racine cubique augmentée de trois zéros et triplée, de 75oooooooo produit triplé, en sorte que la soustraction de 15ooooo commence sur le chiffre du produit triplé 75oooooooo qui précède les trois derniers ; 4º à addition- ner 1 et 6oooooooooo le reste, en sorte que l'addition de 1 se fait avec le chiffre qui précède immédiatement les neufs derniers, pour avoir 61oooooooo.

Comme à chaque addition, nous augmentons de 6 le chiffre du terme de la progression génératrice placé devant les neuf zéros ; ainsi les termes de cette série correspondant à 5ooo, 6ooo, 7ooo, 8ooo, 9ooo, etc., sont 24oooooooo, 3oooooooooo, 36oooooooo, 42oooooooo, etc. D'après ces principes, aussi solides que aisés à concevoir, nous trouvons le cube de 6ooo, en additionnant 1º 3oooooooooo le terme de cette série qui correspond à 6000 la racine et 61000000000 le terme de la suite des différences des cubes ; 2° 91000000000 la somme qui résulte de cette addition et 125000000000 le cube de 5000, pour avoir 216000000000 cube de 6000. Nous trouvons le cube de 7000, en additionnant 1° 36000000000 le terme de cette série qui correspond à 7000 la racine et 91000000000 le terme de la suite des différences des cubes ; 2° 127000000000 la somme qui résulte de cette addition et 216000000000 le cube de 6000, pour avoir 343000000000 cube de 7000 ; ainsi de suite. Cette opération est facile à voir dans la troisième suite du tableau II, où l'on aperçoit aussitôt la manière d'obtenir les termes de la progression génératrice et ceux de la suite des différences des cubes, deux séries qui concourent à former les cubes de la racine qui augmente de mille en mille ; où l'on voit comment la génération de ces mêmes cubes se fait.

IIIe SUITE DU TABLEAU II.

Formation des Cubes des mille de la racine qui suivent immédiatement ceux du nombre 5000.

RACINES.	CUBES.	DIFFÉRENCES des Cubes.	PROGRESSION génératrice.
5000.	125000000000. . . .	61000000000. . . .	24000000000. .
6000.	216000000000. . . .	91000000000. . . .	30000000000.
7000.	343000000000. . . .	127000000000. . . .	36000000000.
8000.	512000000000. . . .	169000000000. . . .	42000000000.
9000.	729000000000. . . .	217000000000. . . .	48000000000.
10000.	1000000000000. . . .	271000000000. . . .	54000000000.
11000.	1331000000000. . . .	331000000000. . . .	60000000000.
12000.	1728000000000. . . .	397000000000. . . .	66000000000.
13000.	2197000000000. . . .	469000000000. . . .	72000000000.
14000.	2744000000000. . . .	547000000000. . . .	78000000000.
15000.	3375000000000. . . .	631000000000. . . .	84000000000.
16000.	4096000000000. . . .	721000000000. . . .	90000000000.

17000.	4913000000000.	8170000000000.	9600000000000.
18000.	5832000000000.	9190000000000.	10200000000000.
19000.	6859000000000.	10270000000000.	10800000000000.
20000.	8000000000000.	11410000000000.	11400000000000.
21000.	9261000000000.	12610000000000.	12000000000000.
22000.	10648000000000.	13870000000000.	12600000000000.
23000.	12167000000000.	15190000000000.	13200000000000.
24000.	13824000000000.	16570000000000.	13800000000000.
25000.	15625000000000.	18010000000000.	14400000000000.
26000.	17576000000000.	19510000000000.	15000000000000.
27000.	19683000000000.	21070000000000.	15600000000000.
28000.	21952000000000.	22690000000000.	16200000000000.
29000.	24389000000000.	24370000000000.	16800000000000.
30000.	27000000000000.	26110000000000.	17400000000000.

ARTICLE IV.

Règle de Transition des mille de la racine à ses dix mille.

PUISQUE nous passons des mille de la racine à ses dix mille, nous nous servons des termes de la progression génératrice o, 6000000000000, 12000000000000, 18000000000000, 24000000000000, etc., etc., lesquels concourent à former les cubes de la racine 30000 qui augmente de dix mille en dix mille. Nous cherchons le terme de cette série qui correspond à la racine 30000 et à son cube 27000000000000, 1° en multipliant la racine 30000 par 6; 2° en soustrayant 6 du produit 180000 : de sorte que la soustraction de 6 se fait sur le chiffre qui précède immédiatement les quatre derniers; 3° en mettant à la suite du reste 120000 huit zéros, pour avoir 12000000000000 le terme de la série dont le nombre des zéros est triple de celui de la racine suivante, et qui nous est nécessaire pour la formation des cubes de la racine qui augmente de dix mille en dix mille.

Connaissant 30000 la racine cubique, 27000000000000 son cube, et 12000000000000 le terme rorrespondant de la progression génératrice, tous trois placés sur la même ligne; nous cherchons dans le quatrième cas où on passe des mille de la racine 30000 à ses dix mille immédiats, le terme de la suite des différences des cubes qui leur correspond. Pour le trouver, il faut soustraire l'un de l'autre les cubes des deux dernières dizaines de la racine qui en sont effectivement les deux dernières dix mille unités, c'est-à-dire, soustraire 8000000000000 cube de 20000, de 27000000000000 cube de 30000, pour avoir 19000000000000 le terme de la suite des différences des cubes que nous faisons

correspondre à 3oooo la racine 27000000000000 son cube,
12000000000000 le terme de la progression génératrice, et
servir à trouver les cubes des dix mille suivans de la racine.

Mais nous trouvons ce terme de la suite des différences
des cubes en deux autres manières. La première est de multiplier 6000000000000 la moitié de la somme de o et de
12000000000000 les premier et dernier termes de la progression génératrice, laquelle est calculable, par 3oooo la
racine qui indique le nombre des termes à calculer. Or
afin de faire avec précision et exactitude cette multiplication, il faut seulement multiplier le chiffre 6 qui exprime
une quantité numérique par le chiffre 3 qui aussi exprime
une quantité numérique; ajouter au produit 18 une unité,
et mettre à la suite de la somme 19 les douze zéros, pour
avoir 19000000000000 le terme de la suite des différences
des cubes. La seconde consiste 1° à multiplier 3ooooooo
la racine cubique augmentée de quatre zéros par 3oooo qui
ne l'est pas; 2° à tripler 900000000000000 le produit de cette
multiplication; pour avoir 27000000000000; 3° à soustraire 900000000 la racine cubique augmentée de quatre
zéros et triplée de 27000000000000 produit triplé, en sorte
que la soustraction de 900000000 commence sur le chiffre
du produit triplé 27000000000000 qui précède les quatre
derniers; 4° à additionner 1 et 18000000000000 le reste,
en sorte que l'addition de 1 se fait avec le chiffre qui
précède immédiatement les douze derniers, pour avoir
19000000000000.

Comme, à chaque addition, nous augmentons de 6 le
chiffre du terme de la progression génératrice placé devant
les douze zéros, ainsi les termes de cette série correspondans à 3oooo, 4oooo, 5oooo, 6oooo, 7oooo, etc., sont
12000000000000, 18000000000000, 24000000000000,
30000000000000, 36000000000000, etc. D'après ces principes aussi solides que aisés à concevoir, nous trouvons

le cube de 40000 en additionnant 1° 18000000000000 le terme de cette série qui correspond à 40000 la racine et 19000000000000 le terme de la suite des différences des cubes ; 2° 37000000000000 la somme qui résulte de cette addition et 27000000000000 le cube de 30000, pour avoir 64000000000000 cube de 40000. Nous trouvons le cube de 50000, en additionnant 1° 24000000000000 le terme de cette série qui correspond à 50000 la racine et 37000000000000 le terme de la suite des différences des cubes ; 2° 61000000000000 la somme qui résulte de cette addition et 64000000000000 le cube de 40000, pour avoir 125000000000000 cube de 50000 ; ainsi de suite. Cette opération est facile à voir dans la quatrième suite du tableau II, où l'on aperçoit aussitôt la manière d'obtenir les termes de la progression génératrice et ceux de la suite des différences des cubes, deux séries qui concourent à former les cubes de la racine qui augmente de dix mille en dix mille, où l'on voit comment la génération de ces mêmes cubes se fait.

IVe SUITE DU TÁBLEAU II.

Formation des Cubes des dix mille de la racine qui suivent immédiatement ceux du nombre 30000.

RACINES.	CUBES.	DIFFÉRENCES des Cubes.	PROGRESSION génératrice.
30000. . .	27000000000000. . . .	1900000000000. . . .	1200000000000.
40000. . .	64000000000000. . . .	3700000000000. . . .	1800000000000.
50000. . .	125000000000000. . . .	6100000000000. . . .	2400000000000.
60000. . .	216000000000000. . . .	9100000000000. . . .	3000000000000.
70000. . .	343000000000000. . . .	12700000000000. . . .	3600000000000.
80000. . .	512000000000000. . . .	16900000000000. . . .	4200000000000.
90000. . .	729000000000000. . . .	21700000000000. . . .	4800000000000.
100000. . .	1000000000000000. . . .	27100000000000. . . .	5400000000000.
110000. . .	1331000000000000. . . .	33100000000000. . . .	6000000000000.
120000. . .	1728000000000000. . . .	39700000000000. . . .	6600000000000.
130000. . .	2197000000000000. . . .	46900000000000. . . .	7200000000000.
140000. . .	2744000000000000. . . .	54700000000000. . . .	7800000000000.

RACINES.	CUBES.	DIFFÉRENCES des Cubes.	PROGRESSION génératrice.
150000.	3375000000000000.	6310000000000000.	8400000000000.
160000.	4096000000000000.	7210000000000000.	9000000000000.
170000.	4913000000000000.	8170000000000000.	9600000000000.
180000.	5832000000000000.	9190000000000000.	10200000000000.
190000.	6859000000000000.	10270000000000000.	10800000000000.
200000.	8000000000000000.	11410000000000000.	11400000000000.
210000.	9261000000000000.	12610000000000000.	12000000000000.
220000.	10648000000000000.	13870000000000000.	12600000000000.
230000.	12167000000000000.	15190000000000000.	13200000000000.
240000.	13824000000000000.	16570000000000000.	13800000000000.
250000.	15625000000000000.	18010000000000000.	14400000000000.
260000.	17576000000000000.	19510000000000000.	15000000000000.
270000.	19683000000000000.	21070000000000000.	15600000000000.
280000.	21952000000000000.	22690000000000000.	16200000000000.
290000.	2438,000000000000.	24370000000000000.	16800000000000.
300000.	27000000000000000.	26110000000000000.	17400000000000.
310000.	29791000000000000.	27110000000000000.	18000000000000.
320000.	32768000000000000.	29770000000000000.	18600000000000.
330000.	35937000000000000.	31690000000000000.	19200000000000.

340000.	39304000000000000.	33670000000000000.	198000000000000.
350000.	42875000000000000.	35710000000000000.	204000000000000.
360000.	46656000000000000.	37910000000000000.	210000000000000.
370000.	50653000000000000.	39370000000000000.	216000000000000.
380000.	54872000000000000.	42190000000000000.	222000000000000.
390000.	59319000000000000.	44470000000000000.	228000000000000.
400000.	64000000000000000.	46810000000000000.	234000000000000.
410000.	68921000000000000.	49210000000000000.	240000000000000.
420000.	74088000000000000.	51670000000000000.	246000000000000.
430000.	79507000000000000.	54190000000000000.	252000000000000.
440000.	85184000000000000.	56770000000000000.	258000000000000.
450000.	91125000000000000.	59410000000000000.	264000000000000.
460000.	97336000000000000.	62110000000000000.	270000000000000.
470000.	103823000000000000.	64870000000000000.	276000000000000.
480000.	110592000000000000.	67690000000000000.	282000000000000.
490000.	117649000000000000.	70570000000000000.	288000000000000.
500000.	125000000000000000.	73510000000000000.	294000000000000.

ARTICLE V.

Règle de transition des dix mille de la racine à ses cents mille.

Puisque nous passons des dix mille de la racine à ses cents mille, nous nous servons des termes de la progression génératrice 0, 600000000000000, 1200000000000000, 1800000000000000, 2400000000000000, etc., etc., lesquels concourent à former les cubes de la racine 500000 qui augmente de cent mille en cent mille. Nous cherchons le terme de cette série qui correspond à la racine 500000, et à son cube 125000000000000000 ; 1° en multipliant la racine 500000 par 6 ; 2° en soustrayant 6 du produit 3000000, de sorte que la soustraction de 6 se fait sur le chiffre qui précède immédiatement les cinq derniers ; 3° en mettant à la suite du reste 2400000, dix zéros, pour avoir 24000000000000000 le terme de la série dont le nombre des zéros est triple de celui de la racine suivante, et qui nous est nécessaire pour la formation des cubes de la racine qui augmente de cent mille en cent mille.

Connaissant 500000 la racine cubiq., 125000000000000000 son cube, et 24000000000000000 le terme correspondant de la progression génératrice, tous trois placés sur la même ligne ; nous cherchons dans le cinquième cas où l'on passe des dix mille de la racine 500000 à ses cents mille immédiats, le terme de la suite des différences des cubes qui leur correspond. Pour le trouver, il faut soustraire l'un de l'autre les cubes des deux dernières dizaines de la racine qui en sont effectivement les deux dernières cents mille unités, c'est-à-dire, soustraire 6400000000000000000

cube de 400000 , de 125000000000000000 cube de 500000 ,
pour avoir 610000000000000000 le terme de la suite des
différences des cubes que nous faisons correspondre
à 500000 la racine , 125000000000000000 son cube ,
240000000000000000 le terme de la progression génératrice ,
et servir à trouver les cubes des cents mille suivans de
la racine.

Mais nous trouvons ce terme de la suite des différences
des cubes en deux autres manières. La première, est de
multiplier 120000000000000000 la moitié de la somme de 0
et 240000000000000000 les premier et dernier termes de la
progression génératrice laquelle est calculable , par 500000 la
racine qui indique le nombre des termes à calculer. Qr , afin
de faire avec précision et exactitude cette multiplication , il
faut seulement multiplier les chiffres 12 qui expriment une
quantité numérique , par le chiffre 5 qui aussi exprime une
quantité numérique ; ajouter au produit 60 , une unité , et
mettre à la suite de la somme 61 les quinze zéros , pour
avoir 610000000000000000 le terme de la suite des différences des cubes. La seconde, consiste 1° à multiplier
50000000000 la racine cubique augmentée de cinq zéros par
500000 qui ne l'est pas ; 2° à tripler 25000000000000000
le produit de cette multiplication , pour avoir 75000000000000000 ;
3° à soustraire 15000000000 la racine cubique augmentée
de cinq zéros et triplée , de 75000000000000000 produit
triplé , en sorte que la soustraction de 15000000000 commence sur le chiffre du produit triplé 75000000000000000
qui précède les cinq derniers ; 4° à additionner 1 et
600000000000000000 le reste , en sorte que l'addition de 1
se fait avec le chiffre qui précède immédiatement les quinze
derniers ; pour avoir 610000000000000000.

Comme , à chaque addition , nous augmentons de 6 le
chiffre du terme de la progression génératrice placé devant
les quinze zéros ; les termes de cette série correspondans

à 5ooooo, 6ooooo, 7ooooo, 8ooooo, 9ooooo , etc., sont 24ooooooooooooooo , 3ooooooooooooooo , 36ooooooooooooooo , 42ooooooooooooooo , 48ooooooooooooooo , etc. D'après ces principes aussi solides que aisés à concevoir, nous trouvons le cube de 6ooooo , en additionnant 1° 3ooooooooooooooo le terme de cette série qui correspond à 6ooooo la racine et 6ooooooooooooooo le terme de la suite des différences des cubes ; 2° 9ooooooooooooooo la somme qui résulte de cette addition et 125ooooooooooooooo le cube de 5ooooo , pour avoir 216ooooooooooooooo cube de 6ooooo. Nous trouvons le cube de 7ooooo , en additionnant 1° 36ooooooooooooooo le terme de cette série qui correspond à 7ooooo la racine et 9ooooooooooooooo le terme de la suite des différences des cubes; 2° 127ooooooooooooooo la somme qui résulte de cette addit. et 216ooooooooooooooo le cube de 6ooooo , pour avoir 343ooooooooooooooo cube de 7ooooo ; ainsi de suite. Cette opération est facile à comprendre dans la cinquième suite du tableau II , où l'on aperçoit aussitôt la manière d'obtenir les termes de la progression génératrice et ceux de la suite des différences des cubes, deux séries qui concourent a former les cubes de la racine qui augmente de cent mille en cent mille ; où l'on voit comment la génération de ces mêmes cubes se fait.

Vᵉ SUITE DU TABLEAU II.

Formation des cents mille de la racine et de leurs cubes qui suivent immédiatement ceux du nombre 500000.

RACINES.	CUBES.	DIFFÉRENCES des Cubes.	PROGRESSION génératrice.
500000. . .	125000000000000000. . .	61000000000000000. . .	2400000000000000000,
600000. . .	2160000000000000000, . .	91000000000000000. . .	3000000000000000000.
700000. . .	343000000000000000. . .	127000000000000000. . .	3600000000000000000.
800000. . .	512000000000000000. . .	169000000000000000. . .	4200000000000000000.
900000. . .	729000000000000000. . .	217000000000000000. . .	4800000000000000000.
1000000. . .	1000000000000000000 . .	271000000000000000. . .	5400000000000000000.
1100000. . .	1331000000000000000. . .	331000000000000000. . .	6000000000000000000.
1200000. . .	1728000000000000000. . .	397000000000000000. . .	6600000000000000000.
1300000. . .	2197000000000000000. . .	469000000000000000. . .	7200000000000000000.
1400000. . .	2744000000000000000. . .	547000000000000000. . .	7800000000000000000.
1500000. . .	3375000000000000000. . .	631000000000000000. . .	8400000000000000000.
1600000. . .	4096000000000000000. . .	721000000000000000. . .	9000000000000000000.
1700000. . .	4913000000000000000. . .	817000000000000000. . .	9600000000000000000.

RACINES.	CUBES.	DIFFÉRENCES des Cubes.	PROGRESSION génératrice.
1800000	5832000000000000000	9190000000000000000	10200000000000000000
1900000	6859000000000000000	10270000000000000000	10800000000000000000
2000000	8000000000000000000	11410000000000000000	6140000000000000000
2100000	9261000000000000000	12610000000000000000	12000000000000000000
2200000	10648000000000000000	13870000000000000000	12600000000000000000
2300000	12167000000000000000	15190000000000000000	13200000000000000000
2400000	13824000000000000000	16570000000000000000	13800000000000000000
2500000	15625000000000000000	18010000000000000000	14400000000000000000
2600000	17576000000000000000	19510000000000000000	15000000000000000000
2700000	19683000000000000000	21070000000000000000	15600000000000000000
2800000	21952000000000000000	22690000000000000000	16200000000000000000
2900000	24389000000000000000	24370000000000000000	16800000000000000000
3000000	27000000000000000000	26110000000000000000	17400000000000000000
3100000	29761000000000000000	27910000000000000000	18000000000000000000
3200000	32168000000000000000	29770000000000000000	18600000000000000000
3300000	35937000000000000000	31690000000000000000	19200000000000000000
3400000	39304000000000000000	33670000000000000000	19800000000000000000
3500000	42875000000000000000	35710000000000000000	20400000000000000000
3600000	46656000000000000000	37810000000000000000	21000000000000000000
3700000	50653000000000000000	39970000000000000000	21600000000000000000

3800000	54872000000000000000.	4219000000000000000.	2220000000000000000.
3900000	59319000000000000000.	4447000000000000000.	2280000000000000000.
4000000	64000000000000000000.	4681000000000000000.	2340000000000000000.
4100000	68921000000000000000.	4921000000000000000.	2400000000000000000.
4200000	74088000000000000000.	5167000000000000000.	2460000000000000000.
4300000	79507000000000000000.	5419000000000000000.	2520000000000000000.
4400000	85184000000000000000.	5677000000000000000.	2580000000000000000.
4500000	91125000000000000000.	5941000000000000000.	2640000000000000000.
4600000	97336000000000000000.	6211000000000000000.	2700000000000000000.
4700000	103823000000000000000.	6487000000000000000.	2760000000000000000.
4800000	110592000000000000000.	6769000000000000000.	2820000000000000000.
4900000	117649000000000000000.	7057000000000000000.	2880000000000000000.
5000000	125000000000000000000.	7351000000000000000.	2940000000000000000.
5100000	132651000000000000000.	7651000000000000000.	3000000000000000000.
5200000	140608000000000000000.	7957000000000000000.	3060000000000000000.
5300000	148877000000000000000.	8269000000000000000.	3120000000000000000.
5400000	157464000000000000000.	8587000000000000000.	3180000000000000000.
5500000	166375000000000000000.	8911000000000000000.	3240000000000000000.
5600000	175616000000000000000.	9241000000000000000.	3300000000000000000.
5700000	185193000000000000000.	9577000000000000000.	3360000000000000000.
5800000	195112000000000000000.	9919000000000000000.	3420000000000000000.
5900000	205379000000000000000.	10267000000000000000.	3480000000000000000.
6000000	216000000000000000000.	10621000000000000000.	3540000000000000000.

ARTICLE VI.

Règle de transition des cents mille de la racine à ses millions.

Puisque nous passons des cents mille de la racine à ses millions, nous nous servons des termes de la progression génératrice o , 6oooooooooooooooooooo , 12oooooooooooooooooooo , 18oooooooooooooooooooo , 24oooooooooooooooooooo , etc. , etc. , lesquels concourent à former les cubes de la racine 6ooooo qui augmente de million en million. Nous cherchons le terme de cette série qui correspond à la racine 6oooooo , et à son cube 216oooooooooooooooooooo ; 1° en multipliant la racine 6oooooo par 6 ; 2° en soustrayant 6 du produit 36oooooo , de sorte que la soustraction de 6 se fait sur le chiffre qui précède immédiatement les six derniers ; 3° en mettant à la suite du reste 3oooooo douze zéros , pour avoir 3oooooooooooooooooooo le terme de la série dont le nombre des zéros est triple de celui de la racine suivante , et qui nous est nécessaire pour la formation des cubes de la racine qui augmente de million en million.

Connaissant 6oooooo la racine cubique, 216oooooooooooooooooooo son cube, et 3oooooooooooooooooooo le terme correspondant de la progression génératrice , tous trois placés sur la même ligne ; nous cherchons dans le sixième cas où l'on passe des cents mille de la racine 6oooooo à ses millions immédiats, le terme de la suite des différences des cubes qui leur correspond. Pour le trouver, il faut soustraire l'un de l'autre les cubes des deux dernières dizaines de la

racine qui en sont effectivement les deux dernières millions
unités, c'est-à-dire, soustraire 125000000000000000000
cube de 5000000, de 216000000000000000000 cube de
6000000, pour avoir 91000000000000000000 le terme de
la suite des différences des cubes que nous faisons correspondre à 6000000 la racine, 216000000000000000000 son
cube, 3000000000000000000000 le terme de la progression
génératrice, et servir à trouver les cubes des millions suivans de la racine.

Mais nous trouvons ce terme de la suite des différences
des cubes en deux autres manières. La première, est de
multiplier 15000000000000000000 la moitié de la somme
de o et de 3000000000000000000000 les premier et dernier
termes de la progression génératrice laquelle est calculable,
par 6000000 la racine qui indique le nombre des termes à
calculer. Or, afin de faire avec précision et exactitude cette
multiplication, il faut seulement multiplier les chiffres 15
qui expriment une quantité numérique, par le chiffre 6 qui
aussi exprime une quantité numérique ; ajouter au produit
90 une unité, et mettre à la suite de la somme 91 les dix-
huit zéros, pour avoir 91000000000000000000 le terme de
la suite des différences des cubes. La seconde, consiste 1° à
multiplier 6000000000000 la racine cubique augmentée
de six zéros par 6000000 qui ne l'est pas ; 2° à tripler
36000000000000000000 le produit de cette multiplication,
pour avoir 108000000000000000000 ; 3° à soustraire
18000000000000 la racine cubique augmentée de six zéros
et triplée, de 108000000000000000000 produit triplé, en
sorte que la soustraction de 18000000000000 commence
sur le chiffre du produit triplé 108000000000000000000
qui précède les six derniers ; 4° à additionner 1 et
90000000000000000000 le reste, en sorte que l'addition
de 1 se fait avec le chiffre qui précède immédiatement les
dix-huit derniers, pour avoir 91000000000000000000.

Comme, à chaque addition, nous augmentons de 6 le chiffre du terme de la progression génératrice placé devant les dix-huit zéros, ainsi les termes de cette série correspondans à 6000000, 7000000, 8000000, 9000000, 10000000 etc., sont 30000000000000000000, 36000000000000000000 42000000000000000000 , 48000000000000000000 54000000000000000000 , etc. D'après ces principes aussi solides que aisés à concevoir, nous trouvons le cube de 7000000, en additionnant 1° 36000000000000000000 le terme de cette série qui correspond à 7000000 la racine et 91000000000000000000 le terme de la suite des différences des cubes ; 2° 127000000000000000000 la somme de cette addition et 216000000000000000000 cube de 6000000 pour avoir 343000000000000000000 le cube de 7000000 Nous trouvons le cube de 8000000, en additionnant 1° 42000000000000000000 le terme de cette série qui correspond à 8000000 la racine et 127000000000000000000 le terme de la suite des différences des cubes ; 2° 169000000000000000000 la somme qui résulte de cette addition et 343000000000000000000 le cube de 7000000 pour avoir 512000000000000000000 le cube de 8000000 Cette opération est facile à comprendre dans la sixième suite du tableau II, où l'on aperçoit aussitôt la manière d'obtenir les termes de la progression génératrice et ceux de la suite des différences des cubes, deux séries qui concourent à former les cubes de la racine qui augmente de million en million ; où l'on voit comment la génération de ces mêmes cubes se fait.

VIᵉ SUITE DU TABLEAU II.

Formation des Cubes des millions de la racine qui suivent immédiatement ceux du nombre 6000000.

RACINES.	CUBES.	DIFFÉRENCES des Cubes.	PROGRESSION génératrice.
6000000.	216000000000000000000.	91000000000000000000.	30000000000000000000.
7000000.	343000000000000000000.	127000000000000000000.	36000000000000000000.
8000000.	512000000000000000000.	169000000000000000000.	42000000000000000000.
9000000.	729000000000000000000.	217000000000000000000.	48000000000000000000.
10000000.	1000000000000000000000.	271000000000000000000.	54000000000000000000.
11000000.	1331000000000000000000.	331000000000000000000.	60000000000000000000.
12000000.	1728000000000000000000.	397000000000000000000.	66000000000000000000.
13000000.	2197000000000000000000.	469000000000000000000.	72000000000000000000.
14000000.	2744000000000000000000.	547000000000000000000.	78000000000000000000.
15000000.	3375000000000000000000.	631000000000000000000.	84000000000000000000.
16000000.	4096000000000000000000.	721000000000000000000.	90000000000000000000.
17000000.	4913000000000000000000.	817000000000000000000.	96000000000000000000.
18000000.	5832000000000000000000.	919000000000000000000.	102000000000000000000.

RACINES.	CUBES.	DIFFÉRENCES des Cubes.	PROGRESSION génératrice.
19000000.	6859000000000000000000.	1027000000000000000000.	1080000000000000000000.
20000000.	8000000000000000000000.	1141000000000000000000.	1140000000000000000000.
21000000.	9261000000000000000000.	1261000000000000000000.	1200000000000000000000.
22000000.	10648000000000000000000.	1387000000000000000000.	1260000000000000000000.
23000000.	12167000000000000000000.	1519000000000000000000.	1320000000000000000000.
24000000.	13824000000000000000000.	1657000000000000000000.	1380000000000000000000.
25000000.	15625000000000000000000.	1801000000000000000000.	1440000000000000000000.
26000000.	17576000000000000000000.	1951000000000000000000.	1500000000000000000000.
27000000.	19683000000000000000000.	2107000000000000000000.	1560000000000000000000.
28000000.	21952000000000000000000.	2269000000000000000000.	1620000000000000000000.
29000000.	24389000000000000000000.	2437000000000000000000.	1680000000000000000000.
30000000.	27000000000000000000000.	2611000000000000000000.	1740000000000000000000.
31000000	29791000000000000000000.	2791000000000000000000.	1800000000000000000000.
32000000	32768000000000000000000.	2977000000000000000000.	1860000000000000000000.
33000000.	35937000000000000000000.	3169000000000000000000.	1920000000000000000000.
34000000.	39304000000000000000000.	3367000000000000000000.	1980000000000000000000.
35000000.	42875000000000000000000.	3571000000000000000000.	2040000000000000000000.
36000000.	46656000000000000000000.	3781000000000000000000.	2100000000000000000000.
37000000.	50653000000000000000000.	3997000000000000000000.	2160000000000000000000.

38000000.	54872000000000000000000.	4219000000000000000000.	222000000000000000000.
39000000.	59319000000000000000000.	4447000000000000000000.	228000000000000000000.
40000000.	64000000000000000000000.	4681000000000000000000.	234000000000000000000.
41000000.	68921000000000000000000.	4921000000000000000000.	240000000000000000000.
42000000.	74088000000000000000000.	5167000000000000000000.	246000000000000000000.
43000000.	79507000000000000000000.	5419000000000000000000.	252000000000000000000.
44000000.	85184000000000000000000.	5677000000000000000000.	258000000000000000000.
45000000.	91125000000000000000000.	5941000000000000000000.	264000000000000000000.
46000000.	97336000000000000000000.	6211000000000000000000.	270000000000000000000.
47000000.	103823000000000000000000.	6487000000000000000000.	276000000000000000000.
48000000.	110592000000000000000000.	6769000000000000000000.	282000000000000000000.
49000000.	117649000000000000000000.	7057000000000000000000.	288000000000000000000.
50000000.	125000000000000000000000.	7351000000000000000000.	294000000000000000000.
51000000.	132651000000000000000000.	7651000000000000000000.	300000000000000000000.
52000000.	140608000000000000000000.	7957000000000000000000.	306000000000000000000.
53000000.	148877000000000000000000.	8269000000000000000000.	312000000000000000000.
54000000.	157464000000000000000000.	8587000000000000000000.	318000000000000000000.
55000000.	166375000000000000000000.	8911000000000000000000.	324000000000000000000.
56000000.	175616000000000000000000.	9241000000000000000000.	330000000000000000000.
57000000.	185193000000000000000000.	9577000000000000000000.	336000000000000000000.
58000000.	195112000000000000000000.	9919000000000000000000.	342000000000000000000.
59000000.	205379000000000000000000.	10267000000000000000000.	348000000000000000000.
60000000.	216000000000000000000000.	10621000000000000000000.	354000000000000000000.
61000000.	226981000000000000000000.	10981000000000000000000.	360000000000000000000.

RACINES.	CUBES.	DIFFÉRENCES des Cubes.	PROGRESSION génératrice.
62000000.	238328000000000000000000.	11347000000000000000000.	366000000000000000000
63000000.	250047000000000000000000.	11719000000000000000000.	372000000000000000000.
64000000.	262144000000000000000000.	12097000000000000000000.	378000000000000000000.
65000000.	274625000000000000000000.	12481000000000000000000.	384000000000000000000.
66000000.	287496000000000000000000.	12871000000000000000000.	390000000000000000000.
67000000.	300763000000000000000000.	13267000000000000000000.	396000000000000000000.
68000000.	314432000000000000000000.	13669000000000000000000.	402000000000000000000.
69000000.	328509000000000000000000.	14077000000000000000000.	408000000000000000000.
70000000.	343000000000000000000000.	14491000000000000000000.	414000000000000000000.
71000000.	357911000000000000000000.	14911000000000000000000.	420000000000000000000.
72000000.	373248000000000000000000.	15337000000000000000000.	426000000000000000000.
73000000.	389017000000000000000000.	15769000000000000000000.	432000000000000000000.
74000000.	405224000000000000000000.	16207000000000000000000.	438000000000000000000.
75000000.	421875000000000000000000.	16651000000000000000000.	444000000000000000000.
76000000.	438976000000000000000000.	17101000000000000000000.	450000000000000000000.
77000000.	456533000000000000000000.	17557000000000000000000.	456000000000000000000.
78000000.	474552000000000000000000.	18019000000000000000000.	462000000000000000000.
79000000.	493039000000000000000000.	18487000000000000000000.	468000000000000000000.
80000000.	512000000000000000000000.	18961000000000000000000.	474000000000000000000.

RÉCAPITULATION

DES SIX ARTICLES DE LA SECTION IIᵉ.

Afin de donner une explication précise et claire de la méthode de trouver les termes de la progression génératrice et ceux de la suite des différences des cubes, deux séries qui concourent à former les cubes de la racine ascendante d'une dizaine à une autre immédiatement supérieure : nous rappellerons brièvement et simplement les principes que nous avons employés dans ces diverses transitions pour obtenir 1.º les termes de la progression génératrice ; 2º ceux de la suite des différences des cubes.

D'abord, pour trouver le terme de la progression génératrice qui nous était nécessaire, lors de la transition des unités de la racine à ses dizaines ; 1º nous avons multiplié la racine par 6 ; 2º soustrait 6 du produit, de sorte que la soustraction de 6 s'est faite sur le chiffre du produit qui précède immédiatement le dernier ; 3º mis à la suite du reste deux zéros ; et nous avons eu le terme de la progression génératrice que nous avons fait correspondre à la dernière racine et à son cube.

Pour trouver le terme de la progression génératrice qui nous était nécessaire, lors de la transition des dizaines de la racine à ses centaines ; 1º nous avons multiplié la racine par 6 ; 2º soustrait 6 du produit, de sorte que la soustraction de 6 s'est faite sur le chiffre du produit qui précède immédiatement les deux derniers ; 3º mis à la suite du reste quatre zéros ; et nous avons eu le terme de la progression génératrice que nous avons fait correspondre à la dernière racine et à son cube.

Pour trouver le terme de la progression génératrice qui

18

nous était nécessaire, lors de la transition des centaines de
la racine à ses mille , 1° nous avons multiplié la racine par
6 ; 2° soustrait 6 du produit, de sorte que la soustraction
de 6 s'est faite sur le chiffre du produit qui précède immédiatement les trois derniers ; 3° mis à la suite du reste six
zéros ; et nous avons eu le terme de la progression génératrice que nous avons fait correspondre à la dernière racine
et à son cube.

Pour trouver le terme de la progression génératrice qui
nous était nécessaire, lors de la transition des mille de la
racine à ses dix mille; 1° nous avons multiplié la racine par
6 ; 2° soustrait 6 du produit, de sorte que la soustraction
de 6 s'est faite sur le chiffre du produit qui précède immédiatement les quatre derniers ; 3° mis à la suite du reste
huit zéros ; et nous avons eu le terme de la progression génératrice que nous avons fait correspondre à la dernière
racine et à son cube.

Pour trouver le terme de la progression génératrice qui
nous était nécessaire, lors de la transition des dix mille de
la racine à ses cents mille, 1° nous avons multiplié la racine
par 6 ; 2° soustrait 6 du produit, de sorte que la soustraction de 6 s'est faite sur le chiffre du produit qui précède
immédiatement les cinq derniers ; 3° mis à la suite du reste
dix zéros ; et nous avons eu le terme de la progression génératrice que nous avons fait correspondre à la dernière
racine et à son cube.

Pour trouver le terme de la progression génératrice qui
nous était nécessaire, lors de la transition des cents mille
de la racine à ses millions, 1° nous avons multiplié la racine
par 6 ; 2° soustrait 6 du produit, de sorte que la soustraction de 6 s'est faite sur le chiffre du produit qui précède immédiatement les six derniers ; 3° mis à la suite du reste, douze
zéros ; et nous avons eu le terme de la progression génératrice que nous avons fait correspondre à la dernière racine
et à son cube.

La méthode que nous avons employée dans les six articles de la section II, nous paraît aussi sûre que aisée à concevoir, et facilite les moyens de trouver tous les cubes possibles de la racine ascendante d'une dizaine à une autre immédiatement supérieure.

En second lieu, pour avoir le terme de la suite des différences des cubes, lorsque la racine s'est élevée d'une dizaine à une autre immédiatement supérieure, il faut soustraire l'un de l'autre les cubes des deux dernières dizaines de la racine ; alors le reste qui résulte de cette soustraction, est toujours le terme de la suite des différences des cubes qui nous est indispensable pour opérer et que l'on trouve ainsi dans tous les cas possibles.

Comme les termes de la progression génératrice peuvent être calculés par la multiplication, alors on obtient aussi, dans tous les cas possibles où il s'agit de passer d'une dizaine à une autre immédiatement supérieure, le même terme de la suite des différences des cubes ; en multipliant, puisque zéro est toujours le premier, la moitié du chiffre ou des chiffres qui expriment des quantités numériques du dernier terme de la progression génératrice, par le chiffre ou les chiffres qui aussi expriment des quantités numériques de la racine correspondante indicative du nombre des termes à calculer ; en additionnant l'unité avec le dernier chiffre du produit, et en mettant à la suite de ce produit un nombre de zéros triple de celui de la racine.

Voilà deux manières simples d'obtenir, après chaque transition d'une dizaine de la racine à une autre immédiatement supérieure, le terme de la suite des différences des cubes. Si l'on désire mieux connaître et approfondir la troisième manière qui, quoique plus compliquée que les deux premières, est aussi exacte qu'elles, puisque, en suivant strictement ses principes, on trouve aussi le même terme : nous allons répéter, laconiquement et de suite, les opérations que nous avons faites dans les six articles précédens.

Premièrement, dans la transition des unités de la racine à ses dizaines, 1° nous avons multiplié la racine cubique augmentée d'un zéro par celle qui ne l'est point ; 2° triplé le produit de cette multiplication ; 3° soustrait la racine cubique augmentée d'un zéro et triplée, du produit triplé, de façon que la soustraction de la racine cubique commence sur le chiffre du produit qui précède le dernier ; 4° additionné 1 et le chiffre du produit restant qui précède les trois derniers zéros.

Secondement, dans la transition des dizaines de la racine à ses centaines, 1° nous avons multiplié la racine cubique augmentée de deux zéros par celle qui ne l'est point ; 2° triplé le produit de cette multiplication ; 3° soustrait la racine cubique augmentée de deux zéros et triplée, du produit triplé, de façon que la soustraction de la racine cubique commence sur le chiffre du produit qui précède les deux derniers ; 4° additionné 1 et le chiffre du produit restant qui précède les six derniers.

Troisièmement, dans la transition des centaines de la racine à ses mille, 1° nous avons multiplié la racine cubique augmentée de trois zéros par celle qui ne l'est point ; 2° triplé le produit de cette multiplication, 3° soustrait la racine cubique augmentée de trois zéros et triplée, du produit triplé, de façon que la soustraction de la racine cubique commence sur le chiffre du produit qui précède les trois derniers ; 4° additionné 1 et le chiffre du produit restant qui précède les neuf derniers.

Quatrièmement, dans la transition des mille de la racine à ses dix mille, 1° nous avons multiplié la racine cubique augmentée de quatre zéros par celle qui ne l'est point ; 2° triplé le produit de cette multiplication ; 3° soustrait la racine cubique augmentée de quatre zéros et triplée, du produit triplé, de façon que la soustraction de la racine cubique commence sur le chiffre du produit qui précède les quatre derniers ; 4° additionné 1 et le chiffre du produit restant qui précède les douze derniers.

Cinquièmement, dans la transition des dix mille de la racine à ses cents mille, 1° nous avons multiplié la racine cubique augmentée de cinq zéros par celle qui ne l'est point ; 2° triplé le produit de cette multiplication ; 3° soustrait la racine cubique augmentée de cinq zéros et triplée, du produit triplé, de façon que la soustraction de la racine cubique commence sur le chiffre du produit qui précède les cinq derniers ; 4° additionné 1 et le chiffre du produit restant qui précède les quinze derniers.

Sixièmement, dans la transition des cent mille de la racine à ses millions, 1° nous avons multiplié la racine cubique augmentée de six zéros par celle qui ne l'est point, 2° triplé le produit de cette multiplication ; 3° soustrait la racine cubique augmentée de six zéros et triplée, du produit triplé, de façon que la soustraction de la racine cubique commence sur le chiffre du produit qui précède les six derniers ; 4° additionné 1 et le chiffre du produit restant qui précède les dix-huit derniers.

Les élémens que nous avons donnés pour trouver les termes de la progression génératrice, et ceux de la suite des différences des cubes, tous deux correspondans aux dizaines successivement ascendantes de la racine, sont infaillibles. Ils peuvent nous faire connaître tous les termes possibles de ces deux séries, lesquels étant consécutivement additionnés, forment les cubes des plus grands nombres qui s'approchent de plus en plus de l'infini.

SECTION III.

Dizaines descendantes de la racine vers ses unités, dont on forme les cubes.

Nous venons de voir, en élevant la racine de dizaines en dizaines, lesquelles vont de droite à gauche, ainsi l'éloignent de plus en plus de ses unités, et l'augmentent en raison décuple, la méthode avec laquelle nous pouvons parvenir à connaître les cubes des plus grands nombres, c'est-à-dire, les cubes de ceux qui s'approchent de plus en plus de l'infini.

Maintenant nous allons abaisser la racine déjà élevée à un grand nombre, de dizaines en dizaines qui vont de gauche à droite, c'est-à-dire, approcher de plus en plus les chiffres qui expriment des quantités numériques vers ses unités; et enfin montrer la méthode qui nous apprend à trouver les cubes des dizaines descendantes de la racine, ainsi que ceux de ses unités.

En général, nous observons que le nombre des zéros des racines, est par rapport au nombre des zéros de leurs cubes, des termes de la suite des différences des cubes, et des termes correspondans de la progression génératrice; comme 1 est à 3.

Comme les dizaines descendantes de la racine nous rapprochent de plus en plus de ses unités, de même les séries descendantes nous rapprochent de plus en plus de la série primitive 0, 6, 12, 18, 24, 30, etc., etc., qui est la base de la formation des cubes des nombres premiers 1, 2, 3, 4, 5, etc., etc. qui augmentent d'unité en unité.

Dans la seconde section, les séries étaient croissantes; dans cette troisième, elles seront décroissantes. Les séries croissantes et décroissantes, ayant la même raison arithmétique, sont calculées d'après les mêmes règles; aussi nous ne mentionnerons point dans cette section ces dernières. Nous nous contenterons seulement d'obtenir, suivant les principes établis, chaque terme de la progression génératrice ou série, correspondant à chaque dizaine descendante de la racine, et propre pour concourir à former le cube de chacune d'elles.

Afin de nous expliquer plus clairement et plus méthodiquement, nous divisons la section III où la racine s'abaisse de dizaine en dizaine et ainsi se rapproche de ses unités, en six articles.

ARTICLE PREMIER.

Règle de transition des millions de la racine à ses cents mille.

PREMIÈREMENT, si nous voulions continuer à chercher les cubes des racines qui vont de million en million et qui suivent immédiatement le cube du nombre 80000000; alors nous chercherions les cubes de 80000000, 81000000, 82000000, 83000000, 84000000, etc. : mais puisque nous voulons trouver les cubes des dizaines descendantes de la racine, lesquels suivent immédiatement le cube connu du nombre 80000000; il faut passer des millions aux cents mille.

Pour opérer cette transition, 1° on avance une dizaine vers la droite, et on a pour racines 80000000, 80100000, 80200000, 80300000, 80400000, etc.; 2° on place, sur la même ligne, 80000000, et 512000000000000000000000 son cube; 3° on multiplie 80000000 la racine cubique par 6; 4° on soustrait 6 de 480000000 produit de cette multiplication, de manière que la soustraction de 6 soit faite sur le chiffre qui précède immédiatement les cinq derniers, on

obtient 479400000 le terme de la progression génératrice
correspondant à la racine 80000000 et à son cube. Cependant comme le nombre des zéros de cette série doit être
triple de celui des zéros de 80100000 la racine suivante ,
aussi , dans ce premier cas , les termes de la progression génératrice correspondans à 80000000, 80100000, 80200000,
80300000, 80400000, etc, sont 4794c0000000000000000 ,
480000000000000000 ,   4806000000000000000 ,
4812000000000000000 , 4818000000000000000, etc.

Connaissant   80000000   la   racine   cubique ,
51200000000000000000000 son cube , et 479400000000000000
le terme correspondant de la progression génératrice, tous
trois placés sur la même ligne , nous cherchons, dans le
premier cas , où l'on descend des millions de la racine aux
cents mille , le terme de la suite des différences des cubes
qui leur correspond. Pour le trouver , 1º nous supprimons,
afin d'opérer plus sur les chiffres qui expriment des quantités numériques, cinq zéros de la racine 80000000 qui,
par cette suppression est réduite à 800 , et proportionnellement quinze zéros du terme 479400000000000000 correspondant de la progression qui , par cette suppression,
est réduit a 4794 considéré comme le dernier terme de ceux
qui sont à calculer; 2º nous savons que 80 indique la racine
cubique avant la transition des millions en cents mille , que
800 la racine cubique qui s'est approchée d'une dizaine vers
ses unités , l'indique après cette même transition, et indique
aussi le nombre des termes à calculer ; 3º nous multiplions
4794 dernier terme réduit de la progression, par 400
moitié de 800 la racine cubique et également moitié du
nombre des termes qui sont à calculer ; 4º nous ajoutons
une unité à 1917600 le produit de cette multiplication ,
pour avoir 1917601 le terme de la suite des différences des
cubes auquel on joint quinze zéros , qui correspond à
80000000 , à son cube, et à son terme de la progression.

18961 , les zéros non compris , est le dernier terme de la suite des différences des cubes avant la transition des millions de la racine en cents mille, et correspond à 8000000, et à 512000000000000000000000 son cube ; 1917601 le produit de la multiplication de 4794 par 400 duquel on a additionné 1 , est le terme de la suite des différences des cubes après cette transition, et correspond à la même racine et au même cube: La différence des deux termes 18961 , 1917601 , étant 1898640 ; delà il résulte que 1917601 égale 18961 plus 1898640. Mais pour trouver le produit de cette différence : 1° nous multiplions 80 , la racine cubique avant la transition dont il est ici question, par 6 , pour avoir 480 le premier terme de ceux qui sont à calculer ; et 800 la racine cubique après la transition, par 6 , pour avoir le produit 4800 duquel, en ôtant 6 , il reste 4794 qui en est le dernier terme ; 2° nous avons 720 la différence des deux racines 80 et 800 , laquelle exprime leur nombre ; et 360 la moitié de 720 , laquelle exprime la moitié des termes à calculer ; 3° nous multiplions 5274 la somme de 480 et de 4794 , par 360 , pour avoir 1898640. Cette seconde opération qui égale la première , se réduit 1° à multiplier 5274 la somme des extrêmes des termes de la progression qui sont à calculer , par 360 qui énonce la moitié de leur nombre ; 2° à additionner 18961 dernier terme de la suite des différences des cubes, et 1898640 produit de cette multiplication, pour avoir 1917601 le terme de la suite des différences des cubes.

Nous avons enfin découvert que chaque terme de la suite des différences des cubes égale trois fois le quarré de la racine cubique correspondante, moins trois fois cette même racine, plus 1. Ainsi pour trouver de cette manière le terme de la suite des différences des cubes correspondant à 800 la racine cubique, il faut 1° obtenir 1920000 le quarré triplé de la racine cubique 800 ; 2° soustraire 2400 la racine triplée, de 1920000 quarré triplé ; 3° ajouter une unité à 1917600 le reste, pour avoir 1917601 terme auquel nous joignons quinze zéros.

Ensuite nous plaçons, sur la même ligne, 8000000 la racine, 512000000000000000000000 son cube, 1917601000000000000000 le terme de la suite des différences des cubes, et 479400000000000000000 le terme de la progression génératrice. Enfin nous augmentons de 6 le chiffre du terme de la progression génératrice placé immédiatement devant les quinze zéros, à chaque addition qui se fait, comme il est dit ci-après. Ainsi pour trouver le cube de 8010000, nous additionnons 1° 480000000000000000 le terme de la progression génératrice qui correspond à cette racine cubique, et 1917601000000000000000 le terme de la suite des différences des cubes ; 2° 1922401000000000000000 la somme de cette addition, et 512000000000000000000000 cube de 8000000, pour avoir 513922401000000000000000 cube de 8010000. Pour trouver le cube de 8020000, nous additionnons 1° 480600000000000000 le terme de la progression génératrice qui correspond à cette racine cubique, et 1922401000000000000000 le terme de la suite des différences des cubes ; 2° 1922207000000000000000 la somme de cette addition, et 513922401000000000000000 cube de 8010000, pour avoir 515849608000000000000000 cube de 8020000. Cette opération est facile à concevoir dans la septième suite du tableau II, où l'on aperçoit aussitôt la manière d'obtenir les termes de la progression génératrice, et ceux de la suite des différences des cubes, deux séries qui concourent à former les cubes de la racine qui augmente de cent mille en cent mille ; où l'on voit comment la génération de ces mêmes cubes se fait ; où l'on voit aussi que nous commençons à former les cubes des dizaines descendantes de la racine qui suivent immédiatement la dernière, et ainsi à nous rapprocher de ses unités.

Formation des Cubes des dizaines descendantes de la racine vers ses unités.

VIIᵉ SUITE DU TABLEAU II.

Formation des Cubes des cents mille de la racine qui suivent immédiatement ceux du nombre 80000000.

RACINES.	CUBES.	DIFFÉRENCES des Cubes.	PROGRESSION génératrice.
80000000.	512000000000000000000000.	1917601000000000000000. .	4794000000000000000.
80100000.	513922401000000000000000.	1922401000000000000000. .	4800000000000000000.
80200000.	515849608000000000000000.	1927207000000000000000. .	4806000000000000000.
80300000.	517781627000000000000000.	1932019000000000000000. .	4812000000000000000.
80400000.	519718464000000000000000.	1936837000000000000003. .	4818000000000000000.
80500000.	521660125000000000000000.	1941661000000000000000. .	4824000000000000000.
80600000.	523606616000000000000000.	1946491000000000000000. .	4830000000000000000.
80700000.	525557943000000000000000.	1951327000000000000000. .	4836000000000000000.
80800000.	527514112000000000000000.	1956169000000000000000. .	4842000000000000000.

RACINES.	CUBES.	DIFFÉRENCES des Cubes.	PROGRESSION génératrice.
80900000.	529475129000000000000000.	1961017000000000000000.	4848000000000000000.
81000000.	531441000000000000000000.	1965871000000000000000.	4854000000000000000.
81100000.	533411731000000000000000.	1970731000000000000000.	4860000000000000000.
81200000.	535387328000000000000000.	1975597000000000000000.	4866000000000000000.
81300000.	537367797000000000000000.	1980469000000000000000.	4872000000000000000.
81400000.	539353144000000000000000.	1985347000000000000000.	4878000000000000000.
81500000.	541343375000000000000000.	1990231000000000000000.	4884000000000000000.
81600000.	543338496000000000000000.	1995121000000000000000.	4890000000000000000.
81700000.	545338513000000000000000.	2000017000000000000000.	4896000000000000000.
81800000.	547343432000000000000000.	2004919000000000000000.	4902000000000000000.
81900000.	549353259000000000000000.	2009827000000000000000.	4908000000000000000.
82000000.	551368000000000000000000.	2014741000000000000000.	4914000000000000000.
82100000.	553387661000000000000000.	2019661000000000000000.	4920000000000000000.
82200000.	555412248000000000000000.	2024587000000000000000.	4926000000000000000.
82300000.	557441767000000000000000.	2029519000000000000000.	4932000000000000000.
82400000.	559476224000000000000000.	2034457000000000000000.	4938000000000000000.
82500000.	561515625000000000000000.	2039401000000000000000.	4944000000000000000.
82600000.	563559976000000000000000.	2044351000000000000000.	4950000000000000000.
82700000.	565609283000000000000000.	2049307000000000000000.	4956000000000000000.

8280000.	5676635520000000000000000.	20542690000000000000000.	4962000000000000000.
8290000.	5697227890000000000000000.	20592370000000000000000.	4968000000000000000.
8300000.	5717870000000000000000000.	20642110000000000000000.	4974000000000000000.
8310000.	5738561910000000000000000.	20691910000000000000000.	4980000000000000000.
8320000.	5759303680000000000000000.	20741770000000000000000.	4986000000000000000.
8330000.	5780095370000000000000000.	20791690000000000000000.	4992000000000000000.
8340000.	5800937040000000000000000.	20841670000000000000000.	4998000000000000000.
8350000.	5821828750000000000000000.	20891710000000000000000.	5004000000000000000.
8360000.	5842770560000000000000000	20941810000000000000000.	5010000000000000000.
8370000.	5863762530000000000000000.	20991970000000000000000.	5016000000000000000.
8380000.	5884804720000000000000000.	21042190000000000000000.	5022000000000000000.
8390000.	5905897190000000000000000.	21092470000000000000000.	5028000000000000000.
8400000.	5927040000000000000000000.	21142810000000000000000.	5034000000000000000.
8410000.	5948233210000000000000000.	21193210000000000000000.	5040000000000000000.
8420000.	5969476880000000000000000.	21243670000000000000000.	5046000000000000000.
8430000.	5990771070000000000000000,	21294190000000000000000.	5052000000000000000.
8440000.	6012115840000000000000000.	21344770000000000000000.	5058000000000000000.
8450000.	6033511250000000000000000.	21395410000000000000000.	5064000000000000000.
8460000.	6054957360000000000000000.	21446110000000000000000.	5070000000000000000.
8470000.	6076454230000000000000000.	21496870000000000000000.	5076000000000000000.
8480000.	6098001920000000000000000.	21547690000000000000000.	5082000000000000000.
8490000.	6119600490000000000000000,	21598570000000000000000.	5088000000000000000.
8500000.	6141250000000000000000000.	21649510000000000000000.	5094000000000000000.

ARTICLE II.

Règle de transition des cents mille de la racine à ses dix mille.

SECONDEMENT, si nous voulions continuer à chercher les cubes des racines qui vont de cent mille en cent mille et qui suivent immédiatement le cube du nombre 85000000 ; alors nous chercherions les cubes de 85000000 , 85100000 , 85200000 , 85300000 , 85400000 , etc. : mais puisque nous voulons trouver les cubes des dizaines descendantes de la racine , c'est-à-dire , des dizaines de la racine immédiatement inférieures aux précédentes , lesquelles suivent consécutivement le cube connu du nombre 85000000 ; il faut passer des cents mille aux dix mille.

Pour opérer cette transition , 1° on avance une dizaine vers la droite , et on a pour racines 85000000 , 85010000 , 85020000 , 85030000 , 85040000 , etc. ; 2° on place , sur la même ligne , 85000000 , 614125000000000000000000 son cube ; 3° on multiplie 85000000 la racine cubique par 6 ; 4° on soustrait 6 de 510000000 produit de cette multiplication , de manière que la soustraction de 6 soit faite sur le chiffre qui précède immédiatement les quatre derniers , on obtient 509940000 le terme de la progression génératrice correspondant à la racine 85000000 et à son cube. Cependant comme le nombre des zéros de cette série doit être triple de celui des zéros de 85010000 la racine suivante ; aussi, dans ce second cas, les termes de la progression génératrice correspondans à 85000000 , 85010000 , 85020000 , 85030000 , 85040000 , etc., sont 509940000000000000 , 510000000000000000 , 510060000000000000 , 510120000000000000 . 510180000000000000 , etc.

Connaissant 85000000 la racine cubique ,

614125000000000000000000 son cube, et 50994000000000000 le terme correspondant de la progression génératrice, tous trois placés sur la même ligne ; nous cherchons dans le second cas où l'on descend des cents mille de la racine aux dix mille, le terme de la suite des différences des cubes qui leur correspond. Pour le trouver, 1° nous supprimons, afin d'opérer plus sur les chiffres qui expriment des quantités numériques, quatre zéros de la racine 85000600 qui, par cette suppression, est réduite à 8500, et proportionnellement douze zéros du terme 50994000000000000 correspondant de la progression qui, par cette suppression, est réduite à 50994 considéré comme le dernier terme de ceux qui sont à calculer ; 2° nous savons que 850 indique la racine cubique avant la transition des cents mille en dix mille, que 8500 la racine cubique qui s'est approchée d'une dizaine vers ses unités l'indique après cette même transition ; et indique aussi le nombre des termes à calculer ; 3° nous multiplions 50994 dernier terme réduit de la progression, par 4250 moitié de 8500 et également moitié du nombre des termes qui sont à calculer ; 4° nous ajoutons une unité à 216724500 le produit de cette multiplication, pour avoir 216724501 le terme de la suite des différences des cubes auquel on joint douze zéros, qui correspond à 85000000, à son cube, et à son terme de la progression.

216495ı, les zéros non compris, est le dernier terme de la suite des différences des cubes avant le transition des cents mille de la racine en dix mille, et correspond à 85000000, et à 614125000000000000000000 son cube, 216724501 le produit de la multiplication de 50994 par 4250 auquel on a additionné 1, est le terme de la suite des différences des cubes après cette transition et correspond à la même racine et au même cube. La différence des deux termes 2164951, 216724501, étant 214559550 ; dela il résulte que 216724501 égale 2164951 plus 214559550.

Mais pour trouver le produit de cette différence : 1° nous multiplions 850 la racine cubique avant la transition dont il est ici question, par 6, pour avoir 5100 le premier terme de ceux qui sont à calculer; et 8500 la racine cubique après la transition par 6, pour avoir le produit 51000 duquel, en ôtant 6, il reste 50994 qui en est le dernier terme; 2° nous avons 7650 la différence des deux racines 850 et 8500, laquelle exprime leur nombre; et 3825 la moitié de 7650, laquelle exprime la moitié des termes à calculer; 3° nous multiplions 56094 la somme de 5100 et de 50994, par 3825, pour avoir 214559550. Cette seconde opération qui égale la première se réduit 1° à multiplier 56094 la somme des extrêmes des termes de la progression qui sont à calculer, par 3825 qui énonce la moitié de leur nombre; 2° à additionner 2164951 dernier terme de la suite des différences des cubes, et 214559550 produit de cette multiplication, pour avoir 216724501 le terme de la suite des différences des cubes.

Comme le terme de la suite des différences des cubes égale le triple quarré de 8500, moins cette même racine triplée, plus un : alors nous cherchons 1° le triple quarré de 8500 qui est 216750000, et la triple racine qui est 25500; 2° nous ôtons 25500 la racine triplée, de 216750000 quarré triplé, pour avoir, en y ajoutant une unité, 216724501 le terme de la suite des différences des cubes, auquel nous joignons douze zéros.

Ensuite nous plaçons, sur la même ligne, 85000000 la racine, 614125000000000000000000 son cube, 216724501000000000000 le terme de la suite des différences des cubes, et 50994000000000000 le terme de la progression génératrice. Enfin nous augmentons, à chaque addition faite comme ci-après, de 6 le chiffre du terme de la progression génératrice placé immédiatement devant les douze zéros. Ainsi pour trouver le cube de 85010000, nous additionnons 1°. 51oooooooooooooooooo le terme de la progression génératrice qui correspond à cette racine cubique, et 216724501000000000000000 le terme de la suite des différences des cubes ; 2° 216775501000000000000000 la somme de cette addition, et 614125oooooooooooooooooooo cube de 85ooooooo, pour avoir 61434177550100000000000000 cube de 85010000. Pour trouver le cube de 85020000, nous additionnons 1° 51006000000000000000 le terme de la progression génératrice qui correspond à cette racine cubique, et 21677550100000000000000 ; 2° 2168265070000000000000 la somme de cette addition, et 614341775501000000000000 cube de 85010000, pour avoir 614558602008000000000000 cube de 85020000. Cette opération est facile à concevoir dans la huitième suite du tableau II, où l'on aperçoit aussitôt la manière d'obtenir les termes de la progression génératrice, et ceux de la suite des différences des cubes, deux séries qui concourent à former les cubes de la racine qui augmente de dix mille en dix mille; où l'on voit comment la génération de ces mêmes cubes se fait:

VIII.e SUITE DU TABLEAU II.

Formation des Cubes des dix mille de la racine qui suivent immédiatement ceux du nombre 85000000.

RACINES.	CUBES.	DIFFÉRENCES des Cubes.	PROGRESSION génératrice.
85000000.	6141250000000000000000000.	2167245010000000000000.	5099400000000000.
85010000.	6143417755010000000000000.	2167755010000000000000.	5100000000000000.
85020000.	6145586020080000000000000.	2168265070000000000000.	5100600000000000.
85030000.	6147754795270000000000000.	2168775190000000000000.	5101200000000000.
85040000.	6149924080640000000000000.	2169285370000000000000.	5101800000000000.
85050000.	6152093876250000000000000.	2169795610000000000000.	5102400000000000.
85060000.	6154264182160000000000000.	2170305910000000000000.	5103000000000000.
85070000.	6156434998430000000000000.	2170816270000000000000.	5103600000000000.
85080000.	6158606325120000000000000.	2171326690000000000000.	5104200000000000.
85090000.	6160778162290000000000000.	2171837170000000000000.	5104800000000000.
85100000.	6162950510000000000000000.	2172347710000000000000.	5105400000000000.
85110000.	6165123368310000000000000.	2172858310000000000000.	5106000000000000.
85120000.	6167296737280000000000000.	2173368970000000000000.	5106600000000000.
85130000.	6169470616970000000000000.	2173879690000000000000.	5107200000000000.
85140000.	6171645007440000000000000.	2174390470000000000000.	5107800000000000.
85150000.	6173819908750000000000000.	2174901310000000000000.	5108400000000000.
85160000.	6175995320960000000000000.	2175412210000000000000.	5109000000000000.

85170000.	6178171244130000000000000.	2175923170000000000000.	5109600000000000000.
85180000	6180347678320000000000000.	2176434190000000000000.	5110200000000000000.
85190000.	6182524623590000000000000.	2176945270000000000000.	5110800000000000000.
85200000.	6184702080000000000000000.	2177456410000000000000.	5111400000000000000.
85210000.	6186880047610000000000000.	2177967610000000000000.	5112000000000000000.
85220000.	6189058526480000000000000.	2178478870000000000000.	5112600000000000000.
85230000.	6191237516670000000000000.	2178990190000000000000.	5113200000000000000.
85240000.	6193417018240000000000000.	2179501570000000000000.	5113800000000000000.
85250000.	6195597031250000000000000.	2180013010000000000000.	5114400000000000000.
85260000.	6197777555760000000000000	2180524510000000000000.	5115000000000000000.
85270000.	6199958591830000000000000.	2181036070000000000000.	5115600000000000000.
85280000.	6202140139520000000000000.	2181547690000000000000.	5116200000000000000.
85290000.	6204322198890000000000000.	2182059370000000000000.	5116800200000000000.
85300000.	6206504770000000000000000.	2182571110600000000000.	5117400000000000000.
85310000	6208687852910000000000000.	2183082910000000000000.	5118000000000000000.
85320000.	6210871447680000000000000.	2183594770000000000000.	5118600000000000000.
85330000.	6213055554370000000000000.	2184106690000000000000.	5119200000000000000.
85340000.	6215240173040000000000000.	2184618670000000000000.	5119800000000000000.
85350000.	6217425303750000000000000.	2185130710000000000000.	5120400000000000000.
85360000.	6219610946560000000000000.	2185642810000000000000.	5121000000000000000.
85370000.	6221797101530000000000000.	2186154970000000000000.	5121600000000000000.
85380000	6223983768720000000000000.	2186667190000000000000.	5122200000000000000.
85390000.	6226170948190000000000000.	2187179470000000000000.	5122800000000000000.
85400000.	6228358640000000000000000.	2187691810000000000000.	5123400000000000000.

ARTICLE III.

Règle de transition des dix mille de la racine à ses mille.

Troisièmement, si nous voulions continuer à chercher les cubes des racines qui vont de dix mille en dix mille et qui suivent immédiatement le cube du nombre 85400000 ; alors nous chercherions les cubes de 85400000, 85410000, 85420000, 85430000, 85440000, etc. : mais puisque nous voulons trouver les cubes des dizaines descendantes de la racine, c'est-à-dire, des dizaines de la racine immédiatement inférieures aux précédentes, lesquelles suivent consécutivement le cube connu du nombre 85400000 ; il faut passer des dix mille aux mille.

Pour opérer cette transition ; 1° on avance une dizaine vers la droite, et on a pour racines 85400000, 85401000, 85402000, 85403000, 85404000, etc. ; 2° on place, sur la même ligne, 85400000, 622835864000000000000000 son cube ; 3° on multiplie 85400000 la racine cubique par 6 ; 4° on soustrait 6 de 512400000 produit de cette multiplication, de manière que la soustraction de 6 soit faite sur le chiffre qui précède immédiatement les trois derniers, on obtient 512394000 le terme de la progression génératrice correspondant à la racine 85400000 et à son cube. Cependant comme le nombre des zéros de cette série doit être triple de celui des zéros de 95401000 la racine suivante, aussi, dans ce troisième cas, les termes de la progression génératrice correspondans à 85400000, 85401000, 85402000, 85403000, 85404000 ; etc. sont 512394000000000,

512400000000000, 512406000000000, 512412000000000,
512418000000000, etc.

Connaissant 85400000, la racine cubique
622835864000000000000000 son cube, et 512394000000000 le
terme correspondant de la progression génératrice, tous
trois placés sur la même ligne; nous cherchons, dans le
troisième cas, où l'on descend des dix mille de la racine
aux mille, le terme de la suite des différences des cubes
qui leur correspond. Pour le trouver; 1° nous supprimons,
afin d'opérer plus sur les chiffres qui expriment des quantités numériques, trois zéros de la racine 85400000 qui,
par cette suppression, est réduite à 85400, et proportionnellement neuf zéros du terme 512394000000000 correspondant de la progression qui, par cette suppression, est
réduit à 512394 considéré comme le dernier terme de ceux
qui sont à calculer; 2° nous savons que 8540 indique la
racine cubique avant la transition des dix mille en mille,
que 85300 la racine cubique qui s'est approchée d'une
dizaine vers ses unités, l'indique après cette même transition, et indique aussi le nombre des termes à calculer;
3° nous multiplions 512394 dernier terme réduit de la progression, par 42700, moitié de 85400 et également moitié
du nombre des termes qui sont à calculer; 4° nous ajoutons
une unité à 21879223800 le produit de cette multiplication,
pour avoir 21879223801 le terme de la suite des différences
des cubes auquel on joint neuf zéros qui correspond à
85400000, à son cube, et à son terme de la progression.
21876181, les zéros non compris, est le dernier terme
de la suite des différences des cubes avant la transition des
dix mille de la racine en mille, et correspond à 85400000
la racine, et à 622835864000000000000000 son cube;
21879223801 le produit de la multiplication de 512394 par
42700, auquel on a additionné 1, est le terme de la suite
des différences des cubes après cette transition et corres-

pond à la même racine et au même cube. La différence des deux termes 218769181, 21879223801, étant 21660454620; delà il résulte que 21879223801 égale 218769181 plus 21660454620. Mais pour trouver le produit de cette différence : 1° nous multiplions 8540, la racine cubique avant la transition dont il est ici question, par 6, pour avoir 51240 le premier terme de ceux qui sont à calculer; et 85400 la racine cubique après la transition, par 6, pour avoir le produit 512400 duquel, en ôtant 6, il reste 512394 qui en est le dernier terme; 2° nous avons 76860 la différence des deux racines 8540 et 85400, laquelle exprime leur nombre; et 38430 la moitié de 76860, laquelle exprime la moitié des termes à calculer; 3° nous multiplions 563634 la somme de 51240 et de 512394, par 38430, pour avoir 21660454620. Cette seconde opération qui égale la première, se réduit 1° à multiplier 563634 la somme des extrêmes des termes de la progression qui sont à calculer, par 38430 qui énonce la moitié de leur nombre; 2° à additionner 218769181 dernier terme de la suite des différences des cubes, et 21660454620 produit de cette multiplication, pour avoir 21879223801 le terme de la suite des différences des cubes.

Comme le terme de la suite des différences des cubes égale le triple quarré de 85400, moins cette même racine triplée, plus un: alors nous cherchons 1° le triple quarré de 85400 qui est 21879480000, et la triple racine qui est 256200; 2° nous ôtons 256200 la racine triplée de 21879480000 quarré triplé, pour avoir, en y ajoutant une unité, 21879223801 le terme de la suite des différences des cubes auquel nous joignons neuf zéros.

Ensuite nous plaçons, sur la même ligne, 85400000 la racine, 62283586400000000000000000 son cube, 21879223801000000000 le terme de la suite des différences des cubes, et 512394000000000 le terme de la progression génératrice. Enfin nous augmentons, à chaque addition faite comme ci-après, de 6 le chiffre du terme de la progression génératrice placé immédiatement devant les neuf zéros. Ainsi pour trouver le cube de 85401000, nous additionnons 1° 512409000000000 le terme de la progression génératrice qui correspond à cette racine cubique, et 2187922380100000000000 le terme de la suite des différences des cubes ; 2° 2187973620100000000000 la somme de cette addition, et 62283586400000000000000000 cube de 85400000, pour avoir 6228577437362010000000000 cube de 85401000. Pour trouver le cube de 85402000, nous additionnons 1° 512406000000000 le terme de la progression génératrice qui correspond à cette racine, et 2187973620100000000000 le terme de la suite des différences des cubes ; 2° 2188024860700000000000 la somme de cette addition, et 6228577437362010000000000 cube de 85401000, pour avoir 6228796239848080000000000 cube de 85402000. Cette opération est facile à concevoir dans la neuvième suite du tableau II, où l'on voit aussitôt la manière d'obtenir les termes de la progression génératrice, et ceux de la suite des différences des cubes, deux séries qui concourent à former les cubes de la racine qui augmente de mille en mille ; où l'on voit comment la génération de ces mêmes cubes se fait.

IX.e SUITE DU TABLEAU II.e

Formation des Cubes des mille de la racine qui suivent immédiatement ceux du nombre 85400000.

RACINES.	CUBES.	DIFFÉRENCES des Cubes.	PROGRESSION génératrice.
85400000.	6228358640000000000000000.	2187922380100000000000.	51239400000000000.
85401000.	6228577437362010000000000.	2187973620100000000000.	51240000000000000.
85402000.	6228796239848080000000000.	2188024860700000000000.	51240600000000000.
85403000.	6229015047458270000000300.	2188076101900000000000.	51241200000000000.
85404000.	6229233860192640000000000.	2188127343700000000000.	51241800000000000.
85405000.	6229452067805125000000000.	2188178586100000000000.	51242400000000000.
85406000.	6229671501034160000000000.	2188229829100000000000.	51243000000000000.
85407000.	6229890329141430000000000.	2188281072700000000000.	51243600000000000.
85408000.	6230109162373120000000000.	2188332316900000000000.	51244200000000000.
85409000.	6230328000729290000000000.	2188383561700000000000.	51244800000000000.
85410000.	6230546844210000000000000.	2188434807100000000000.	51245400000000000.
85411000.	6230765692815310000000000.	2188486053100000000000.	51246000000000000.
85412000.	6230984546545280000000000.	2188537199700000000000.	51246600000000000.

85413000.	623120340539997000000000.	2188588546900000000000.	5124720000000000.
85414000.	623142226937944000000000.	2188639794700000000000.	5124780000000000.
85415000.	623164113848375000000000.	2188691043100000000000.	5124840000000000.
85416000.	623186001271296000000000.	2188742292100000000000.	5124900000000000.
85417000.	623207889206713000000000.	2188793541700000000000.	5124960000000000.
85418000.	623229777654632000000000.	2188844791900000000000.	5125020000000000.
85419000.	623251666615059000000000.	2188896042700000000000.	5125080000000000.
85420000.	623273556088000000000000.	2188947294100000000000.	5125140000000000.
85421000.	623295446073461000000000.	2188998546100000000000.	5125200000000000.
85422000.	623317336571448000000000.	2189049798700000000000.	5125260000000000.
85423000.	623339227581967000000000.	2189101051900000000000.	5125320000000000.
85424000.	623361119105024000000000.	2189152305700000000000.	5125380000000000.
85425000.	623383011140625000000000.	2189203560100000000000.	5125440000000000.
85426000	623494903688776000000000.	2189254815100000000000.	5125500000000000.
85427000	623426796749483000000000.	2189306070700000000000.	5125560000000000.
85428000.	623448690322752000000000.	2189357326900000000000.	5125620000000000.
85429000.	623470584408589000000000.	2189408583700000000000.	5125680000000000.
85430000.	623492479007000000000000.	2189459841100000000000.	5125740000000000.

ARTICLE IV.

Règle de transition des mille de la racine à ses centaines.

QUATRIÈMEMENT, si nous voulions continuer à chercher les cubes des racines qui vont de mille en mille et qui suivent immédiatement le cube du nombre 85430000 ; alors nous chercherions les cubes de 85430000, 85431000, 85432000, 85433000, 85434000, etc. : mais puisque nous voulons trouver les cubes des dizaines descendantes de la racine, c'est-à-dire, des dizaines de la racine immédiatement inférieures aux précédentes, lesquelles suivent consécutivement le cube connu du nombre 85430000 ; il faut passer des mille aux centaines.

Pour opérer cette transition, 1° on avance une dizaine vers la droite, et on a pour racines 85430000, 85430100, 85430200, 85430300, 85430400, etc.; 2° on place, sur la même ligne, 85430000 la racine, 623492479007000000000000 son cube ; 3° on multiplie 85430000 la racine cubique par 6 ; 4° on soustrait 6 de 512580000 produit de cette multiplication, de manière que la soustraction de 6 soit faite sur le chiffre qui précède immédiatement les deux derniers, on obtient 512579400 le terme de la progression génératrice correspondant à la racine 85430000 et à son cube. Cependant comme le nombre des zéros de cette série doit être triple de celui des zéros de 85430100 la racine suivante; aussi, dans ce quatrième cas, les termes de la progression génératrice correspondans à 85430000, 85430100, 85430200, 85430300, 85430400, etc., sont 512579400000000, 512580000000000, 512580600000000, 512581200000000, 512581800000000, etc.

Connaissant 85430000 la racine cubique, 623492479007000000000000 son cube, et 5125794000000 le terme correspondant de la progression génératrice, tous trois placés sur la même ligne ; nous cherchons dans le quatrième cas où l'on descend des mille de la racine aux centaines, le terme de la suite des différences des cubes qui leur correspond. Pour le trouver, 1° comme, dans toutes les opérations des dizaines descendantes de la racine, on doit supprimer tous les zéros du terme de la progression génératrice, et proportionnellement le tiers de ceux de la racine cubique ; alors nous supprimons les six zéros du terme 5125794000000 de la progression génératrice qui, par cette suppression, est réduit à 5125794 considéré comme le dernier terme de ceux qui sont à calculer, et deux zéros de la racine 85430000 qui, par cette suppression, est réduite à 854300 ; 2° nous savons que 85430 indique la racine cubique avant la transition des mille en centaines, que 854300 la racine cubique qui s'est approchée d'une dizaine vers ses unités, l'indique après cette même transition, et indique aussi le nombre des termes à calculer ; 3° nous multiplions 5125794 dernier terme réduit de la progression, par 427150 moitié de 854300 et également moitié du nombre des termes qui sont à calculer ; 4° nous ajoutons une unité à 2189482907100 le produit de cette multiplication, pour avoir 2189482907101 le terme de la suite des différences des cubes auquel on joint six zéros, correspondant à 85430000, à son cube, et à son terme de la progression.

21894598411, les zéros non compris, est le dernier terme de la suite des différences des cubes avant le transition des mille de la racine en centaines, et correspond à 85430000 la racine, et à 623492479007000000000000 son cube ; 2.89482907101 le produit de la multiplication de 5125794 par 427150 auquel on a additionné 1, est le terme de la suite des différences des cubes après cette transition et correspond à la même racine et au même cube. La différence des deux termes 2189459841 1, 2189482907101, étant 2167588308690; delà il résulte que 2189482907101 égale 2189459841 1 plus 2167588308690. Mais pour trouver le produit de cette différence : 1° nous multiplions 85430 la racine cubique avant la transition dont il est ici question, par 6, pour avoir 512580 le premier terme de ceux qui sont à calculer; et 854300 la racine cubique après la transition, par 6, pour avoir le produit 5125800 duquel, en ôtant 6, il reste 5125794 qui en est le dernier terme ; 2° nous avons 768870 la différence des deux racines 85430 et 854300, laquelle exprime leur nombre; et 384435 la moitié de 768870, laquelle exprime la moitié des termes à calculer; 3° nous multiplions 5638374 la somme de 512580 et de 5125794, par 384435, pour avoir 2167588308690. Cette seconde opération qui égale la première, se réduit 1° à multiplier 5638374 la somme des extrêmes des termes de la progression qui sont à calculer, par 384435 qui énonce la moitié de leur nombre; 2° à additionner 2189459841 1 dernier terme de la suite des différences des cubes ; et 2167588308690 produit de cette multiplication, pour avoir 2189482907101 le terme de la suite des différences des cubes auquel on joindra six zéros.

Comme le terme de la suite des différences des cubes égale le triple quarré de 854300, moins cette même racine triplée, plus un : alors nous cherchons 1° le triple quarré de 854300 qui est 2189483470000 et la triple racine qui est 2562900; 2° nous ôtons 2562900 la racine triplée, de 2189485470000 quarré triplé, pour avoir, en y ajoutant une unité, 2189482907101 le terme de la suite des différences des cubes auquel nous joignons six zéros.

Ensuite nous plaçons sur la même ligne 85430000 la racine , 613492479007000000000000 son cube , 2189482907101000000 le terme de la suite des différences

des cubes, et 512579400000o le terme de la progression
génératrice. Enfin nous augmentons, à chaque addition
faite comme ci-après, de 6 le chiffre du terme de la progression génératrice placé immédiatement devant les six
zéros. Ainsi pour trouver le cube de 85430100, nous additionnons 1° 512580000000o le terme de la progression
génératrice qui correspond à cette racine cubique, et
2189482907101000000 le terme de la suite des différences
des cubes; 2° 2189488032901000000 la somme de cette addition, et 62349247900700000000000000 cube de 85430000,
pour avoir 6234946684950329010000000 cube de 85430100.
Pour trouver le cube de 85430200, nous additionnons 1°
512580600000o le terme de la progression génératrice qui
correspond à cette racine, et 2189488032901000000
le terme de la suite des différences des cubes; 2°
2189493158707000000 la somme de cette addition, et
6234946684950329010000000 cube de 85430100, pour avoir
6234968579881916080000000 cube de 85430200. Cette opération est facile à concevoir dans la dixième suite du tableau
II, où l'on voit aussitôt la manière d'obtenir les termes
de la progression hénératrice, et ceux de la suite des différences des cubes, deux séries qui concourent à former les
cubes de la racine qui augmente de centaine en centaine;
où l'on voit comment la génération de ces mêmes cubes
se fait.

Xᵉ SUITE DU TABLEAU II.

Formation des Cubes des centaines de la racine qui suivent immédiatement ceux du nombre 85430000.

RACINES.	CUBES.	DIFFÉRENCES des Cubes.	PROGRESSION génératrice.
85430000.	623492479007000000000000.	2189482907101000000.	5125794000000.
85430100.	623494668495032901000000.	2189488032901000000.	5125800000000.
85430200.	623496857988191608000000.	2189493158707000000.	5125806000000.
85430300.	623499047486476127000000.	2189498284519000000.	5125812000000.
85430400.	623501236989886464000000.	2189503410337000000.	5125818000000.
85430500.	623503426498422625000000.	2189508536161000000.	5125824000000.
85430600.	623505616012084616000000.	2189513661991000000.	5125830000000.
85430700.	623507805530872443000000.	2189518787827000000.	5125836000000.
85430800.	623509995054786112000000.	2189523913669000000.	5125842000000.
85430900.	623512184583825629000000.	2189529039517000000.	5125848000000.
85431000.	623514374117991000000000.	2189534165371000000.	5125854000000.
85431100.	623516563657282231000000.	2189539291231000000.	5125860000000.
85431200.	623518753201699328000000.	2189544417097000000.	5125866000000.

85431300.	6235209427511242297000000.	21895495429690000000.	5125872000000.
85431400.	6235231823059111440000000.	21895546688470000000.	5125878000000.
85431500.	6235253218657058750000000.	21895597947310000000.	5125884000000.
85431600.	6235275114306264960000000.	21895649206210000000.	5125890000000.
85431700.	6235297010006730130000000.	21895700465170000000.	5125896000000.
85431800.	6235318905758454320000000.	21895751724190000000.	5125902000000.
85431900.	6235340801561437590000000.	21895802983270000000.	5125908000000.
85432000.	6235362697415680000000000.	21895854252410000000.	5125914000000.
85432100.	6235384593321181610000000.	21895905501610000000.	5125920000000.
85432200.	6235406489277942480000000.	21895956760870000000.	5125926000000.
85432300.	6235428385285962670000000.	21896008020190000000.	5125932000000.
85432400.	6235450281345242240000000.	21896059279570000000.	5125938000000.
85432500.	6235472177455781250000000.	21896110539010000000.	5125944000000.
85432600.	6235494073617579760000000.	21896161798510000000.	5125950000000.
85432700.	6235515969830637830000000.	21896213058070000000.	5125956000000.
85432800.	6235537866094955520000000.	21896264317690000000.	5125962000000.
85432900.	6235559762410532890000000.	21896315577370000000.	5125968000000.
85433000.	6235581658777370000000000.	21896366837110000000.	5125974000000.

ARTICLE V.

Règle de transition des centaines de la racine à ses dizaines.

Cinquièmement, si nous voulions continuer à chercher les cubes des racines qui vont de centaine en centaine et qui suivent immédiatement le cube du nombre 85433000 ; alors nous chercherions les cubes de 85433000, 85433100, 85433200, 85433300, 85433400, etc. : mais puisque nous voulons trouver les cubes des dizaines descendantes de la racine, c'est-à-dire, des dizaines de la racine immédiatement inférieures aux précédentes, lesquelles suivent consécutivement le cube connu du nombre 85433000 ; il faut passer des centaines aux dizaines.

Pour opérer cette transition ; 1° on avance une dizaine vers la droite, et on a pour racines 85433000, 85433010, 85433020, 85433030, 85433040, etc. ; 2° on place, sur la même ligne, 85433000 la racine, 623358165877737000000000 son cube ; 3° on multiplie 85433000 la racine cubique par 6 ; 4° on soustrait 6 de 512598000 produit de cette multiplication, de manière que la soustraction de 6 soit faite sur le chiffre qui précède immédiatement le dernier, on obtient 512597940 le terme de la progression génératrice correspondant à la racine 85433000 et à son cube. Cependant comme le nombre des zéros de cette série doit être triple de celui des zéros de 85433010 la racine suivante, aussi, dans ce cinquième cas, les termes de la progression génératrice correspondans à 85433000, 85433010, 85433020, 85433030, 85433040 ; etc. sont 512597940000, 512598000000, 512598060000, 512598120000, 512598180000, etc.

Connaissant 85433000 la racine cubique , 62355816587773700000000000 son cube , et 51259794000 le terme correspondant de la progression génératrice, tous trois placés sur la même ligne ; nous cherchons , dans le cinquième cas , où l'on descend des centaines de la racine aux dizaines , le terme de la suite des différences des cubes qui leur correspond. Pour le trouver ; 1º comme on doit supprimer tous les zéros du terme de la progression génératrice , et proportionnellement le tiers de ceux de la racine cubique ; aussi nous supprimons les trois zéros du terme 51259794000 de la progression génératrice qui , par cette suppression , est réduit à 51259794 considéré comme le dernier terme de ceux qui sont à calculer ; et un zéro de la racine 85433000 qui , par cette suppression , est réduite à 8543300 ; 2º nous savons que 854330 indique la racine cubique avant la transition des centaines en dizaines , que 8543300 la racine cubique qui s'est approchée d'une dizaine vers ses unités , l'indique après cette même transition , et indique aussi le nombre des termes à calculer ; 3º nous multiplions 51259794 dernier terme réduit de la progression, par 4271650 moitié de 8543300 et également moitié du nombre des termes qui sont à calculer ; 4º nous ajoutons une unité à 218963899040100 le produit de cette multiplication , pour avoir 218963899040101 le terme de la suite des différences des cubes auquel on joint trois zéros, correspondant à la racine 85433000, à son cube , et à son terme de la progression.

218963668371 1 , les zéros non compris , est le dernier terme de la suite des différences des cubes avant la transition des centaines de la racine en dizaines , et correspond à la racine 85433000, et à 62355816587773700000000000 son cube ; 218963899040101 le produit de la multiplication de 51259794 par 4271650 auquel on a additionné 1 , est le terme de la suite des différences des cubes après cette transition et correspond à la même racine et au même cube. La différence des deux termes 2189636683711, 21896389904o1o1, étant 2167742623563go ; delà il résulte que 21896389904o1o1 égale 2189636683711 plus 2167742623563go. Mais pour trouver le produit de cette différence : 1° nous multiplions 85433o, la racine cubique avant la transition dont il est ici question, par 6, pour avoir 5125980 le premier terme de ceux qui sont à calculer ; et 8543300 la racine cubique après la transition, par 6, pour avoir le produit 51259800 duquel, en ôtant 6, il reste 51259794 qui en est le dernier terme ; 2° nous avons 7688970 la différence des deux racines 85433o et 8543300, laquelle exprime leur nombre ; et 3844485 la moitié de 7688970, laquelle exprime la moitié des termes à calculer ; 3° nous multiplions 56385774 la somme de 5125980 et de 51259794, par 3844485, pour avoir le produit 2167742623563go. Cette seconde opération qui égale la première, se réduit 1° à multiplier 56385774 la somme des extrêmes des termes de la progression qui sont à calculer, par 3844485 qui énonce la moitié de leur nombre ; 2° à additionner 2189636683711 dernier terme de la suite des différences des cubes, et 2167742623563go produit de cette multiplication, pour avoir 21896389904o1o1 le terme de la suite des différences des cubes auquel on joindra trois zéros.

Comme le terme de la suite des différences des cubes égale le triple quarré de 8543300, moins cette même racine triplée, plus un : alors nous cherchons 1° le triple quarré de 8543300 qui est 218963924670000, et la triple racine qui est 25629900 ; 2° nous ôtons 25629900 la racine triplée de 218963924670000 quarré triplé, pour avoir, en y ajoutant une unité, 21896389904o1o1 le terme de la suite des différences des cubes auquel nous joignons trois zéros.

Ensuite nous plaçons, sur la même ligne, 85433000

la racine , 62355816587773700000000000 son cube , 21896389904010100000 le terme de la suite des différences des cubes, et 512597940000 le terme de la progression génératrice. Enfin nous augmentons , à chaque addition faite comme ci-après , de 6 , le chiffre du terme de la progression génératrice placé immédiatement devant les trois zéros. Ainsi pour trouver le cube de 85433010, nous additionnons 1° 5125980000 le terme de la progression génératrice qui correspond à cette racine cubique , et 21896389904010100000 le terme de la suite des différences des cubes; 2° 21896395029990100000 la somme de cette addition , et 62355816587773700000000000 cube de 85433000 , pour avoir 62355838484168729990100000 cube de 85433010. Pour trouver le cube de 85433020, nous additionnons 1° 5125980600 le terme de la progression génératrice qui correspond à cette racine , et 21896395029990100000 le terme de la suite des différences des cubes; 2° 21896400155970700000 la somme de cette addition , et 62355838484168729990100000 cube de 85433010, pour avoir 62355860380568885960800000 cube de 85433020, ainsi de suite. Cette opération est facile à comprendre pour peu qu'on examine la onzième suite du tableau II, où l'on voit aussitôt la manière d'obtenir les termes de la progression génératrice , et ceux de la suite des différences des cubes , deux séries qui concourent à former les cubes de la racine qui augmente de dizaine en dizaine ; où l'on voit comment la génération de ces mêmes cubes se fait.

XIe SUITE DU TABLEAU II.

Formation des Cubes des dizaines de la racine qui suivent immédiatement ceux du nombre 85433000.

RACINES.	CUBES.	DIFFÉRENCES des Cubes.	PROGRESSION génératrice.
85433000.	623558165877737000000000.	218963899040101000. . .	51259794000.
85433010.	623558384841687299901000.	218963950299901000. . .	51259800000.
85433020.	623558603805688859608000.	218964001559707000. . .	51259806000.
85433030.	623558822769741679127000.	218964052819519000. . .	51259812000.
85433040.	623559041733845758464000.	218964104079337000. . .	51259818000.
85433050.	623559260698001097625000.	218964155339161000. . .	51259824000.
85433060.	623559479662207696616000.	218964206598991000. . .	51259830000.
85433070.	623559698626465555443000.	218964257858827000. . .	51259836000.
85433080.	623559917590774674112000.	218964309118669000. . .	51259842000.
85433090.	623560136555135052629000.	218964360378517000. . .	51259848000.
85433100.	623560355519546691000000.	218964411638371000. . .	51259854000.
85433110.	623560574484009589231000.	218964462898231000. . .	51259860000.
85433120.	623560793448524747328000.	218964514158097000. . .	51259866000.

85433130.	623561012413689165297000.	218964565417969000.	51259872000.
85433140.	623561231377705843144000	218964616677847000.	51259878000.
85433150	623561450342373780875000.	218964667937731000.	51259884000.
85433160.	623561669307092978496000.	218964719197621000.	51259890000.
85433170.	623561888271863436013000.	218964770457517000.	51259896000.
85433180.	623562107236685153432000.	218964821717419000.	51259902000.
85433190.	623562326201558130759000.	218964872977327000.	51259908000.
85433200.	623562545166482368000000.	218964924237241000.	51259914000.

ARTICLE VI.

Règle de transition des dizaines de la racine à ses unités.

Sixièmement , si nous voulions continuer à chercher les cubes des racines qui vont de dizaine en dizaine et qui suivent immédiatement le cube du nombre 85433200 ; alors nous chercherions les cubes de 85433200 , 85433210 , 85433220 , 85433230 , 85433240 , etc. : mais puisque nous voulons trouver les cubes des unités de la racine qui suivent immédiatement ceux du nombre 85433200 ; il faut passer des dizaines aux unités.

Pour opérer cette transition , 1° on avance une unité vers la droite , et on a pour racines 85433200 , 85433201 , 85433202 , 85433203 , 85433204 , etc. ; 2° on place. sur la même ligne , 85433200 la racine , 6235625451664823680000000 son cube ; 3° on multiplie 85433200 la racine cubique par 6 ; 4° on soustrait 6 de 512599200 produit de cette multiplication , de manière que la soustraction de 6 soit faite sur le dernier chiffre , on obtient 512599194 le terme de la progression génératrice sans aucun zéro , par la raison que 85433201 la racine cubique n'est terminée par aucun zéro. Dans ce sixième cas, les termes de la progression génératrice correspondans à 85433200, 85433201, 85433202, 85433203, 85433204, etc., sont 512599194, 512599200, 512599206, 512599212, 512599218, etc.

Connaissant 85433200 la racine cubique , 6235625451664823680000000 son cube, et 512599194 le terme correspondant de la progression génératrice , tous trois placés sur la même ligne ; nous cherchons dans le sixième cas où l'on descend des dizaines de la racine à ses unités, le terme de la suite des différences des cubes qui leur correspond. Pour le trouver, 1° nous ne supprimons aucun zéro de 85433200 la racine cubique, et nous avons 512599194 le dernier terme de la progression génératrice; 2° nous savons que 8543320 indique la racine cubique avant la transition des dizaines en unités, que 85433200 l'indique après cette même transition, et indique aussi le nombre des termes qui sont à calculer; 3° nous multiplions 512599194 le dernier terme de la progression génératrice seul à calculer, par la raison que le premier terme de cette série est zéro, par 42716600 moitié de 85433200 la racine cubique, et également moitié du nombre des termes qu'on doit calculer; 4° nous ajoutons une unité à 21896494730420400 le produit de cette multiplication, pour avoir 21896494730420401 le terme de la suite des différences des cubes, correspondant à 85433200 la racine, à son cube, et à son terme de la progression.

21896492423724l, les zéros non compris, est le dernier terme de la suite des différences des cubes avant le transition des dizaines de la racine en unités, et correspond à la racine 85433200, et à 623562545166482368000000 son cube; 21896494730420401 le produit de la multiplication de 512599194 par 42716600 auquel on a additionné 1, est le terme de la suite des différences des cubes après cette transition et correspond à la même racine et au même cube. La différence des deux termes 2189649242372241, 21896494730420401, étant 2167752980618316o; delà il résulte que 21896494730420401 égale 21896492423724l plus 2167752980618316o. Mais pour trouver le produit de cette différence: 1° nous multiplions 8543320 la racine cubique avant la transition dont il est ici question, par 6, pour avoir 51259920 le premier terme de ceux qui sont à calculer; et 85433200 la racine cubique après la transition, par 6, pour avoir le produit 512599200 duquel ; en ôtant 6, il reste 512599194 qui en est le dernier terme ; 2° nous avons 76889880 la différence des deux racines 8543320 et 85433200, laquelle exprime leur nombre ; et 38444940 la moitié de 76889880, laquelle exprime la moitié des termes à calculer ; 3° nous multiplions 563859114 la somme de 51259920 et de 512599194, par 38444940, pour avoir le produit 21677529806183160. Cette seconde opération qui égale la première, se réduit 1° à multiplier 563859114 la somme des extrêmes des termes de la progression qui sont à calculer, par 38444940 qui énonce la moitié de leur nombre ; 2° à additionner 218964924237241 dernier terme de la suite des différences des cubes, et 21677529806183160 produit de cette multiplication, pour avoir 21896494730420401 qui est le terme de la suite des différences des cubes.

Comme le terme de la suite des différences des cubes égale le triple quarré de 85433200, moins cette même racine triplée, plus un : alors nous cherchons 1° le triple quarré de 85433200 qui est 21896494986720000 et la triple racine qui est 256299600 ; 2° nous ôtons 256299600 la racine triplée, de 21896494986720000 quarré triplé ; pour avoir, en y ajoutant une unité, 21896494730420401 le terme de la suite des différences des cubes.

Ensuite nous plaçons, sur la même ligne, 85433200 la racine cubique, 623562545166482368000000 son cube ; 21896494730420401 le terme de la suite des différences des cubes, et 512599194 le terme de la progression génératrice. Enfin nous augmentons, à chaque addition faite comme ci-après, de 6 le dernier chiffre du terme de la progression génératrice. Ainsi pour trouver le cube de 85433201, nous additionnons 1° 512599200 le terme de la progression génératrice qui correspond à cette racine cubique, et 21896494730420401 le terme de la suite des différences des cubes ; 2° 2189649524301960i la somme de cette addition , et 6235625451664823680ooooo cube de 85433200 , pour avoir 6235625670629776110i9601 cube de 85433201. Pour trouver le cube de 85433202 , nous additionnons 1° 512599206 le terme de la progression génératrice qui correspond à cette racine cubique, et 21896495243019601 le terme de la suite des différences des cubes ; 2° 21896495755618807 la somme de cette addition et 6235625670629776110i9601 cube de 85433201 , pour avoir 6235625889594733666384o8 cube de 85433202. Pour trouver le cube de 85433203 , nous additionnons 1° 512599212 le terme de la progression génératrice qui correspond à cette racine cubique , et 21896495755618807 le terme de la suite des différences des cubes ; 2° 21896496268218019 la somme de cette addition , et 6235625889594733666384o8 cube de 85433202 , pour avoir 6235626108559696348564̀27 cube de 85433203 ; ainsi de suite. Cette opération est facile à comprendre pour peu qu'on examine la douzième suite du tableau II, où l'on voit aussitôt la manière d'obtenir les termes de la progression génératrice et ceux de la suite des différences des cubes, deux séries qui concourent à former les cubes de la racine qui augmente d'unité en unité ; où l'on voit comment la génération de ces mêmes cubes se fait.

XIIe SUITE DU TABLEAU II.

Formation des Cubes des unités de la racine qui suivent immédiatement ceux du nombre 85433200.

RACINES.	CUBES.	DIFFÉRENCES des Cubes.	PROGRESSION génératrice.
85433200	623562545166482368000000.	21896494730420401.	512599194.
85433201.	623562567062977611019601.	21896495243019601.	512599200.
85433202.	623562588959473366638408.	21896495755618807.	512599206.
85433203	623562610855969634856427.	21896496268218019.	512599212.
85433204.	623562632752466415673664.	21896496780817237.	512599218.
85433205.	623562654648963709090125.	21896497293416461.	512599224.
85433206.	623562676545461515105816.	21896497806015691.	512599230.
85433207.	623562698441959833720743.	21896498318614927.	512599236.
85433208.	623562720338458664934912.	21896498831214169.	512599242.
85433209.	623562742234958008748329.	21896499343813417.	512599248.
85433210.	623562764131457865161000.	21896499856412671.	512599254.
85433211.	623562786027958234172931.	21896500369011931.	512599260.
85433212.	623562807924459115784128.	21896500881611197.	512599266.

85433213.	623562829820960509994597.	218965013942104 69.	· ·	512599272
85433214.	623562851717462416804344.	21896501906809747.	· ·	512599278.
85433215.	623562873613964836213375.	21896502419409031.	· ·	512599284.
85433216.	623562895510467768221696.	21896502932008321.	· ·	512599290.
85433217.	623562917406971212829313.	21896503444607617.	· ·	512599296.
85433218.	623562939303475170036232.	21896503957206919.	· ·	512599302.
85433219.	623562961199979639842459.	21896504469806227.	· ·	512599308.
85433220.	623562983096484622248000.	21896504982405541.	· ·	512599314.

RÉCAPITULATION

DES SIX ARTICLES DE LA SECTION IIIe.

Lorsque nous formons les cubes des nombres naturels 1, 2, 3, 4, 5, etc., etc., nous employons uniquement l'addition. Cette règle est suffisante pour trouver les cubes de la racine qui augmente d'unité en unité, de dizaine en dizaine, de centaine en centaine, de mille en mille, de dix mille en dix mille, etc.; mais lorsque nous passons d'une dizaine à une autre immédiatement supérieure ou à une autre immédiatement inférieure, nous nous servons, dans l'un et l'autre cas, de la multiplication et de la soustraction. Nous avons vu la manière de nous en servir dans les six articles de la section II concernant les dizaines ascendantes qui se rapprochent de plus en plus de l'infini. Nous avons vu aussi la manière de nous en servir dans les six articles de la section III concernant les dizaines descendantes de la racine qui se dirigent vers ses unités. A l'égard de ces dernières, nous allons récapituler les règles qui nous font trouver les termes de la progression génératrice et ceux de la suite des différences des cubes, termes des deux séries qui nous sont absolument nécessaires pour passer d'une dizaine à une autre immédiatement inférieure.

Premièrement, pour trouver le terme de la progression génératrice qui coopère à la transition des millions de la racine à ses cents mille, et par suite concourt à la formation des cubes de la racine qui augmente de cent mille en cent mille : 1° on avance une dizaine vers la droite, et on a 8000000, 8010000, etc.; 2° on multiplie la racine 8000000 par 6; 3° on soustrait 6 du produit 48000000, de manière que la soustraction de 6 se fait sur le chiffre qui précède immédiatement les cinq derniers; 4° comme le nombre des zéros de cette série doit être triple de celui des zéros de 8010000b la racine suivante, alors on met à la suite du reste 479400000 dix zéros, et on a 4794000000000000000 le terme de la progression génératrice que nous cherchions. Ainsi les termes correspondans aux racines 80000000, 80100000, 80200000, etc. sont 4794000000000000000, 4800000000000000000, 4806000000000000000, etc.

Secondement, pour trouver le terme de la progression génératrice qui coopère à la transition des cents mille de la racine à ses dix mille, et par suite concourt à la formation des cubes de la racine qui augmente de dix mille en dix mille : 1° on avance une dizaine vers la droite, et on a 85000000, 85010000, etc. ; 2° on multiplie la racine 85000000 par 6 ; 3° on soustrait 6 du produit 510000000, de manière que la soustraction de 6 se fait sur le chiffre qui précède immédiatement les quatre derniers ; 4° comme le nombre des zéros de cette série doit être triple de celui des zéros de 85010000 la racine suivante, alors on met à la suite du reste 509940000 huit zéros, et on a 50994000000000000 le terme de la progression génératrice que nous cherchions. Ainsi les termes de cette progression correspondans aux racines 85000000, 85010000, 85020000, etc., sont 50994000000000000, 51000000000000000, 51006000000000000, etc.

Troisièmement, pour trouver le terme de la progression génératrice qui coopère à la transition des dix mille de la racine à ses mille, et par suite concourt à la formation des cubes de la racine qui augmente de mille en mille : 1° on avance une dizaine vers la droite, et on a 85400000, 85401000, etc., 2° on multiplie la racine 85400000 par 6, 3° on soustrait 6 du produit 512400000, de manière que la soustraction de 6 se fait sur le chiffre qui précède immédiatement les trois derniers ; 4° comme le nombre des zéros de cette série doit être triple de celui des zéros de 85401000 la racine suivante, alors on met à la suite du reste 512394000 six zéros, et on a 512394000000000 le terme de la progression génératrice que nous cherchions. Ainsi les termes de cette progression correspondans aux racines 85400000, 85401000, 85402000 etc., sont 512394000000000, 512400000000000, 512406000000000, etc.

Quatrièmement, pour trouver le terme de la progression génératrice qui coopère à la transition des mille de la racine à ses centaines, et par suite concourt à la formation des cubes de la racine qui augmente de centaine en centaine : 1° on avance une dizaine vers la droite, et on a 85430000, 85430100, etc. ; 2° on multiplie la racine 85430000 par 6 ; 3° on soustrait 6 du produit 512580000, de manière que la soustraction de 6 se fait sur le chiffre qui précède immédiatement les deux derniers ; 4° comme le nombre des zéros de cette série doit être triple de celui des zéros de 85430100 la racine suivante, alors on met à la suite du reste 512579400 quatre zéros, et on a 512579400000000 le terme de la progression génératrice. Ainsi les termes de cette progression correspondans aux racines 85430000, 85430100, 85430200, etc., sont 512579400000000, 512580000000000, 512580600000000, etc.

Cinquièmement, pour trouver le terme de la progression génératrice qui coopère à la transition des centaines de la racine à ses dizaines, et par suite concourt à la formation des cubes de la racine qui augmente de dizaine en dizaine : 1° on avance une dizaine vers la droite, et on a 85433000, 85433010, etc. ; 2° on multiplie la racine 85433000 par 6, 3° on soustrait 6 du produit 512598000, de manière que la soustraction de 6 se fait sur le chiffre qui précède immédiatement le dernier ; 4° comme le nombre des zéros de cette série doit être triple de celui des zéros de 85433010 la racine suivante, alors on met à la suite du reste 512597940.

deux zéros, et on a 5125979 4000 le terme de la progression
génératrice. Ainsi les termes de cette progression correspondans aux racines 85433000, 85433010, 85433020, etc.,
sont 5125979 4000, 5125980 0000, 5125980 6000, etc.

Sixièmement, pour trouver le terme de la progression
génératrice qui coopère à la transition des dizaines de la
racine à ses unités, et par suite concourt à la formation
des cubes de la racine qui augmente d'unité en unité :
1° on avance une unité vers la droite, et on a 85433200,
85433201 ; 2° on multiplie la racine 85433200 par 6 ; 3°
on soustrait 6 du produit 512599200, de manière que la
soustraction de 6 se fait sur le dernier chiffre ; 4° comme
le premier terme de cette série ne doit pas avoir de zéro,
par la raison que 85433201 la racine suivante n'est terminée par aucun, alors le reste 512599194 est le terme de
la progression génératrice. Ainsi les termes de cette progression correspondans aux racines 85433200, 85433201,
85433202, etc., sont 512599194, 512599200, 512599206,
etc.

Nous venons de récapituler de suite les règles que nous
avons données dans les six articles de la section III, pour
trouver chaque terme de la progression génératrice propre
à concourir à former, après chaque transition des millions
de la racine à ses cents mille, des cents mille à ses dix mille,
des dix mille à ses mille, des mille à ses centaines, des
centaines à ses dizaines, des dizaines à ses unités ; à former,
disons-nous, les cubes de la racine qui augmente de cent
mille en cent mille, de dix mille en dix mille, de mille en
mille, de centaine en centaine, de dizaine en dizaine,
d'unité en unité. Cette manière de présenter successivement
les élémens qui nous font obtenir chaque terme de cette
série convenable à chaque transition d'une dizaine de la
racine à une autre immédiatement inférieure, nous fait
facilement comprendre que leurs principales difficultés

consistent 1° à soustraire 6 , de manière que la soustraction de 6 se fait sur le chiffre du produit qui précède immédiatement le même nombre de zéros que celui de la racine suivante ; 2° à ajouter au reste un nombre triple de zéros à celui de cette même racine. Ainsi afin de nous expliquer plus clairement, nous donnons l'exemple ci-après applicable à tous les cas. Nous prenons la racine suivante 85010000 terminée par quatre zéros. Le nombre de zéros de cette racine nous montre qu'il faut soustraire 6 , de 510000000 produit de 85000000 par 6 , de manière que la soustraction de 6 se fait sur le chiffre qui précède immédiatement les quatre derniers zéros , et mettre à la suite du reste 509940000 huit zéros , pour avoir 50994000000000000 le terme de la progression génératrice dont le nombre de zéros est triple de celui de la racine 85010000.

Ensuite pour trouver le terme de la suite des différences des cubes , lorsque la racine descend d'une dizaine à une autre immédiatement inférieure , nous avons donné trois manières.

Puisque chaque terme de la suite des différences des cubes , non compris les zéros , égale chaque produit correspondant des termes de la progression génératrice auquel on a additionné un : c'est pour cela que la première manière tendante à obtenir ce résultat dans la transition des dizaines descendantes de la racine, se réduit en général 1° à supprimer tous les zéros du terme correspondant de la progression génératrice , et le tiers de ceux de la racine correspondante ; 2° à multiplier le terme réduit de la progression , par la moitié de la racine réduite , laquelle exprime la moitié du nombre des termes à calculer , pour avoir un produit qui , plus un , sera le terme de la suite des différences des cubes , à la suite duquel on mettra un nombre de zéros triple de celui de la racine seconde. L'exemple du quatrième article de la section III répété ici fera

comprendre combien cette manière est facile. Nous supprimons du terme 5125794000000 de la progression génératrice les six zéros, pour avoir 5125794, et de la racine
cubique 85430000 deux zéros, pour avoir 854300 : nous
multiplions 5125794 par 427150 moitié de 854300 et moitié
du nombre des termes à calculer : nous avons, en additionnant le produit et l'unité, 2189482907101 le terme de
la suite des différences des cubes, après lequel on met six
zéros triple nombre de ceux de la racine seconde 854300100.

La seconde manière consiste à soustraire 2189459841 1
le terme de la suite des différences des cubes qui correspond, avant la transition des mille de la racine en centaines, à la racine 85430000 et à son cube; de 2189482907101
le terme de la suite des différences des cubes qui correspond, après cette transition, à la même racine 85430000 et
à son cube, pour avoir le reste 21675883086 90. Mais afin
de connaître comment ce reste est le produit de la multiplication : il faut 1° multiplier 85430 la racine avant la
transition dont il est ici question, par 6, pour avoir
512580 le premier terme de ceux qui sont à calculer, et
854300 la racine après la transition, par 6, pour avoir le
produit 5125800 duquel, en ôtant 6, il reste 5125794 qui
en est le dernier terme ; 2° soustraire la racine 85430 de
celle de 854300, pour avoir la différence 768870 qui exprime le nombre des termes à calculer; et prendre 384435
la moitié de 768870 et la moitié de leur nombre; 3° multiplier 5638374 la somme de 512580 et de 5125794 premier
et dernier termes de ceux qui sont à calculer, par 384435
qui exprime la moitié de leur nombre, pour avoir le produit 21675883086 90 qui est la différence de 2189459841 1
et de 2189482907101 deux termes de la suite des différences des cubes.

Comme chaque terme de la suite des différences des cubes
égale le triple quarré de la racine réduite, moins cette

même racine triplée , plus un : alors la troisième manière consiste 1° à chercher le triple quarré de la racine 854300 qui est 2189485470000, et la triple racine qui est 2562900 ; 2° à ôter 2562900 la racine triplée, de 2189485470000 quarré triplé, pour avoir en additionnant le reste et un , 2189482907101 le terme de la suite des différences des cubes.

Les termes de la progression génératrice et ceux de la suite des différences des cubes, dans la transition d'une dizaine à une autre immédiatement inférieure , sont deux séries qui concourent à former les cubes des dizaines descendantes de la racine.

Les principes expliqués dans les six articles de la section III, seront utiles pour l'extraction de la racine cubique.

SECTION IV.

Preuve facile et sûre pour nous faire connaître les vrais cubes des racines correspondantes.

D'ABORD nous avons fait la colonne des racines cubiques ; ensuite celle des termes de la progression génératrice qui est une progression arithmétique croissante , dont la différence constante est 6., et dont chaque terme est moins 6 le produit de chaque racine correspondante multipliée par 6. Ainsi, en faisant cette série, nous avons multiplié de temps en temps , afin d'éviter l'erreur, les chiffres de quelques racines correspondantes qui expriment des quantités numériques , par 6 , et nous avons vu si le terme de la progression obtenu par l'addition égalait moins 6 le produit que nous avons eu. De cette manière nous avons reconnu l'exactitude ou l'erreur. Enfin , par l'addition , nous avons fait celle des termes de la suite des différences des cubes , et celle des cubes ; en examinant, à chaque dizaine de la racine, si les chiffres du cube trouvé, abstraction faite des trois zéros , étaient les mêmes que ceux du cube de la dizaine antérieure de la racine. S'ils étaient les mêmes, l'opération était bien faite ; alors les cubes intermédiaires sont exactement ceux des racines correspondantes. Si au contraire ils étaient différens ; l'opération était mal faite. Dans ce cas , nous avons rectifié l'erreur jusqu'à ce que nous ayons trouvé, en additionnant , les mêmes chiffres dans les cubes comparés des deux dizaines de la racine. Les exemples suivans qui font l'application de cette vérité authentique , seront une preuve sensible et incontestable de la facilité avec laquelle on parvient à connaître si l'on a bien ou mal additionné.

Les chiffres de 2197000 cube de 130 , abstraction faite

des trois zéros, étant les mêmes que 2197 cube de 13; on, peut juger avec raison que 2197000 est vraiment le cube de 130, et même on a la certitude que tous les cubes intermédiaires sont exactement ceux des racines correspondantes.

Les chiffres de 8000000 cube de 200, abstraction faite des trois zéros, étant les mêmes que 8000 cube de 20; on a la conviction non-seulement que 8000000 est le cube de 200, mais aussi que les cubes intermédiaires sont vraiment ceux des racines correspondantes.

Ce que nous disons de ces cubes, est applicable à tous autres. Si les racines ne diffèrent que par leurs zéros, également les cubes ne doivent différer que par leurs zéros.

Ces comparaisons que nous avons successivement faites, soit lorsque nous cherchions les cubes des dizaines ascendantes de la racine qui s'élève à de grands nombres et ainsi se rapproche de l'infini, soit lorsque nous cherchions les cubes des dizaines descendantes de la racine qui se rapproche de plus en plus de ses unités; ces comparaisons, disons-nous, ont été autant de vérifications pour nous assurer si nous avions bien ou mal additionné.

En effet les cubes des racines croissantes d'unité en unité du tableau II, calculées jusques et compris 100, nous ont servi de comparaison pour faire les première, deuxième, troisième, quatrième, cinquième, sixième et septième suites du tableau II.

Mais, afin de vérifier si les cubes des huitième, neuvième, dixième, onzième et douzième suites du même tableau II, étaient exacts, nous avons été obligés de faire les tableaux comparatifs des numéros 1, 2, 3, 4 et 5.

Premièrement, après la transition des cents mille de la racine à ses dix mille qui s'est opérée dans le nombre 85000000; nous avons cherché, dans la huitième suite, les cubes de la racine qui augmente de dix mille en dix mille et qui, à chaque dizaine, fait autant de cent mille, ainsi se rencontre avoir dans les cubes et les racines les mêmes chiftres que les cubes comparatifs et les racines du numéro 1.

Secondement, après la transition des dix mille de la racine à ses mille qui s'est opérée dans le nombre 85400000 ; nous avons cherché, dans la neuvième suite, les cubes de la racine qui augmente de mille en mille et qui, à chaque dizaine, fait autant de dix mille, ainsi se rencontre avoir dans les cubes et les racines les mêmes chiffres que lés cubes comparatifs et les racines du numéro 2.

Troisièmement, après la transition des mille de la racine à ses centaines qui s'est opérée dans le nombre 85430000, nous avons cherché, dans la dixième suite, les cubes de la racine qui augmente de cent en cent et qui, à chaque dizaine, fait autant de mille, ainsi se rencontre avoir dans les cubes et les racines les mêmes chiffres que les cubes comparatifs et les racines du numéro 3.

Quatrièmement, après la transition des centaines de la racine à ses dizaines qui s'est opérée dans le nombre 85433000, nous avons cherché, dans la onzième suite, les cubes de la racine qui augmente de dix en dix et qui, à chaque dizaine, fait autant de centaines, ainsi se rencontre avoir dans les cubes et les racines les mêmes chiffres que les cubes comparatifs et les racines du numéro 4.

Cinquièmement, après la transition des dizaines de la racine à ses unités qui s'est opérée dans le nombre 85433200, nous avons cherché dans la douzième suite, les cubes de la racine qui augmente d'unité en unité et qui, à chaque dizaine, fait autant de fois dix, ainsi se rencontre avoir dans les cubes et les racines les mêmes chiffres que les cubes comparatifs et les racines du numéro 5.

Si les cubes des dizaines de la racine sont exacts, alors les cubes des racines intermédiaires sont pareillement exacts ; par la raison que les termes de la progression génératrice et ceux de la suite des différences des cubes sont deux séries qui ont la propriété immuable de former exactement les cubes de toutes les racines quelconques.

TABLEAU COMPARATIF NUMÉRO I.

Formation des Cubes des cents mille de la racine servant à vérifier ceux de la racine qui augmente de dix mille en dix mille.

RACINES.	CUBES.	DIFFÉRENCES des Cubes.	PROGRESSION génératrice.
85000000.	614125000000000000000000.	2164951000000000000000.	50940000000000000000.
85100000.	616295051000000000000000.	217005100000000000000.	51000000000000000000.
85200000.	618470208000000000000000.	21751570000000000000000.	51060000000000000000.
85300000.	620610477000000000000000.	2180269000000000000000.	51120000000000000000.
85400000.	622835864000000000000000.	218538700000000000000.	51180000000000000000.

TABLEAU COMPARATIF NUMÉRO II.

Formation des Cubes des dix mille de la racine servant à vérifier ceux de la racine qui augmente de mille en mille.

85400000.	622835864000000000000000.	21876918100000000000.	51234000000000000.
85410000.	623054684421000000000000.	2188204210000000000.	51240000000000000.
85420000.	623273556088000000000000.	2188167000000000.	51246000000000000.
85430000.	623492479007000000000000.	218922919000000000000.	51252000000000000.

TABLEAU COMPARATIF NUMÉRO III.

Formation des Cubes des mille de la racine, servant à vérifier ceux de la racine qui augmente de centaine en centaine.

85430000.	62349247900700000000000000.	21894598411000000000.	5125740000000000.
85431000.	62351437411799100000000000.	21895110991000000000.	512580000000000.
85432000.	6235362697415680000000000.	21895623577000000000.	512586000000000.
85433000.	6235581658777370000000000.	21896136169000000000.	512592000000000.

TABLEAU COMPARATIF NUMÉRO IV.

Formation des Cubes des centaines de la racine servant à vérifier ceux de la racine qui augmente de dizaine en dizaine.

85433000.	6235581658777370000000000.	21896366837110000000.	5125974000000.
85433100.	6235603555195466910000000.	21896418096910000000.	5125980000000.
85433200.	6235625451664823680000000.	21896469356770000000.	5125986000000.

TABLEAU COMPARATIF NUMÉRO V.

Formation des Cubes des dizaines de la racine servant à vérifier ceux de la racine qui augmente d'unité en unité.

85433200.	6235625451664823680000000.	21896492423724100.	5125991400.
85433210.	6235627641314578651610000.	2183649754971610000.	5125992000.
85433220.	6235629830964846222480000.	218965026757087000.	5125992600.

CHAPITRE IV.

SECTION PREMIÈRE.

De l'Extraction de la Racine cubique.

Nous avons dit que les principes expliqués dans les six
articles de la section III, et concernant la formation des
cubes des dizaines descendantes de la racine, seront utiles
pour l'extraction de la racine cubique. Mais afin de connaître et d'apprécier leur utilité, il est à propos de savoir que
la formation du cube de chaque dizaine de la racine, et
l'extraction de la racine cubique d'un nombre quelconque,
ont beaucoup de corrélation; puisque les principes dont
nous nous servirions à l'égard des deux, pour trouver les
termes de la progression génératrice et ceux de la suite des
différences des cubes, seraient absolument les mêmes; si
chaque racine, dans l'une et l'autre, avait, en commençant
chaque opération, autant de chiffres dont les uns expriment des quantités numériques et les autres sont des zéros,
que le nombre sur lequel nous devons opérer a de tranches.

Mais, comme on cherche la racine cubique de la première, des deux premières, des trois premières, des quatre
premières, etc. tranches; alors la racine prend successivement un chiffre, deux chiffres, trois chiffres, quatre chiffres, etc. Cette manière d'extraction est cause que la soustraction de 6 se fait toujours sur le dernier chiffre du
produit, pour obtenir le terme de la progression génératrice; et que l'unité doit être ajoutée au dernier chiffre

du reste qui émane de la soustraction de la racine triplée, de son quarré triplé, pour trouver le terme de la suite des différences des cubes, lequel égale toujours le quarré triplé de la racine correspondante, moins cette même racine triplée plus 1. Cette formule qui nous paraît la plus simple, nous servira désormais pour l'extraction de la racine cubique. Cette manière d'extraction, disons-nous, est assez facile et nous conduit aux mêmes résultats que celle qui nous fait trouver les cubes des dizaines descendantes de la racine.

En effet, dans les six articles de la section III, nous avons successivement trouvé les cubes des dizaines descendantes de 85433220 la racine de 6235629830964846222248000. Lorsque nous voudrons extraire la racine cubique du même nombre 6235629830964846222248000; nous nous servirons des règles que nous avons modifiées et qui nous feront trouver la racine 85433220.

Avant de faire l'application des règles qui, quoique modifiées, nous font trouver aussi facilement que sûrement les termes de la progression génératrice et ceux de la suite des différences des cubes qui nous sont absolument nécessaires pour extraire la racine cubique d'un nombre donné : nous disons que les chiffres des racines et de leurs cubes, à mesure que leur grandeur numérique augmente, se placent de gauche à droite et décroissent dans ce sens en raison sous-décuple ; mais que les chiffres des racines et de leurs cubes, considérés de droite à gauche, croissent en raison décuple.

Il est généralement connu et il demeure pour constant que le nombre des chiffres des racines est par rapport à celui de leurs cubes, comme 1 est à 3 ; puisque les opérations faites relativement à chaque cube, ont constamment donné cette proportion ; et puisque tout nombre exprimé par trois chiffres qui ont la plus grande valeur numérique, comme 999, a pour racine le seul chiffre 9, et que tout nombre exprimé par quatre chiffres qui ont la plus petite valeur numérique, comme 1000, a pour racine les deux chiffres 10.

Or, parce que les chiffres des racines et de leurs cubes, à mesure que leur grandeur numérique augmente, se placent de gauche à droite ; et que les racines sont par rapport à leurs cubes, comme 1 est à 3 ; aussi il nous paraît évident qu'il faut partager le nombre à extraire, de droite à gauche, par tranches de trois chiffres en trois chiffres, en sorte que la tranche le plus à gauche peut n'avoir que deux chiffres ou même qu'un seul.

Comme nous commençons à extraire la racine cubique de la tranche le plus à gauche, ensuite nous continuons l'extraction des autres qui se succèdent immédiatement, nous la nommons première tranche ; les suivantes, seconde, troisième, quatrième, cinquième, sixième, etc., tranches.

Lorsqu'un nombre est partagé de la sorte, et ses divisions connues sous ces diverses dénominations ; lorsqu'on a extrait la racine du cube le plus approchant de la première tranche : nous cherchons celle qui résulte des deux premières tranches, des trois premières tranches, des quatre premières tranches, des cinq premières tranches, des six premières tranches, etc. Afin de connaître la racine qui appartient à chaque division ; il faut obtenir successivement le terme de la progression génératrice et celui de la suite des différences des cubes, propre à nous faire trouver le plus grand cube de chacune d'elles.

1° Nous obtenons le terme de la progression génératrice qui concourt à nous faire trouver le plus grand cube des deux premières tranches ; en mettant après la racine cubique qui provient de la première tranche un zéro, qui restera ou sera remplacé par un autre chiffre, ainsi qu'on le verra dans la suite de nos calculs ; en multipliant la racine cubique

augmentée d'un zéro par 6 ; en soustrayant 6 du dernier
chiffre du produit de cette multiplication , pour avoir le
terme de la progression génératrice correspondant à cette
même racine suivie d'un zéro ; 2° nous obtenons le terme
de la suite des différences des cubes qui coopère à nous
faire avoir le plus grand cube des deux premières tranches ;
en élevant la racine cubique suivie d'un zéro à son quarré
que nous triplons ; en ôtant la même racine triplée , du
quarré triplé , pour avoir , plus 1 , le terme de la suite
des différences des cubes correspondant aussi à cette même
racine suivie d'un zéro ; 3° nous plaçons , sur la même
ligne , la racine cubique accompagnée d'un zéro , son cube
accompagné de trois zéros , le terme de la suite des différences des cubes , et le terme de la progression génératrice ;
4° nous additionnons , comme à l'ordinaire , et nous augmentons , à chaque addition , de 6 , le dernier chiffre du
terme de la progression génératrice , jusqu'à ce que nous
ayons trouvé le plus grand cube des deux premières
tranches.

1° Nous obtenons le terme de la progression génératrice
qui concourt à nous faire trouver le plus grand cube des
trois premières tranches ; en mettant après la racine cubique
qui provient des deux premières tranches un zéro qui restera ou sera remplacé par un autre chiffre , ainsi qu'on le
verra dans la suite de nos calculs ; en multipliant la racine
cubique augmentée d'un zéro par 6 ; en soustrayant 6 du
dernier chiffre du produit de cette multiplication, pour avoir
le terme de la progression génératrice correspondant à la
racine qui provient des deux premières tranches et qui est
suivie d'un zéro ; 2° nous obtenons le terme de la suite des
différences des cubes qui coopère à nous faire avoir le plus
grand cube des trois premières tranches ; en élevant la racine
cubique suivie d'un zéro à son quarré que nous triplons ;
en ôtant la même racine triplée , de son quarré triplé , pour

avoir, plus 1, le terme de la suite des différences des cubes. correspondant aussi à cette même racine suivie d'un zéro ; 3º nous plaçons, sur la même ligne, la racine cubique accompagnée d'un zéro, son cube accompagné de trois zéros, le terme de la suite des différences des cubes, et le terme de la progression génératrice ; 4º nous additionnons, comme à l'ordinaire, et nous augmentons, à chaque addition, de 6, le dernier chiffre du terme de la progression génératrice, jusqu'à ce que nous ayons trouvé le plus grand cube des trois premières tranches.

1º Nous obtenons le terme de la progression génératrice qui concourt à nous faire trouver le plus grand cube des quatre premières tranches ; en mettant après la racine cubique qui provient des trois premières tranches un zéro qui restera ou sera remplacé par un autre chiffre, ainsi qu'on le verra dans la suite de nos calculs ; en multipliant la racine cubique augmentée d'un zéro par 6 ; en soustrayant 6 du dernier chiffre du produit de cette multiplication, pour avoir le terme de la progression génératrice correspondant à la racine, qui provient des trois premières tranches et qui est suivie d'un zéro ; 2º nous obtenons le terme de la suite des différences des cubes qui coopère à nous faire avoir le plus grand cube des quatre premières tranches ; en élevant la racine cubique suivie d'un zéro à son quarré que nous triplons ; en ôtant la même racine triplée, de son quarré triplé, pour avoir, plus 1, le terme de la suite des différences des cubes, correspondant aussi à cette même racine suivie d'un zéro ; 3º nous plaçons, sur la même ligne, la racine cubique accompagnée d'un zéro, son cube accompagné de trois zéros, le terme de la suite des différences des cubes, et le terme de la progression génératrice ; 4º nous additionnons, comme à l'ordinaire, et nous augmentons, à chaque addition, de 6, le dernier chiffre du terme de la progression génératrice, jusqu'à ce

que nous ayons trouvé le plus grand cube des quatre
premières tranches.

La méthode aussi facile que sûre que nous avons enseignée, pour avoir chaque terme de la progression génératrice, et chaque terme de la suite des différences des
cubes, avec lesquels nous pouvons trouver successivement les racines des plus grands cubes des deux premières, des trois premières, des quatre premières tranches; peut nous faire trouver celles des cinq premières,
des six premières, des sept premières, des huit premières,
etc., tranches. Nous appliquerons cette théorie dans les
exemples suivans.

EXEMPLE I.

$$1, 027, 243, 729.$$

RACINES.	CUBES.	DIFFÉRENCES des Cubes.	PROGRESSION génératrice.
10. . .	1000. . . .	271. . . .	54.
11. . .	1331. . . .	331. . . .	60.

1331 dont la racine est 11, est le cube excédant; ainsi
1000 dont la racine est 10, est le cube le plus approchant
de 1027 les deux premières tranches.

Transition des centaines de la racine à ses
dizaines, et formation des cubes de la racine
qui augmente de dizaine en dizaine.

100. . .	1000000. . .	29701. . .	594.
101. . .	1030301. . .	30301. . .	600.

1030301 dont la racine est 101, est le cube excédant;

ainsi 1000000 dont la racine est 100 , est le cube le plus approchant de 1027243 les trois premières tranches.

Transition des dizaines de la racine à ses unités, et formation des cubes de la racine qui augmente d'unité en unité.

1000... .	1000000000. .	2997001. .	5994.
1001... .	1003003001. .	3003001. .	6000.
1002... .	1006012008. .	3009007. .	6006.
1003... .	1009027027. .	3015019. .	6012.
1004... .	1012048064. .	3021037. .	6018.
1005... .	1015075125. .	3027061. .	6024.
1006... .	1018108216. .	3033091. .	6030.
1007... .	1021147343. .	3039127. .	6036.
1008... .	1024192512. .	3045169. .	6042.
1009... .	1027243729. .	3051217. .	6048.

Ayant partagé, de droite à gauche, le nombre 1027243729 en quatre tranches , la racine cubique doit avoir quatre chiffres qui expriment des mille , des centaines , des dizaines et des unités.

Après avoir extrait 1 la racine cubique de 1 la tranche le plus à gauche, nous cherchons ainsi celle du plus grand cube de 1027 les deux premières tranches. 1° Nous obtenons le terme de la progression génératrice qui concourt à nous faire trouver le plus grand cube des deux premières tranches ; en mettant après 1 la racine cubique qui provient de la première tranche , un zéro ; en multipliant 10 la racine cubique par 6 ; en soustrayant 6 de 60 produit de cette multiplication, pour avoir 54 le terme correspondant de la progression génératrice ; 2° nous obtenons le terme de la suite des différences des cubes qui coopère à nous faire avoir le plus grand cube des deux premières tranches ; en élevant la racine cubique 10 à son quarré 100 qui, étant triplé , fait 300 ; en ôtant 30 la même racine triplée, de

3oo son quarré triplé, pour avoir, plus 1, 271 le terme correspondant de la suite des différences des cubes ; 3° nous plaçons, sur la même ligne, 10 la racine cubique accompagnée d'un zéro, 1000 son cube accompagné de trois zéros, 271 le terme de la suite des différences des cubes, et 54 le terme de la progression génératrice ; 4° nous additionnons 60 le terme de la progression génératrice augmenté de 6, et 271 le terme de la suite des différences des cubes : puis 331 la somme de cette addition, et 1000 le cube de 10, pour avoir 1331 le cube de 11 qui excède 1027 les deux premières tranches. Par conséquent 1000 dont la racine est 10, en est le plus approchant cube.

Pour passer des centaines de la racine à ses dizaines, nous cherchons à extraire ainsi celle du plus grand cube de 1027243 les trois premières tranches : 1° nous obtenons le terme de la progression génératrice qui concourt à nous faire trouver le plus grand cube des trois premières tranches ; en mettant après 10 la racine cubique qui provient des deux premières tranches, un zéro ; en multipliant 100 la racine cubique par 6 ; en soustrayant 6 de 600 produit de cette multiplication, pour avoir 594 le terme correspondant de la progression génératrice ; 2° nous obtenons le terme de la suite des différences des cubes qui coopère à nous faire avoir le plus grand cube des trois premières tranches ; en élevant la racine cubique 100 à son quarré 10000 qui, étant triplé, fait 30000, et en ôtant 300 la racine triplée, de 30000 quarré triplé, pour avoir, plus 1, 29701 le terme de la suite des différences des cubes ; 3° nous plaçons, sur la même ligne, 100 la racine cubique accompagnée d'un zéro, 1000000 son cube accompagné de trois zéros, 29701 le terme de la suite des différences des cubes, et 594 le terme de la progression génératrice ; 4° nous additionnons 600 le terme de la progression génératrice augmenté de 6, et 29701 le terme de la suite des différences des cubes : puis 30301 la somme de cette addition, et 1000000 le cube de 100, pour avoir 1030301 le cube de 101 qui excède les trois premières tranches 1027243. Par conséquent 1000000 dont la racine est 100, en est le cube le plus approchant.

Pour passer des dizaines de la racine à ses unités, nous cherchons à extraire ainsi celle du plus grand cube de 1027243729 nombre entier : 1° nous obtenons le terme de la progression génératrice qui concourt à nous faire trouver le plus grand cube du nombre entier ; en mettant après 100 la racine cubique qui provient des trois premières tranches, un zéro ; en multipliant 1000 la racine cubique par 6 ; en soustrayant 6 de 6000 produit de cette multiplication, pour avoir 5994 le terme correspondant de la progression génératrice ; 2° nous obtenons le terme de la suite des différences des cubes qui coopère à nous faire avoir le plus grand cube du nombre entier ; en élevant 1000 la racine cubique à son quarré 1000000 qui, étant triplé, fait 3000000 ; et en ôtant 3000 la même racine triplée, de 3000000 son quarré triplé, pour avoir, plus 1, 2997001 le terme de la suite des différences des cubes ; 3° nous plaçons, sur la même ligne, 1000 la racine cubique accompagnée d'un zéro, 1000000000 son cube accompagné de trois zéros, 2997001 le terme de la suite des différences des cubes, et 5994 le terme de la progression génératrice ; 4° nous additionnons 6000 le terme de la progression génératrice augmenté de 6, et 2997001 le terme de la suite des différences des cubes : puis 3003001 la somme de cette addition, et 1000000000 le cube de 1000, pour avoir 1003003001 le cube de 1001. Ensuite nous additionnons 6006 le terme de la progression génératrice, et 3003001 le terme de la suite des différences des cubes : puis 3009007 la somme de cette addition, et 1003003001 le cube de 1001, pour avoir 1006012008 le cube de 1002. Nous additionnons

6012 le terme de la progression génératrice, et 3009007 le terme de la suite des différences des cubes : puis 3015019 la somme de cette addition, et 1006012008 le cube de 1002, pour avoir 1009027027 le cube de 1003. Nous additionnons 6018, et 3015019 ; puis 3021037 la somme de cette addition, et 1009027027 le cube de 1003, pour avoir 1012048064 le cube de 1004. Nous additionnons 6024, et 3021037 ; puis 3027061 la somme de cette addition, et 1012048064 le cube de 1004, pour avoir 1015075125 le cube de 1005. Nous additionnons 6030, et 3027061 ; puis 3033091 la somme de cette addition, et 1015075125 le cube de 1005, pour avoir 1018108216 le cube de 1006. Nous additionnons 6036, et 3033091 ; puis 3039127 la somme de cette addition, et 1018108216 le cube de 1006, pour avoir 1021147343 le cube de 1007. Nous additionnons 6042, et 3039127 ; puis 3045169 la somme de cette addition, et 1021147343 le cube de 1007, pour avoir 1024192512 le cube de 1008. Nous additionnons 6048, et 3045169 ; puis 3051217 la somme de cette addition, et 1024192512 le cube de 1008, pour avoir 1027243729 le cube parfait de 1009.

EXEMPLE II.

$$9, 880, 245, 20?, 912.$$

RACINES	CUBES.	DIFFÉRENCES des cubes.	PROGRESSION génératrice
20...	8000.. . . . . . , .	1141. . .	114.
21...	9261..	1261. . .	120.
22...	10648 cube excédant. .	1387. . .	126.

26

Transition des mille de la racine à ses centaines,
et formation des cubes de la racine qui aug-
mente de centaine en centaine.

210.	9261000.	131671.	1254.
211.	9393931.	132931.	1260.
212.	9528128.	134197.	1266.
213.	9663597.	135469.	1272.
214.	9800344.	136747.	1278.
215.	9938375 cube excédant. .	138031.	1284.

Transition des centaines de la racine à ses
dizaines, et formation des cubes de la racine
qui augmente de dizaine en dizaine.

2140.	9800344000. . . .	13732381.	12834.
2141.	9814089221, . . .	13745221.	12840.
2142.	982-847288. . . .	13758067.	12846.
2143.	9841618207. . . .	13770919,	12852.
2144.	9855401984. . . .	13783777.	12858.
2145.	9869198625. . . .	13796641.	12864.
2146.	9883008186 cube excédant	13809511.	12870.

Transition des dizaines de la racine à ses unités,
et formation des cubes de la racine qui aug-
mente d'unité en unité.

21450.	9869198625000. . . .	1380243151.	1286 94.
21451.	9870578996851. . . .	1380371851.	128700.
21452.	9871959497408. . . .	1380500557.	128706.
21453.	9873340126677. . . .	1380629269.	128712.
21454.	9874720884664. . . .	1380757987.	128718.
21455.	9876101771375. . . .	1380886711.	128724.
21456.	9877482786816. . . .	1381015441.	128730.
21457.	9878863930993. . . .	1381144177.	128736.
21458.	9880245203912. . . .	1381272919.	128742.

Ayant partagé le nombre 9880245203912 en cinq tranches; nous avons à la racine cubique cinq chiffres qui,

considérés de gauche à droite, vallent des dix mille, des mille, des centaines, des dizaines et des unités, dont la valeur est exprimée dans l'exemple ii.

Après avoir extrait la racine 2 qui exprime vingt mille, de 8 le cube le plus approchant de 9 la tranche le plus à gauche, nous avons cherché celle de 9880 les deux premières tranches. Pour la trouver : 1° nous avons mis à la suite de 2 qui provient de la première tranche un zéro, et de 8 trois zéros ; en sorte que 20 est la racine cubique de 8000 ; 2° nous avons multiplié 20 la racine cubique par 6, soustrait 6 de 120 produit de cette multiplication, pour avoir 114 le terme correspondant de la progression génératrice ; 3° nous avons élevé 20 la racine cubique à son quarré 400 qui, étant triplé, fait 1200, ôté 60 la racine triplée, de 1200 quarré triplé, pour avoir, plus 1, 1141 le terme correspondant de la suite des différences des cubes ; 4° nous avons placé, sur la même ligne, 20 la racine cubique, 8000 son cube, 1141 le terme de la suite des différences des cubes, et 114 le terme de la progression génératrice ; 5° nous avons additionné, comme à l'ordinaire, et augmenté, à chaque addition, de 6 le dernier chiffre du terme de la progression génératrice, jusqu'à ce que nous ayons obtenu 21 la racine de 9261 le plus grand cube de 9880 les deux premières tranches ; puisque 10648 cube de 22 les dépasse.

Puis nous avons cherché celle de 9880245 les trois premières tranches. Pour la trouver : 1° nous avons mis à la suite de 21 qui provient des deux premières tranches un zéro, et de 9261 trois zéros ; en sorte que 210 est la racine cubique de 9261000 ; 2° nous avons multiplié 210 la racine cubique par 6, soustrait 6 de 1260 produit de cette multiplication, pour avoir 1254 le terme correspondant de la progression génératrice ; 3° nous avons élevé 210 la racine cubique à son quarré 44100 qui, étant triplé, fait 132300,

ôté 630 la racine triplée, de 132300 quarré triplé, pour
avoir, plus 1, 131671 le terme correspondant de la suite
des différences des cubes, 4° nous avons placé, sur la
même ligne, 210 la racine cubique, 9261000 son cube,
131671 le terme de la suite des différences des cubes, et
1254 le terme de la progression génératrice ; 5° nous avons
additionné, comme à l'ordinaire, et augmenté, à chaque
addition, de 6, le dernier chiffre du terme de la progression
génératrice, jusqu'à ce que nous ayons obtenu 9800344
cube de 214, le plus grand que contiennent 9880245 les
trois premières tranches, puisque 9938375 cube de 215
les dépasse.

Ensuite nous avons cherché celle de 9880245203 les
quatre prémières tranches. Pour la trouver : 1° nous avons
mis à la suite de 214 qui provient des trois premières tranches un zéro, et de 9800344 trois zéros ; en sorte que 2140
est la racine cubique de 9800344000 ; 2° nous avons multiplié 2140 la racine cubique par 6, soustrait 6 de 12840
produit de cette multiplication, pour avoir 12834 le terme
correspondant de la progression génératrice ; 3° nous avons
élevé 2140 la racine cubique à son quarré 4579600 qui,
étant triplé, fait 13738800, ôté 6420 la racine triplée, de
13738800 quarré triplé, pour avoir, plus 1, 13732381 le
terme correspondant de la suite des différences des cubes ;
4° nous avons placé, sur la même ligne, 2140 la racine
cubique, 9800344000 son cube, 13732381 le terme de la
suite des différences des cubes, et 12834 le terme de la
progression génératrice ; 5° nous avons additionné, comme
à l'ordinaire, et augmenté, à chaque addition, de 6, le dernier chiffre du terme de la progression génératrice, jusqu'à
ce que nous ayons obtenu 2145 la racine de 9869198625
le plus grand cube de 9880245203 les quatre premières
tranches ; puisque 9883008136 cube de 2146 les dépasse.

Enfin nous avons cherché celle du nombre entier

9880245203912. Pour la trouver : 1° nous avons mis à la suite de 2145 qui provient des quatre premières tranches un zéro , et de 9869198625 trois zéros ; en sorte que 21450 est la racine cubique de 9869198625000 ; 2° nous avons multiplié 21450 la racine cubique par 6 , soustrait 6 de 128700 produit de cette multiplication , pour avoir 128694 le terme correspondant de la progression génératrice ; 3° nous avons élevé 21450 la racine cubique à son quarré 460102500 qui , étant triplé , fait 1380307500 , ôté 64350 la racine triplée , de 1380307500 quarré triplé , pour avoir , plus 1 , 1380243151 le terme correspondant de la suite des différences des cubes ; 4° nous avons placé , sur la même ligne , 21450 la racine cubique , 9869198625000 son cube , 1380243151 le terme de la suite des différences des cubes , et 128694 le terme de la progression génératrice ; 5° nous avons additionné , comme à l'ordinaire , et augmenté , à chaque addition , de 6 , le dernier chiffre du terme de la progression génératrice , jusqu'à ce que nous ayons obtenu 21458 la racine du nombre entier 9880245203912 qui est un cube parfait.

Dans les exemples subséquens , nous ne répéterons point les règles que nous avons suivies pour trouver la racine cubique d'un nombre donné : nous nous contenterons seulement , afin d'éviter les répétitions , de dire qu'à chaque transition d'une dizaine de la racine à une autre immédiatement inférieure , elles sont semblables. Elles consistent seulement : 1° à mettre à la suite de la dernière racine cubique un zéro , et à la suite de son cube trois zéros ; afin d'observer la proportion de 1 à 3 , ainsi que ce calcul le veut rigoureusement ; 2° à multiplier la racine cubique augmentée d'un zéro par 6 , à soustraire 6 du produit de cette multiplication , pour avoir le terme correspondant de la progression génératrice ; 3° à élever la racine cubique augmentée d'un zéro , à son quarré triplé duquel il faut

ôter la racine triplée , pour avoir, plus 1 , le terme corres=
pondant de la suite des différences des cubes ; par la raison
que chaque terme de cette suite égale le quarré triplé de
chaque racine correspondante , moins cette même racine
triplée , plus 1 ; 4° à placer, sur la même ligne , la racine
cubique , son cube , le terme de la suite des différences des
cubes , et le terme de la progression génératrice ; 5° à additionner , comme à l'ordinaire , et à augmenter , à chaque
addition , de 6 , le dernier chiffre du terme de la progression génératrice , jusqu'à ce qu'on ait obtenu la racine du
plus grand cube des deux premières , des trois premières ,
des quatre premières , des cinq premières , des six premières , etc. , tranches , et enfin du nombre entier.

EXEMPLE III.

354, 209, 614, 780, 654.

Le nombre 354209614780654 étant partagé en cinq
tranches , a nécessairement à la racine cubique cinq chiffres
qui , dans la direction de gauche à droite , vallent des
dix mille , des mille , des centaines , des dizaines et des
unités.

RACINES.	CUBES.	DIFFÉRENCES des Cubes.	PROGRESSION génératrice.
70. . .	343000. . . .	14491. . .	414.
71. . .	357911. . . .	14911. . .	420.

357911 dont la racine est 71 , est le cube excédant ; ainsi
343000 dont la racine est 70 , est le cube le plus approchant
de 354209 les deux premières tranches.

Transition des mille de la racine à ses centaines, et formation des cubes de la racine qui augmente de centaine en centaine.

700. . .	343000000. . .	1467901. .	4194.
701. . .	344472101. . .	1472101. .	4200.
702. . .	345948408. . .	1476307. .	4206.
703. . .	347428927. . .	1480519. .	4212.
704. . .	348913664. . .	1484737. .	4218.
705. . .	350402625. . .	1488961. .	4224.
706. . .	351895816. . .	1493191. .	4230.
707. . .	353393243. . .	1497427. .	4236.
708. . .	354894912. . .	1501669. .	4242.

354894912 dont la racine est 708 , est le cube excédant ; ainsi 353393243 dont la racine est 707 , est le cube le plus approchant de 354209614 les trois premières tranches.

Transition des centaines de la racine à ses dizaines, et formation des cubes de la racine qui augmente de dizaine en dizaine.

7070. .	353393243000. .	149933491. .	42414.
7071. .	353543218911. .	149975911. .	42420.
7072. .	353693237248. .	150018337. .	42426.
7073. .	353843298017. .	150060769. .	42432.
7074. .	353993401224. .	150103207. .	42438.
7075. .	354143546875. .	150145651. .	42444.
7076. .	354293734976. .	150188101. .	42450.

354293734976 dont la racine est 7076 , est le cube excédant ; ainsi 354143546875 dont la racine est 7075 , est le cube le plus approchant de 354209614780 les quatre premières tranches.

Transition des dizaines de la racine à ses unités, et formation des cubes de la racine qui augmente d'unité en unité.

70750.	.354143546875000.	15016475251.	424494.
70751.	.354158563774751.	15016899751.	424500.
70752.	.354173581099008.	15017324257.	424506.
70753.	.354188598847777.	15017748769.	424512.
70754.	.354203617021064.	15018173287.	424518.
70755.	.354218635618875.	15018597811.	424524.

354218635618875 qui a pour racine 70755, est un cube qui excède le nombre entier 354209614780654 ; ainsi 354203617021064 qui a pour racine 70754, en est le cube le plus approchant. Donc le nombre entier 354209614780654 contient 354203617021064 cube parfait de 70754, plus 5997759590, reste bien inférieur à 15018597811 la différence entre le cube dont la racine est 70755, et le cube dont la racine est 70754.

EXEMPLE IV.

999, 988, 000, 047 999, 936.

Le nombre 99998800047999936 étant partagé en six tranches, a nécessairement à la racine cubique six chiffres qui, dans la direction de gauche à droite, vallent des cents mille, des dix mille, des mille, des centaines, des dizaines et des unités.

RACINES.	CUBES.	DIFFÉRENCES des Cubes.	PROGRESSION génératrice.
90.	729000.	24031.	534.
91.	753571.	24571.	540.
92.	778688.	25117.	546.
93.	804357.	25669.	552.
94.	830584.	26227.	558.
95.	857375.	26791.	564.
96.	884736.	27361.	570.
97.	912673.	27937.	576.
98.	941192.	28519.	582.
99.	970299.	29107.	588.
100.	1000000.	29701.	594.

1000000 dont la racine est 100 est le cube excédant ; ainsi 970299 dont la racine est 99, est le cube le plus approchant de 999988 les deux premières tranches.

Transition des dix mille de la racine à ses mille, et formation des cubes de la racine qui augmente de mille en mille.

RACINES.	CUBES.	DIFFÉRENCES des Cubes.	PROGRESSION génératrice.
990.	970299000.	2937331.	5934.
991.	973242271.	2943271.	5940.
992.	976191488.	2949217.	5946.
993.	979146657.	2955169.	5952.
994.	982107784.	2961127.	5958.
995.	985074875.	2967091.	5964.
996.	988047936.	2973061.	5970.
997.	991026973.	2979037.	5976.
998.	994011992.	2985019.	5982.
999.	997002999.	2991007.	5988.
1000.	1000000000.	2997001.	5994.

1000000000 dont la racine est 1000, est le cube excédant ; ainsi 997002999 dont la racine est 999, est le cube le plus approchant de 999988000 les trois premières tranches.

27

Transition des mille de la racine à ses centaines; et formation des cubes de la racine qui augmente de centaine en centaine.

9990.	997002999000.	299370331.	59934.
9991.	997302429271.	299430271.	59940.
9992.	997601919488.	299490217.	59946.
9993.	997901469657.	299550169.	59952.
9994.	998201079784.	299610127.	59958.
9995.	998500749875.	299670091.	59964.
9996.	998800479936.	299730061.	59970.
9997.	999100269973.	299790037.	59976.
9998.	999400119992.	299850019.	59982.
9999.	999700029999.	299910007.	59988.
10000.	1000000000000.	299970001.	59994.

100000000000000 dont la racine est 10000, est le cube excédant; ainsi 999700029999 dont la racine est 9999, est le cube le plus approchant de 999988000047 les quatre premières tranches.

Transition des centaines de la racine à ses dizaines, et formation des cubes de la racine qui augmente de dizaine en dizaine.

99990.	9997000299999000.	29993700331.	599934.
99991.	9997300242992271.	29994300271	599940.
99992.	9997600191994488.	29994900217.	399946.
99993.	9997900146994657.	29995500169	599952.
99994.	9998200107997840.	29996100127.	599958.
99995.	9998500074998750.	29996700091.	599964.
99996.	9998800047994936.	29997300061.	599970.
99997.	9999100026994973.	29997900037.	599976.
99998.	9999400011999920.	29998500019.	599982.
99999.	9999700002999990.	29999100007.	599988.
100000.	10000000000000000.	29999700001.	599994.

1000000000000000 dont la racine est 100000, est le cube excédant; ainsi 999970000299999 dont la racine est 99999, est le cube le plus approchant de 999988000047999 les cinq premières tranches.

*Transition des dizaines de la racine à ses unités ;
et formation des cubes de la racine qui augmente d'unité en unité.*

999990.	999970000299999000	2999937000331.	59999934.
999991.	999973000242999271.	2999943000271.	59999940.
999992.	999976000191999488.	2999949000217.	59999946.
999993.	999979000146999657.	2999955000169.	59999952.
999994.	999982000107999784.	2999961000127.	59999958.
999995.	999985000074999875.	2999967000091.	59999964.
999996.	999988000047999936.	2999973000061.	59999970.

Ainsi le nombre 999988000047999936 donné à extraire,
est un cube parfait dont la racine est 999996.

EXEMPLE V.

123, 091, 503, 987, 456, 789, 467.

Le nombre 123091503987456789467 étant partagé en
sept tranches, doit avoir à la racine cubique sept chiffres
qui, dans la direction de gauche à droite, vallent des
millions, des cent mille, des dix mille, des mille, des
centaines, des dizaines et des unités.

RACINES.	CUBES.	DIFFÉRENCES des Cubes.	PROGRESSION génératrice.
40.	64000.	4681.	234.
41.	68921.	4921.	240.
42.	74088.	5167.	246.
43.	79507.	5419.	252.
44.	85184.	5677.	258.
45.	91125.	5941.	264.
46.	97336.	6211.	270.
47.	103823.	6487.	276.
48.	110592.	6769.	282.
49.	117649.	7057.	288.
50.	125000.	7351.	294.

125000 dont la racine est 50 , est le cube excédant ; ainsi

117649 dont la racine esl 49, est le cube le plus approchant de 123091 les deux premières tranches.

Transition des cent mille de la racine à ses dix mille, et formation des cubes de la racine qui augmente de dix mille en dix mille.

490.	117649000.	718831.	2934.
491.	118370771	721771.	2940.
492.	119095488.	724717.	2946.
493.	119823157.	727669.	2952.
494.	120553784.	730627.	2958.
495.	121287375.	733591.	2964.
496.	122023936.	736561.	2970.
497.	122763473.	739537.	2976.
498.	123505992.	742519.	2982.

123505992 dont la racine est 498, est le cube excédant; ainsi 122763473 dont la racine est 497, est le cube le plus approchant de 123091503 les trois premières tranches.

Transition des dix mille de la racine à ses mille, et formation des cubes de la racine qui augmente de mille en mille.

4970.	122763473000.	74087791.	29814.
4971.	122837590611.	74117611.	29820.
4972.	122911738048.	74147437.	29826.
4973.	122985915317.	74177269.	29832.
4974.	123060122424.	74207107.	29838.
4975.	123134359375.	74236951.	29844.

123134359375 dont la racine est 4975, est le cube excédant; ainsi 123060122424 dont la racine est 4974, est le cube le plus approchant de 123091503987 les quatre premières tranches.

(199)

*Transition des mille de la racine à ses centaines,
et formation des cubes de la racine qui augmente de centaine en centaine.*

49740..	.123060122424000.	7422053581.	298434.
49741..	.123067544776021.	7422352021.	298440.
49742..	.123074967426488.	7422650467.	298446.
49743..	.123082390375407.	7422948919.	298452.
49744..	.123089813622784.	7423247377.	298458.
49745..	.123097237168625.	7423545841.	298464.

123097237168625 dont la racine est 49745, est le cube
excédant; ainsi 123089813622784 dont la racine est 49744,
est le cube le plus approchant de 123091503987456 les
cinq premières tranches.

*Transition des centaines de la racine à ses
dizaines, et formation des cubes de la racine
qui augmente de dizaine en dizaine.*

497440.	123089813622784000.	742338168481,	2984634.
497441.	123090555963937121.	742341153121.	2984640.
497442.	123091298308074888.	742344137767.	2984646.
497443.	123092040655197307.	742347122419.	2984652.

123092040655197307 dont la racine est 497443, est
le cube excédant; ainsi 123091298308074888 dont la
racine est 497442, est le cube le plus approchant de
123091503987456789 les six premières tranches.

Transition des dizaines de la racine à ses unités, et formation des cubes de la racine qui augmente d'unité en unité.

4974420.	1230912983080748880oo.	742345480859041.	29846514.
4974421.	12309137254265282046r.	7423457793246r.	29846520.
4974422.	12309144677726o5gg448.	7423460777809087.	29846526.
4974423.	123091521011898224967.	742346376255r9.	29846532.

123091521011898224967 qui a pour racine 4974423, est un cube qui excède le nombre entier 123091503987456789467 ; ainsi 123091446777260599448 qui a pour racine 4974422, en est le cube le plus approchant. Donc le nombre entier 123091503987456789467 contient 123091446777260599448 cube parfait de 4974422, plus 57210196190019, reste inférieur à 742346376255r9 différence comprise entre le cube de la racine 4974423 et le cube de la racine 4974422.

EXEMPLE VI.

623, 562, 983, 096, 484, 622, 248, 000.

Le nombre 623562983096484622248000, le résultat des cubes des dizaines descendantes de la racine trouvés successivement dans les six dernières suites du tableau II, étant partagé en huit tranches, doit avoir à la racine cubique huit chiffres qui, dans la direction de gauche à droite, vallent des dix millions, des millions, des cents mille, des dix mille, des mille, des centaines, des dizaines et des unités.

RACINES.	CUBES.	DIFFÉRENCES des Cubes.	PROGRESSION génératrice.
80.	512000.	18961.	474.
81.	531441.	19441.	480.
82.	551368.	19927.	486.
83.	571787.	20419.	492.
84.	592704.	20917.	498.
85.	614125.	21421.	504.
86.	636056.	21931.	510.

636056 dont la racine est 86, est le cube excédant ; ainsi 614125 dont la racine est 85, est le cube le plus approchant de 623562 les deux premières tranches.

Transition des millions de la racine à ses cents mille, et formation des cubes de la racine, qui augmente de cent mille en cent mille.

850.	614125000.	2164951.	5094.
851.	616295051.	2170051.	5100.
852.	618470208.	2175157.	5106.
853.	620650477.	2180269.	5112.
854.	622835864.	2185387.	5118.
855.	625026375.	2190511.	5124.

625026375 dont la racine est 855, est le cube excédant ;

ainsi 622835864 dont la racine est 854 , est le cube le plus
approchant de 623562983 les trois premières tranches.

*Transition des cents mille de la racine à ses dix
mille, et formation des cubes de la racine qui
augmente de dix mille en dix mille.*

8540.	. 622835864000. .	218769181.	51234.
8541.	. 623054684421. .	218820421.	51240.
8542.	. 623273556088. .	218871667.	51246.
8543.	. 623492479007. .	218922919.	51252.
8544.	. 623711453184. .	218974177.	51258.

623711453184 dont la racine est 8544 est le cube excédant ; ainsi 623492479007 dont la racine est 8543 , est le
cube le plus approchant de 623562983096 les quatre premières tranches.

*Transition des dix mille de la racine à ses
mille, et formation des cubes de la racine
qui augmente de mille en mille.*

85430.	. 623492479007000.	21894598411.	512574.
85431.	. 623514374117991.	218951109g1.	512580.
85432.	. 623536269741568.	218956235977.	512586.
85433.	. 623558165877737.	218961361669.	512592.
85434.	. 623580062526504.	218966648767.	512598.

623580062526504 dont la racine est 85434 , est le cube
excédant ; ainsi 623558165877737 dont la racine est 85433 ,
est le cube le plus approchant de 623562983096484 les
cinq premières tranches.

Transition des mille de la racine à ses centaines, et formation des cubes de la racine qui augmente de centaine en centaine.

854330.	623558165877737000.	2189636683711.	5125974.
854331.	623560355519546691.	2189641809691.	5125980.
854332.	623562545166482368.	2189646935677.	5125986.
854333.	623564734818544037.	2189652061669.	5125992.

623564734818544037 dont la racine est 854333, est le cube excédant; ainsi 623562545166482368 dont la racine est 854332, est le cube le plus approchant de 623562983096484622 les six premières tranches.

Transition des centaines de la racine à ses dizaines, et formation des cubes de la racine qui augmente de dizaine en dizaine.

8543320.	623562545166482368000.	218964924237241.	51259914.
8543321.	623562764131457865161.	218964975497161.	51259920.
8543322.	623562983096484622248.	218965026757087.	51259926.

Comme 623562983096484622248 cube de 8543322 a les mêmes chiffres que les sept premières tranches du nombre donné; il faut passer des dizaines de la racine à ses unités. Or, pour opérer cette transition, il suffit d'ajouter à la racine 8543322 un zéro, et à son cube trois zéros; ensorte que 85433220 est la racine cubique de 423562983096484622248000. Ce résultat de notre mode d'extraction étant le même que celui des six dernières suites du tableau II calculées conformément aux règles enseignées dans les six articles de la section III; il s'ensuit que les principes des deux, ont une parfaite conformité, puisqu'ils produisent les mêmes calculs.

SECTION II.

Preuve d'un calcul exact sur l'Extraction de la Racine cubique.

LES termes de la progression génératrice 0, 6, 12, 18, 24, 30, etc., etc., et les termes de la suite des différences des cubes 1, 7, 19, 37, 61, 91, etc., etc., sont deux séries qui, additionnées consécutivement, ont la propriété immuable de former tous les cubes des nombres naturels 1, 2, 3, 4, 5, 6, etc., etc. Dans la transition d'une dizaine de la racine à une autre immédiatement inférieure, transition absolument nécessaire pour trouver simultanément la racine et le plus grand cube des deux premières tranches, des trois premières tranches, des quatre premières tranches, des cinq premières tranches, des six premières tranches, etc., et d'un nombre quelconque donné ; il a fallu obtenir le terme de la progression génératrice, et le terme de la suite des différences des cubes, qui tous deux correspondent à la dizaine immédiatement inférieure de la racine, et concourent à former les cubes des racines subséquentes. Comme chacun de ces termes est subordonné à des lois particulières dépendantes de la loi générale, il était absolument nécessaire de chercher à les connaître : afin de pouvoir descendre par gradation des dizaines supérieures de la racine à ses dizaines inférieures, nous rapprocher ainsi de ses unités ; et afin de pouvoir par suite extraire la racine cubique d'un nombre quelconque.

Dans nos recherches aussi pénibles et longues que curieuses et utiles, nous avons enfin trouvé les règles qui sont les lois particulières émanées de cette loi générale qui forme tous les cubes, et qui par cela même en est le principe générateur. Nous avons fait connaître ces règles qui nous paraissent sûres et faciles à concevoir, relativement à l'extraction de la racine cubique. Pour prouver combien les calculs qui en proviennent, sont exacts, nous allons vérifier ceux des six exemples de la première section ; à l'effet de nous assurer si les racines extraites sont réellement celles des cubes correspondans. A cette fin, nous multiplierons la racine cubique, 1° par elle même ; 2° par son quarré : en observant néanmoins que, pour rendre la multiplication plus aisée et plus certaine, nous additionnerons successivement chaque racine cubique, par les neufs chiffres 1, 2, 3, 4, 5, 6, 7, 8, 9.

NUMÉRO 1.

1009 est la racine cubique de 1027243729.

PREUVE.

$$1009 \times 1009$$

9081	1 = ... 1009
0000	2 = ... 2018
0000	3 = ... 3027
1009	4 = ... 4036
1018081 quarré.	5 = ... 5045
	6 = ... 6054
1009×1018081	7 = ... 7063
	8 = ... 8072
1009	9 = ... 9081

$$1009 \times 1018081$$

```
      1009
      8072
     0000
     8072
    1009
    0000
   1009
```

1027243729 cube.

Donc 1009 est la racine cubique de 1027243729.

NUMÉRO II.

21458 est la racine cubique de 9880245203912.

PREUVE.

21458   X   21458

$$
\begin{array}{r}
171664 \\
107290 \\
85832 \\
21458 \\
42916 \\
\hline
460445764 \text{ quarré.}
\end{array}
$$

1 = . . . 21458
2 = . . . 42916
3 = . . . 64374
4 = . . . 85832
5 = . . . 107290
6 = . . . 128748
7 = . . . 150206
8 = . . . 171664
9 = . . . 193122

21458   X   460445764

$$
\begin{array}{r}
85832 \\
128748 \\
150206 \\
107290 \\
85832 \\
85832 \\
00000 \\
128748 \\
85832 \\
\hline
\end{array}
$$

9880245203912 cube.

Donc 21458 est la racine cubique de 9880245203912.

NUMÉRO III.

70754 est la racine cubique de 354203617021064.

PREUVE.

70754 X 70754
____

```
            283016
            353770
            495278
            00000
            495278
      __________________
      5006128516  quarré.
```

```
1 ═ . . . 70754
2 ═ . . . 141508
3 ═ . . . 212262
4 ═ . . . 283016
5 ═ . . . 353770
6 ═ . . . 424524
7 ═ . . . 495278
8 ═ . . . 566032
9 ═ . . . 636786
```

70754 X 5006128516
____

```
          424524
          70754
          353770
          566032
          141508
          70754
          424524
          00000
          00000
          353770
      __________________
      354203617021064  cube.
```

Donc 70754 est la racine cubique de 354203617021064.

NUMÉRO IV.

999996 est la racine cubique de 999988000047999936.

PREUVE.

999996 X 999996

$$
\begin{array}{r}
5999976 \\
8999964 \\
8999964 \\
8999964 \\
8999964 \\
8999964 \\
\hline
999992000016 \text{ quarré.}
\end{array}
$$

1	=	...	999996
2	=	...	1999992
3	=	...	2999988
4	=	...	3999984
5	=	...	4999980
6	=	...	5999976
7	=	...	6999972
8	=	...	7999968
9	=	...	8999964

999996 X 999992000016

$$
\begin{array}{r}
5999976 \\
999996 \\
000000 \\
000000 \\
000000 \\
000000 \\
1999992 \\
8999964 \\
8999964 \\
8999964 \\
8999964 \\
8999964 \\
\hline
\end{array}
$$

999988000047999936 cube.

Donc 999996 est la racine cubique de 999988000047999936.

NUMÉRO V.

4974422 est la racine cubique de 123091446777260599448.

PREUVE.

4974422 . X . 4974422

9948844	1 = . . .	4974422
9948844	2 = . . .	9948844
19897688	3 = . . .	14923266
19897688	4 = . . .	19897688
34820954	5 = . . .	24872110
44769798	6 = . . .	29846532
19897688	7 = . . .	34820954
24744874234084 quarré.	8 = . . .	39795376
	9 = . . .	44769798

4974422   X   24744874234084

19897688
39795376
0000000
19897688
14923266
9948844
19897688
34820954
39795376
19897688
19897688
34820954
19897688
9948844

123091446777260599448

Donc 4974422 est la racine cubique de 123091446777260599448.

NUMÉRO VI.

85433220 est la racine cubique de 623562983096484622248000.

PREUVE.

85433220 X 85433220

$$
\begin{array}{r}
1708664400 \\
170866440 \\
256299660 \\
256299660 \\
341732880 \\
427166100 \\
683465760 \\
\hline
729883507956840\mathrm{o} \quad \text{quarré.}
\end{array}
$$

1 — . . . 85433220
2 — . . . 170866440
3 — . . . 256299660
4 — . . . 341732880
5 — . . . 427166100
6 — . . . 512599320
7 — . . . 598032540
8 — , . . 683465760
9 — . . . 768898980

85433220 X 7298835079568400

$$
\begin{array}{r}
00000000 \\
00000000 \\
341732880 \\
683465760 \\
512599320 \\
427166100 \\
768898980 \\
598032540 \\
00000000 \\
427166100 \\
256299660 \\
683465760 \\
683465760 \\
768898980 \\
170866440 \\
598032540 \\
\hline
\end{array}
$$

623562983096484622248000 cube.

Donc 85433220 est la racine cubiq. de 623562983096484622248000.

(211)

Nous sommes enfin parvenu a former successivement le cube de la racine 85433220. Sa formation qui est exacte, est une preuve certaine que tous les cubes des racines inférieures sont pareillement exacts ; par la raison que les termes de la progression génératrice et les termes de la suite des différences des cubes qui ont concouru à les former, ont la propriété essentielle et immuable de produire tous les cubes possibles. Les règles que nous avons employées pour trouver chaque terme de la progression génératrice et chaque terme de la suite des différences des cubes, lors de la transition d'une dizaine de la racine à une autre immédiatement supérieure ou à une autre immédiatement inférieure, nous paraissent sûres, puisqu'elles nous ont fait réellement obtenir les termes de ces deux séries qui, additionnés consécutivement, ont vraiment produit les cubes des racines correspondantes ; et ce qui atteste encore l'infaillibilité de ces règles, ce sont les preuves que nous avons faites concernant l'extraction de chaque racine cubique des nombres donnés dans les six exemples.

Nous avons élevés les nombres 1, 2, 3, 4, 5, 6, 7, 8, 9, successivement à la quatrième, cinquième, sixième, septième, huitième et neuvième puissances : ensuite nous avons décomposée, par la soustraction, chaque puissance, jusqu'à ce que nous ayons trouvé la progression arithmétique de chacune d'elles qui a une différence constante entre tous ses termes. Nous appelons ces progressions arithmétiques, progressions génératrices, parce qu'elles sont les principes générateurs de ces mêmes puissances. Nous additionnons de droite à gauche, d'après les tableaux ci-après, pour les recomposer. Ainsi leur formation devient facile.

TABLEAU III.

RACINES.	QUATRIÈMES PUISSANCES = les quarrés des quarrés.	Premières différences	Deuxièmes différences	PROGRESSION génératrice.
1.	1.	1.	2.	0.
2.	16.	15.	14.	12.
3.	81.	65.	50.	36.
4.	256.	175.	110.	60.

29

RACINES.	QUATIÈMES PUISSANCES. Les quarrés des quarrés.	Premières différences	Deuxièmes différences	PROGRESSION génératrice.
5.	625.	369.	194.	84.
6.	1296.	671.	302.	108.
7.	2401.	1105.	434.	132.
8.	4096.	1695.	590.	156.
9.	6561.	2465.	770.	180.
10.	10000.	3439.	974.	204.
11.	14641.	4641.	1202.	228.
12.	20736.	6095.	1454.	252.
13.	28561.	7825.	1730.	276.
14.	38416.	9855.	2030.	300.
15.	50625.	12209.	2354.	324.
16.	65536.	14911.	2702.	348.
17.	83521.	17985.	3074.	372.
18.	104976.	21455.	3470.	396.
19.	130321.	25345.	3890.	420.
20.	160000.	29679.	4334.	444.
21.	194481.	34481.	4802.	468.
22.	234256.	39775.	5294.	492.
23.	279841.	45585.	5810.	516.
24.	331776.	51935.	6350.	540.
25.	390625.	58849.	6914.	564.
26.	456976.	66351.	7502.	588.
27.	531441.	74465.	8114.	612.
28.	614656.	83215.	8750.	636.
29.	707281.	92625.	9410.	660.
30.	810000.	102719.	10094.	684.
31.	923521.	113521.	10802.	708.
32.	1048576.	125055.	11534.	732.
33.	1185921.	137345.	12290.	756.
34.	1336336.	150415.	13070.	780.
35.	1500625.	164289.	13874.	804.
36.	1679616.	178991.	14702.	828.
37.	1874161.	194545.	15554.	852.
38.	2085136.	210975.	16430.	876.
39.	2313441.	228305.	17330.	900.
40.	2560000.	246559.	18254.	924.

TABLEAU IV.

RACINES.	5mes PUISSANCES = les cubes × les quarrés ou les quarrés × les cubes.	PREMIÈRES DIFFÉRENCES.	DEUXIÈMES DIFFÉRENCES.	TROISIÈMES DIFFÉRENCES	PROGRESSION génératrice.
1.	1.	1.	0.	0.	0.
2.	32.	31.	30.	30.	0.
3.	243.	211.	180.	150.	120.
4.	1024.	781.	570.	390.	240.
5.	3125.	2101.	1320.	750.	360.
6.	7776.	4651.	2550.	1230.	600.
7.	16807.	9031.	4380.	1830.	720.
8.	32768.	15961.	6930.	2550.	840.
9.	59049.	26281.	10320.	3390.	960.
10.	100000.	40951.	14670.	4350.	1080.
11.	161051.	61051.	20100	5430.	1200.
12.	248832.	87781.	26730.	6630.	1320.
13.	371293.	122461.	34680.	7950.	1440.
14.	537824.	166531.	44070.	9390.	1560.
15.	759375.	221551.	55020.	10950.	1680.
16.	1048576.	289201.	67650.	12630.	1800.
17.	1419857.	371281.	82080.	14430.	1920.
18.	1889568	469711.	98430.	16350.	2040.
19.	2476099.	586531.	111820.	18390.	2160.
20.	3200000.	723901.	137370.	20550.	2280.
21.	4084101.	884101.	160200	22830.	2400.
22.	5153632.	1089531.	185430.	25230.	2520.
23.	6436343	1282711.	213180.	27750.	2640.
24.	7962624.	1521281.	243570.	30390.	2760.
25.	9765625.	1803001.	276720.	33150.	2880.
26.	11881376.	2115751.	312750	36030.	3000.
27.	14348907.	2467531.	351780	39030	3120.
28.	17210368.	2861461.	393930	42150	3240.
29.	20511149.	3300781.	439320.	45390.	3360.
30.	24300000.	3768851.	488070.	48750.	

TABLEAU V.

RACINES.	6mes PUISSANCES = les cubes des quarrés ou les quarrés des cubes.	PREMIÈRES DIFFÉRENCES.	DEUXIÈMES DIFFÉRENCES.	Troisièmes DIFFÉRENCES.	Quatrièmes DIFFÉRENCES.	PROGRESSION génératrice.
1	1	1	2	0	0	0
2	64	63	62	60	60	0
3	729	665	602	540	480	420
4	4096	3367	2702	2100	1560	1080
5	15625	11529	8162	5460	3360	1800
6	46656	31031	19502	11340	5880	2520
7	117649	70993	39962	20460	9120	3240
8	262144	144495	73502	33540	13080	3960
9	531441	269297	124802	51300	17760	4680
10	1000000	468559	199262	74460	23160	5400
11	1771561	771561	303002	103740	29280	6120
12	2985984	1214423	442862	139860	36120	6840
13	4826809	1840825	626402	183540	43680	7560
14	7529536	2702727	861902	235500	51960	8280
15	11390625	3861089	1158362	296460	60960	9000
16	16777216	5386591	1525502	367140	70680	9720
17	24137569	7360353	1973762	448260	81120	10440
18	34012224	9874655	2514302	540540	92280	11160
19	47045881	13033657	3159002	644700	104160	11880
20	64000000	16954119	3920462	761460	116760	12600

TABLEAU VI.

RACINE	SEPTIÈMES PUISSANCES = les quarrés des quarrés × les cubes; ou les cubes × les quarrés des quarrés.	Premières DIFFÉRENCES.	Deuxièmes DIFFÉRENCES.	Troisièmes DIFFÉRENCES.	Quatrièmes DIFFÉRENCES.	Cinquièmes DIFFÉRENCES.	PROGRESSION génératrice.
1	1	1	1	6	0	0	2
2	128	127	126	126	120	120	120
3	2187	2059	1932	1806	1680	1560	1440
4	16384	14197	12138	10206	8400	6720	5160
5	78125	61741	47544	35406	25200	16800	10080
6	279936	201811	140070	92526	57120	31920	15120
7	823543	543607	341796	201726	109200	52080	20160
8	2097152	1273609	730002	388206	186480	77280	25200
9	4782969	2685817	1412208	682206	294000	107520	30240
10	10000000	5217031	2531214	1119006	436800	142800	35280
11	19487171	9487171	4270140	1738926	619920	183120	40320
12	35831808	16344637	6857466	2587326	848400	228480	45360
13	62748517	26916709	10572072	3714606	1127280	278880	50400
14	105413504	42664987	15748278	5176206	1461600	334320	55440
15	170859375	65445871	22780884	7032606	1856400	394800	60480
16	268435456	97576081	32130210	9349326	2316720	460320	65520
17	410338673	141903217	44327136	12196926	2847600	530880	70560
18	612220032	201881359	59978142	15651006	3454080	606480	75600
19	893871739	281651707	79770348	19792206	4141200	687120	80640
20	1280000000	386128261	104476554	24706206	4914000	772800	85680

TABLEAU

RACINES.	8es PUISSANCES = les 4es puissances × par elles-mêmes, ou élevées à leurs quarrés.	Premières DIFFÉRENCES.	Deuxièmes DIFFÉRENCES.
1	1	1	1. . . .
2	256	255	254. . . .
3	6561	6305	6050. . . .
4	65536	58975	52670. . . .
5	390625	325089	266114. . . .
6	1679616	1288991	963902. . . .
7	5764801	4085185	2796194. . . .
8	16777216	11012415	6927230. . . .
9	43046721	26269505	15257090. . . .
10	100000000	56953279	30683774. . . .
11	214358881	114358881	57405602. . . .
12	429981696	215622815	101263934. . . .
13	815730721	385749025	170126210. . . .
14	1475789056	660058335	274309310. . . .
15	2562890625	1087101569	427043234. . . .
16	4294967296	1732076671	644975102. . . .
17	6975757441	2680790145	948713474. . . .
18	11019960576	4044203135	1363412990. . . .
19	16983563041	5963602465	1919399330. . . .
20	25600000000	8616436959	2652834494. . . .

VII.

Troisièmes DIFFÉRENCES.	Quatrièmes DIFFÉRENCES.	Cinquièmes DIFFÉRENCES.	Sixièmes DIFFÉRENCES.	PROGRESSION génératrice.
1	1	1	0	0
253	252	251	250	250
5796	5543	5291	5040	4790
46620	40824	35281	29990	24950
213444	166824	126000	90719	60729
697788	484344	317520	191520	100801
1832292	1134504	650160	332640	141120
4131036	2298744	1164240	514080	181440
8329860	4198824	1900080	735840	221760
15426684	7096824	2898000	997920	262080
26721828	11245144	4198320	1300320	302400
43858332	17136504	5841360	1643040	342720
68862276	25003914	7867440	2026080	383040
104183100	35320824	10316880	2449440	423360
152733924	48550824	13230000	2913120	463680
217931868	65197944	16647120	3417120	504000
303738372	85806504	20608560	3961440	544320
414699516	110961144	25154640	4546080	584640
555986340	141286824	30325680	5171040	624960
733435164	177448824	36162000	5836320	665280

TABLEAU

RACINES.	9mes PUISSANCES = les cubes des cubes.	Premières DIFFÉRENCES.	Deuxièmes DIFFÉRENCES.	Troisièmes DIFFÉRENCES.
1	1	1	0	0
2	512	511	510	510
3	19683	19171	18660	18150
4	262144	242461	223290	204630
5	1953125	1690981	1448520	1225230
6	10077696	8124571	6433590	4985070
7	40353607	30275911	22151340	15717750
8	134217728	93864121	63588210	41436870
9	387420489	253202761	159338640	95750430
10	1000000000	612579511	359376750	200038110
11	2357947691	1357947691	745368180	385991430
12	5159780352	2801832661	1443884170	698516790
13	10604499373	5444719021	2642886360	1199001390
14	20661046784	10056547411	4611828390	1988942030
15	38443359375	17782312591	7725765180	3113936790
16	68719476736	30276117361	12493804770	4768039590
17	118587876497	49868399761	19592282400	7098477630
18	198359290368	79771413871	29903014110	10310731710
19	322687697779	124328407411	44556993540	14653979430
20	512000000000	189312302221	64983894810	20426901270

VIII.

Quatrièmes DIFFÉRENCES.	Cinquièmes DIFFÉRENCES.	Sixièmes DIFFÉRENCES.	Septièmes DIFFÉRENCES.	PROGRESSION génératrice.
0	0	0	0	0
510	510	510	510	510
17640	17130	16620	16110	15600
186480	168840	151710	135090	118980
1020600	834120	665280	513570	378480
3759840	2739240	1905120	1239840	726270
10732680	6972840	4233600	2328480	1088640
25719120	14986440	8013600	3780000	1451520
54313560	28594440	13608000	5594400	1814400
104287680	49974120	21379680	7771680	2177280
185953320	81665640	31691520	10311840	2540160
312525360	126572040	44906400	13214880	2903040
500484600	187959240	61387200	16480800	3265920
769940640	269456040	81496800	20109600	3628800
1144994760	375054120	105598080	24101280	3991680
1654102800	509108040	134053920	28455840	4354560
2330438040	676335240	167227200	33173280	4717440
3212254080	881816040	205480800	38253600	5080320
4343247720	1130993640	249177600	43696800	5443200
5772921840	1429674120	298680480	49502880	5806080

FORMATION

DE LA QUATRIÈME PUISSANCE,

ET

EXTRACTION DE SA RACINE.

Pour former la quatrième puissance des nombres naturels, et pour extraire leurs racines, nous avons recours à un moyen qui ne résulte pas de la progression génératrice de cette puissance, mais qui résulte de celle des quarrés. L'analogie parfaite de ces deux puissances nous montre clairement que la quatrième puissance est comprise dans la seconde; et que la progression génératrice des quarrés 1, 3, 5, 7, 9, etc., etc., peut nous être utile pour former les quatrièmes puissances et pour obtenir l'extraction de la racine quatrième d'un nombre quelconque.

En effet, nous pensons que les différences qui existent entre les quatrièmes puissances des nombres naturels 1, 2, 3, 4, 5, etc., etc., et qui servent à les former, sont les produits des termes de la progression génératrice des quarrés. Aussi nous voyons que 15 la différence qui existe entre 1 est 16 quarré du quarré de 2, est le résultat de 3, 5, 7, trois termes de la progression génératrice des quarrés; que 65 la différence qui existe entre 16 et 81 quarré du quarré de 3, est le résultat de 9, 11, 13, 15, 17, cinq termes de la progression génératrice des quarrés; que 175 la différence qui existe entre 81 et 256 quarré du quarré de 4, est le résultat de 19, 21, 23, 25, 27, 29, 31, sept termes de la progression génératrice des quarrés ; que 369 la différence qui existe entre 256 et 625 quarré du quarré de 5 , est le résultat des neuf termes suivans de la progression génératrice des quarrés , dont le premier terme est 33 , le dernier est 49 ; que 671 la différence qui existe entre 625 et 1296 quarré du quarré de 6 , est le résultat des onze termes suivans de la progression génératrice des quarrés , dont le premier terme est 51 , le dernier est 71 ; que 1105 la différence qui existe entre 1296 et 2401 quarré du quarré de 7 , est le résultat des treize termes suivans de la progression génératrice des quarrés , dont le premier terme est 73 , le dernier est 97.

Ces exemples et le tableau ci-après sont une preuve indubitable que les différences comprises entre les quatrièmes puissances des nombres naturels 1 , 2 , 3 , 4 , 5 , etc. , etc. , sont les produits des termes successifs de la progression génératrice des quarrés.

Le tableau ci-après a cinq colonnes. La première contient les racines : la seconde , les quatrièmes puissances : la troisième , les différences comprises entre les quatrièmes puissances , égalent les produits de chaque somme des premier et dernier termes de ceux qui sont à calculer , multipliée par la moitié de chaque terme correspondant de la cinquième colonne et indicateur de leur nombre : la quatrième , les termes de la progression génératrice qui sont à calculer pour avoir les différences , croissent de deux en deux termes , et suivent dans cette croissance les mêmes rapports que ceux de la même progression qui croissent de deux en deux unités : la cinquième , chaque terme de la progression génératrice des quarrés , laquelle croît de deux en deux unités , est indicateur du nombre de ceux de la quatrième colonne qui sont à calculer , pour avoir chaque différence.

Maintenant il s'agit de trouver une manière sûre et facile

de calculer, les uns par les autres, les termes des quatrième et cinquième colonnes. D'abord, nous disons que la progression génératrice des quarrés de la cinquième colonne, est une série de termes dont la différence 2 est constante, et est par conséquent calculable. En second lieu, nous disons que celle de la quatrième colonne est aussi une série de termes, laquelle augmente de deux en deux termes, dont la différence 2 est constante, et est par cela même calculable. Voilà deux séries qui sont semblables, puisqu'elles comprennent toutes deux seulement la progression génératrice des quarrés, et ont identité de rapports.

Le calcul de ces deux séries est d'autant plus aisé que chaque terme de la cinquième colonne indique le nombre des termes correspondant de la progression génératrice des quarrés de la quatrième colonne qu'il faut calculer pour avoir chaque différence : le calcul de ces deux séries, disons-nous, est d'autant plus aisé qu'il se fait en additionnant les premier et dernier termes du nombre de ceux de la quatrième colonne nécessaire pour la composition de chaque différence, et en multipliant la somme qui résulte de cette addition par la moitié du terme correspondant de la cinquième colonne.

Mais pour faire le calcul d'un nombre de termes de la quatrième colonne, à l'effet d'obtenir un produit qui est vraiment la différence comprise entre deux quatrièmes puissances des nombres naturels 1, 2, 3, 4, 5, etc., etc. qui se succèdent sans interruption : il faut en connaître nécessairement les premier et dernier termes. Cette connaissance s'acquiert ainsi. Le dernier terme s'obtient 1° en additionnant les premier et dernier termes de la progression génératrice des quarrés de la cinquième colonne ; 2° en multipliant cette somme par sa moitié qui toujours égale la racine ; 3° en ôtant du produit une unité. Le premier terme s'obtient 1° en ôtant, du dernier terme de la progression génératrice des quarrés de la cinquième colonne, une unité ; 2° en doublant le reste ; 3° en soustrayant ce reste doublé, du dernier terme trouvé du nombre de ceux dont on cherche le produit. Des exemples vont éclaircir cette théorie.

EXEMPLE 1er.

Règles pour obtenir les premier et dernier termes de ceux qui sont à calculer, afin de trouver la différence comprise entre les quatrièmes puissances de 6 et de 7.

14 la somme de 1 et de 13 premier et dernier termes de la progression génératrice des quarrés de la cinquième colonne, multipliée par 7 sa moitié qui est la racine, a pour produit 98 duquel, en ôtant une unité, on a 97 dernier terme du nombre de ceux qui sont à calculer.

13, moins 1, égale 12 ; 24 le double de 12, étant ôté de 97 dernier terme trouvé, a pour reste 73 premier terme.

EXEMPLE II.

Règles pour obtenir les premier et dernier termes de ceux qui sont à calculer, afin de trouver la différence comprise entre les quatrièmes puissances de 12 et de 13.

26 la somme de 1 et de 25 premier et dernier termes de la progression génératrice des quarrés de la cinquième colonne, multipliée par 13 sa moitié qui est la racine, égale 338 duquel, en ôtant une unité, on a 337 dernier terme du nombre de ceux qui sont à calculer.

25, moins 1, égale 24 ; 48 le double de 24, étant ôté de 337 dernier terme trouvé, a pour reste 289 premier terme.

EXEMPLE III.

Règles pour obtenir les premier et dernier termes de ceux qui sont à calculer, afin de trouver la différence comprise entre les quatrièmes puissances de 19 et de 20.

40 la somme de 1 et de 39 premier et dernier termes de la progression génératrice des quarrés de la cinquième colonne, multipliée par 20, sa moitié qui est la racine, égale 800 duquel, en ôtant une unité, on a 799 dernier terme du nombre de ceux qui sont à calculer.

39, moins 1, égale 38 ; 76 le double de 38, étant ôté de 799 dernier terme trouvé, a pour reste 723 premier terme.

EXEMPLE IV.

Règles pour obtenir les premier et dernier termes de ceux qui sont à calculer, afin de trouver la différence comprise entre les quatrièmes puissances de 3999 et de 4000.

8000 la somme de 1 et de 7999 premier et dernier termes de la progression génératrice des quarrés de la cinquième colonne, multipliée par 4000, sa moitié qui est la racine, égale 32000000 duquel, en ôtant une unité, on a 31999999 dernier terme du nombre de ceux qui sont à calculer.

7999, moins 1, égale 7998 ; 15996 le double de 7998, étant ôté de 31999999 dernier terme trouvé, a pour reste 31984003 premier terme.

Ces quatre exemples suffisent pour montrer clairement

la manière d'obtenir les premier et dernier termes du nom-
de ceux dont on cherche le produit.

Maintenant il est facile de trouver chaque produit qui
est vraiment chaque différence comprise entre deux quatrièmes puissances, puisqu'il suffit seulement, afin de
connaître chacun d'eux, d'additionner les premier et dernier termes du nombre de ceux qu'on veut calculer, et de
multiplier la somme qui résulte de cette addition, par la
moitié du terme correspondant de la progression génératrice des quarrés de la cinquième colonne.

Cette multiplication donne un produit qui est vraiment
la différence comprise entre deux quatrièmes puissances.
Les quatre exemples suivans où nous nous servons des premiers et derniers termes trouvés dans les quatre exemples
précédens, en confirment l'exactitude.

EXEMPLE Ier.

Règles pour trouver la différence comprise entre
les quatrièmes puissances de 6 et de 7.

Dans la cinquième colonne nous prenons 13. Ces deux
chiffres indiquent exactement le nombre des termes correspondans de la quatrième colonne à calculer. Nous additionnons 73 et 97 les premier et dernier termes de ce
nombre ; nous multiplions la somme 170 par $6\frac{1}{2}$ la moitié
de 13, et nous avons le produit ou la différence 1105
qui est entre 1296 et 2401 deux quatrièmes puissances de
6 et de 7.

EXEMPLE II.

Règles pour trouver la différence comprise entre
les quatrièmes puissances de 12 et de 13.

Dans la cinquième colonne nous prenons 25. Ces deux

chiffres indiquent exactement le nombre des termes correspondans de la quatrième colonne à calculer. Nous additionnons 289 et 337 les premier et dernier termes de ce
nombre ; nous multiplions la somme 626 par $12\frac{1}{2}$ la moitié
de 25, et nous avons le produit ou la différence 7825 qui
est entre 20736 et 28561 deux quatrèmes puissances de
12 et de 13.

EXEMPLE III.

*Règles pour trouver la différence comprise entre
les quatrièmes puissances de 19 et de 20.*

Dans la cinquième colonne nous prenons 39. Ces deux
chiffres indiquent exactement le nombre des termes correspondans de la quatrième colonne à calculer. Nous addi-
tiounons 723 et 799 les premier et dernier termes de ce
nombre ; nous multiplions la somme 1522 par $19\frac{1}{2}$ la moitié de 39, et nous avons le produit ou la différence 29679
qui est entre 130321 et 160000 deux quatriémes puissances
de 19 et de 20.

EXEMPLE IV.

*Règles pour trouver la différence comprise entre
les quatrièmes puissances de 3999 et de 4000.*

Dans la cinquième colonne nous prenons 7999. Ces quatre chiffres indiquent exactement le nombre des termes
correspondans de la quatrième colonne à calculer. Nous
additionnons 31984003 et 31999999 les premier et dernier
termes de ce nombre ; nous multiplions la somme 63984002
par $3999\frac{1}{2}$ la moitié de 7999, et nous avons le produit
ou la différence 255904015999 qui est exactement
celle des deux quatrièmes puissances 255744095984001,
256000000000000, dont les racines sont 3999 et 4000.

31

Tout ce que nous avons dit jusqu'à présent, suffit pour trouver toutes les différences possibles dont chacune étant la quatrième puissance d'une unité, et étant ajoutée à celle qui précède immédiatement, est par conséquent la quatrième puissance de la racine augmentée d'une unité. Par ce moyen, on peut former toutes celles des nombres naturels 1, 2, 3, 4, 5, etc. etc. pris consécutivement. Telle est la méthode d'obtenir les quatrièmes puissances des unités qui se succèdent l'une après l'autre, et qui composent ainsi les nombres naturels.

Transition des unités de la racine aux dizaines, et formation des quatrièmes puissances de la racine qui augmente de dizaine en dizaine.

Pour passer des unités de la racine à ses dizaines, c'est-à-dire, pour rendre les unités connues de la racine des dizaines, il faut mettre, de gauche à droite, à la suite du chiffre connu qui exprime des unités, un autre chiffre. Alors le premier chiffre qui exprimait des unités, exprimera des dizaines, et le second chiffre exprimera des unités. Ainsi de suite. Pour transformer les unités de la racine en dizaines, nous nous servirons du premier exemple où 13 est le dernier terme de la progression génératrice des quarrés de la cinquième colonne, terme indicateur du nombre de ceux qui ont été précédemment calculés.

EXEMPLE.

Afin d'accroître la différence obtenue dans le premier exemple, de manière qu'elle soit celle de deux quatrièmes puissances dont chacune des racines est augmentée d'une dizaine : il est nécessaire 1° d'ajouter un zéro à 7, la moitié de 14 la somme de 1 et de 13, premier et dernier termes de la progression génératrice des quarrés, et la racine de la quatrième puissance 2401 à laquelle on doit ajouter quatre zéros ; en sorte que 70 est la racine quatrième de 24010000 ; 2° de remplacer le zéro de la racine par une unité, à l'effet d'obtenir la différence comprise entre les quatrièmes puissances des racines 70 et 71 ; 3° de prendre 142, le double de la racine 71 dont on veut connaitre la quatrième puissance, ou la somme de 1 premier terme, et de 141 dernier terme de la progression génératrice des quarrés de la cinquième colonne, dernier terme qui exprime le nombre de ceux de la quatrième colonne qui sont à calculer ; 4° de multiplier 142 par 71 la racine de la quatrième puissance que nous cherchons, à l'effet d'avoir le produit 10082 duquel, en ôtant une unité, on a 10081 dernier terme du nombre de ceux qui sont à calculer ; 5° d'ôter une unité de 141 dernier terme de la progression génératrice des quarrés de la cinquième colonne, de soustraire 280 le double du reste 140, de 10081 dernier terme, pour avoir 9801 le premier.

Connaissant 9801 et 10081 premier et dernier termes du nombre de ceux qui sont à calculer, ainsi que 141 qui exprime leur nombre ; il est facile d'obtenir la différence que nous cherchons et qui, étant additionnée avec 24010000, est la quatrième puissance de 71. Mais afin de trouver cette différence : il faut 1° additionner 9801 et 10081 ; 2° multiplier 19882 la somme de ces deux termes, par $70\frac{1}{2}$ la moitié de 141, pour avoir le produit 1401681 qui est vraiment la différence que nous cherchions. Ainsi 1401681 et 24010000 la quatrième puissance de 70 étant additionnés, font la somme 25411681 la quatrième puissance de 71.

Nous observons que, si l'on veut avoir la quatrième puissance de la racine augmentée d'une unité, on doit chercher la différence suivante qui, étant additionnée avec 25411681 la quatrième puissance de 71, égale celle de 72. Pour la trouver : il faut 1° doubler la racine 72, pour

avoir 144 la somme de 1 premier terme et de 143 dernier
terme indicateur du nombre de ceux qui sont à calculer ;
2° multiplier 144 par 72 la racine, pour avoir le produit
10368 duquel, en ôtant une unité, nous avons 10367 dernier terme du nombre de ceux qui sont à calculer ; 3° ôter
une unité de 143, soustraire 284 le double du reste 142,
de 10367 dernier terme, pour avoir 10083 le premier.
Telle est la manière de trouver les premier et dernier
termes de tous ceux qui sont nécessaires pour avoir la différence cherchée : lesquels peuvent être trouvés de la manière suivante, lorsqu'il s'agit d'obtenir la différence de
deux quatrièmes puissances de racines qui augmentent
d'unité en unité. Dans ce cas, on a 10083 le premier terme
de tous ceux qui sont à calculer pour obtenir la différence
cherchée, en ajoutant deux unités à 10081 dernier terme
qui a servi à trouver 1401681 la dernière différence ; et on
a 10367 le dernier terme, en ôtant une unité de 143 terme
indicateur de leur nombre, et en additionnant 10083 le
premier terme et 284 le double du reste 142 ; 4° additionner 10083 et 10367 les premier et dernier termes de
ceux qui sont à calculer ; 5° multiplier 20450 la somme
de ces deux termes, par $71\frac{1}{2}$ la moitié de 143 exprimant
leur nombre, pour avoir le produit 1462175 qui est la différence qu'on cherchait. Ainsi 1462175 et 25411681 la
quatrième puissance de 71, égalent 26873856 la quatrième
puissance de 72. Voilà comment on peut obtenir les quatrièmes puissances de la racine qui augmente d'unité en
unité.

Mais lorsqu'on veut obtenir les quatrièmes puissances de
la racine qui augmente de dizaine en dizaine : il faut 1°
ajouter un zéro à 72 la racine et quatre zéros à 26873856
sa quatrième puissance ; en sorte que 720 est la racine de
la quatrième puissance 268738560000 ; 2° remplacer
le zéro de la racine par une unité, à l'effet d'avoir la

différence comprise entre les deux quatrièmes puissances des racines 720 et 721 ; 3° doubler la racine 721 dont on cherche la quatrième puissance, pour avoir 1442 la somme de 1 premier terme et de 1441 dernier terme indicateur du nombre de ceux qui sont à calculer ; 4° multiplier 1442 par 721 la racine, afin d'obtenir le produit 1039682 duquel, en ôtant une unité, nous avons 1039681 le dernier terme de ceux qui sont à calculer ; 5° ôter une unité de 1441 dernier terme de la cinquième colonne qui exprime leur nombre, et soustraire 2880 le double du reste 1440, de 1039681 dernier terme, pour avoir 1036801 le premier ; 6° additionner 1036801 et 1039681 les premier et dernier termes du nombre de ceux qui sont à calculer ; 7° multiplier 2076482 la somme de ces deux termes par $720\frac{1}{2}$ la moitié de 1441, pour avoir le produit 1496105281 qui est la différence qu'on cherchait. Ainsi 1496105281 et 268738560000 la quatrième puissance de 720, étant additionnés, égalent 270234665281 la quatrième puissance de 721.

Connaissant la méthode de trouver les différences comprises entre les quatrièmes puissances des nombres naturels 1, 2, 3, 4, 5, etc., etc., et de former successivement toutes leurs quatrièmes puissances ; il nous sera facile d'extraire la racine d'un nombre quelconque. Mais, avant de commencer cette opération, il est utile de savoir, afin de diriger la manière d'extraire la racine quatrième d'un nombre donné, 1° que tout nombre exprimé par quatre chiffres qui ont la plus grande valeur numérique, comme 9999, a pour racine de la quatrième puissance le seul chiffre 9 ; que tout nombre exprimé par cinq chiffres qui ont la plus petite valeur numérique, comme 10000, a pour racine de la quatrième puissance les deux chiffres 10 ; 2° que tout nombre dont on cherche la racine quatrième, doit être partagé, en allant de droite à gauche, par tranches de quatre chiffres en quatre chiffres ; 3° que chaque tranche doit avoir nécessairement quatre chiffres , excepté la tranche le plus à gauche qui peut n'en avoir que trois, ou deux , ou un seul ; 4° qu'on doit commencer l'opération par la tranche le plus à gauche , la continuer en suivant les tranches qui se succèdent immédiatement ; 5° que la racine doit avoir autant de chiffres que le nombre à extraire à de tranches ; 6° que nous nommons la tranche le plus à gauche sur laquelle nous opérons d'abord , première tranche , les suivantes, seconde, troisième , etc. tranches. Uu seul exemple suffit pour faire comprendre tout ce que nous avons dit.

EXEMPLE.

1 , 0980 , 4512.

Ayant partagé le nombre 10980 4512 en trois tranches , nous avons trois chiffres à la racine composée de centaines , de dizaines et d'unités.

Puisque nous commençons à opérer sur la tranche le plus à gauche, il s'ensuit que le premier chiffre que nous extrairons, exprimera des centaines. Ainsi la racine quatrième de 1, est 1 qui exprime une centaine.

Ensuite nous allons opérer sur 10980 les deux premières tranches. Pour faire cette seconde opération : 1° nous ajoutons un zéro à 1 la racine, et quatre zéros à 1 sa quatrième puissance ; en sorte que 10 est la racine de 10000 la quatrième puissance ; 2° nous remplaçons le zéro de la racine par une unité , à l'effet d'obtenir la différence comprise entre les deux quatrièmes puissances des racines 10 et 11 ; 3° nous doublons la racine 11, pour avoir 22 la somme de 1 premier terme et de 21 dernier terme de la progression génératrice des quarrés de la cinquième colonne, indicateur du nombre de ceux de la quatrième colonne qui sont à calculer; 4° nous multiplions 22 par 11 la racine , à l'effet d'avoir le produit 242 duquel , en ôtant une unité, on a 241 dernier terme du nombre de ceux qui sont à calculer; 5° nous ôtons une unité de 21, et et nous soustrayons 40 le double du reste 20, de 241 dernier terme, pour avoir 201 le premier; 6° nous additionnons 201 et 241 premier et dernier termes du nombre de ceux qui sont à calculer; 7° nous multiplions 442 la somme de ces deux termes, par $10\frac{1}{2}$ la moitié de 21 qui exprime le nombre des termes à calculer, pour avoir le produit 4641 qui est vraiment la différence que nous cherchions. Ainsi 4641 et 10000 la quatrième puissance de 10, égalent 14641 la quatrième puissance de 11 qui excède 10980 les deux premières tranches. Donc 10000 qui a pour racine 10, est la quatrième puissance qui approche le plus de 10980 les deux premières tranches.

Enfin nous allons opérer sur le nombre entier 10980 4512. pour faire cette troisième opération : 1° nous ajoutons un zéro à 10 la racine, et quatre zéros à 10000 sa quatrième puissance; en sorte que 100 est la racine quatrième de 100000000; 2° nous remplaçons le dernier zéro de la racine par une unité, à l'effet d'obtenir la différence comprise entre les deux quatrièmes puissances des racines 100 et 101; 3° nous doublons la racine 101, pour avoir 202 la somme de 1 premier terme et de 201 dernier terme de la progression génératrice des quarrés de la cinquième colonne, indicateur du nombre de ceux de la quatrième colonne qui sont à calculer; 4° nous multiplions 202 par 101 la racine, pour avoir le produit 20402 duquel, en ôtant une unité, nous avons 20401 dernier terme du nombre de ceux qui sont à calculer; 5° nous ôtons une unité de 201, et nous soustrayons 400 le double du reste 200, de 20401 dernier terme, pour avoir 20001 le premier; 6° nous additionnons 20001 et 20401 les premier et dernier termes du nombre de ceux qui sont à calculer; 7° nous multiplions 40402 la somme de ces deux termes, par $100\frac{1}{2}$ la moitié de 201 qui exprime le nombre des termes à calculer, pour avoir le produit 4060401 qui est la différence que nous cherchions. Ainsi 4060401 et 100000000 la quatrième puissance de 100, égalent 104060401 la quatrième puissance de 101.

Comme la racine ne doit augmenter que d'unité en unité, pour trouver la quatrième puissance la plus approchante du nombre 109804512 : alors 1° nous remplaçons l'unité de la dernière racine par 2 ; à l'effet d'obtenir la différence comprise entre les deux quatrièmes puissances des racines 101 et 102 ; 2° nous doublons la racine 102, pour avoir 204 la somme de 1 premier terme et de 203 dernier terme de la progression génératrice des quarrés de la cinquième colonne, indicateur du nombre de ceux de la quatrième colonne qui sont à calculer ; 3° nous multiplions 204 par 102 la racine ; à l'effet d'avoir le produit 20808 duquel, en ôtant une unité, nous avons 20807 dernier terme du nombre de ceux qui sont à calculer ; 4° nous ôtons une unité de 203, et nous soustrayons 404 le double du reste 202, de 20807 dernier terme, pour avoir 20403 le premier ; 5° nous additionnons 20403 et 20807 les premier et dernier termes du nombre de ceux qui sont à calculer ; 6° nous multiplions 41210 la somme de ces deux termes, par $101\frac{1}{2}$ la moitié de 203, indicateur de leur nombre à calculer, pour avoir le produit 4182815 qui est la différence que nous cherchions. Ainsi 4182815 et 104060401 la quatrième puissance de 101, égalent 108243216 la quatrième puissance de 102 la plus approchante du nombre entier 109804512 ; puisque 112550881 qui a pour racine quatrième 103 l'excède.

TABLEAU.

1re COLONNE.	2e COLONNE.	3e COLONNE.	4e COLONNE.	5e COLONNE.
RACINES.	Quatrièmes PUISSANCES.	Chaque différence égale chaque produit de la somme des premier et dernier termes de ceux de la progression génératrice des quarrés qui sont à calculer, multipliée par la moitié de chaque terme correspondant de la 5e colonne et indicateur de leur nombre.	*Multiplicandes.* Indication des premiers et derniers termes du nombre de ceux de la progression génératrice des quarres qui sont à calculer, pour obtenir les différences comprises entre les quatrièmes puissances.	*Multiplicateurs.* Chaque terme de la progression génératrice des quarrés indique le nombre de ceux de la même progression de la 4e colonne qui sont à calculer, pour avoir chaque différence.
1.	1.	1.	1.	1.
2.	16.	15.	3 , 5 , 7.	3.
3.	81.	65.	9 , 11 , 13 , 15 , 17.	5.
4.	256.	175.	19, 21, 23, 25, 27, 29, 31.	7.
5.	625.	369.	33 etc. 49.	9.
6.	1296.	671.	51 etc. 71.	11.
7.	2401.	1105.	73 etc. 97.	13.
8.	4096.	1695.	99 etc. 127.	15.
9.	6561.	2465.	129 etc. 161.	17.
10.	10000.	3439.	163 etc. 199.	19.
11.	14641.	4641.	201 etc. 241.	21.
12.	20736.	6095.	243 etc. 287.	23.
13.	28561.	7825.	289 etc. 337.	25.
14.	38416.	9855.	339 etc. 391.	27.

1re COLONNE.	2e COLONNE.	3e COLONNE.	4e COLONNE.	5e COLONNE.
RACINES.	Quatrièmes PUISSANCES	Chaque différence égale chaque produit de la somme des premier et dernier termes de ceux de la progression génératrice des quarrés qui sont à calculer, multipliée par la moitié de chaque terme correspondant de la 5e colonne et indicateur de leur nombre.	*Multiplicandes.* Indication des premiers et derniers termes du nombre de ceux de la progression génératrice des quarrés qui sont à calculer, pour obtenir les différences comprises entre les quatrièmes puissances.	*Multiplicateurs.* Chaque terme de la progression génératrice des quarrés indique le nombre de ceux de la même progression de la 4e colonne qui sont à calculer, pour avoir chaque différence.
15.	50625.	12209.	393 etc. . . 449. .	29.
16.	65536.	14911.	451 etc. . . 511. ,	31.
17.	83521.	17985.	513 etc. . . 577. .	33.
18.	104976.	21455.	579 etc. . . 647. .	35.
19.	130321.	25345.	649 etc. . . 721. .	37.
20.	160000.	29679.	723 etc. . . 799. .	39.
21.	194481.	34481.	801 etc. . . 881. .	41.
22.	234256.	39775.	883 etc. . . 967. .	43.
23.	279841.	45585.	969 etc. . . 1057. .	45.
24.	331776.	51935.	1059 etc. . . 1151.	47.
25.	390625.	58849.	1153 etc. . . 1249. .	49.
26.	456976.	66351.	1251 etc. . . 1351. .	51.
27.	531441.	74465.	1353 etc. . . 1457. .	53.
28.	614656.	83215.	1459 etc. . . 1567. .	55.
29.	707281.	92625.	1569 etc. . . 1681. .	57.
30.	810000.	102719.	1683 etc. . . 1799. .	59.

NOUVELLES MÉTHODES

DE FORMER LES $3^{\text{èmes}}$, $4^{\text{èmes}}$, $5^{\text{èmes}}$, etc.,
PUISSANCES, ET D'EXTRAIRE LEURS
RACINES ; RÉSULTANTES DE LA PRO-
GRESSION ARITHMÉTIQUE CROISSANTE
1, 3, 5, 7, 9, 11, 13, etc., etc.

~~~~~~

NOUVELLE METHODE

DE FORMER LES CUBES, ET D'EXTRAIRE LA RACINE CUBIQUE D'UN NOMBRE QUELCONQUE, RÉSULTANTE DE LA PROGRESSION ARITHMÉTIQUE 1, 3, 5, etc., etc.

QUOIQUE la méthode que nous avons précédemment enseignée de former les cubes et d'extraire la racine cubique d'un nombre quelconque, soit la plus naturelle; par la raison qu'elle résulte de la progression génératrice des cubes 0, 6, 12, 18, 24, 30, etc., etc. : cependant nous en faisons connaître une autre qui émane de la progression génératrice des quarrés; afin de faire voir que le calcul numérique, bien examiné et bien approfondi, est fertile en productions essentielles, puisqu'il présente plusieurs moyens sûrs pour arriver à un même but utile pour les sciences mathématiques.

Ainsi la progression arithmétique croissante 1, 3, 5, 7, 9, 11, etc., etc. dont 2 est la différence constante, est la progression génératrice des quarrés, en ce qu'elle a la propriété immuable de former, en se servant principalement
~~~~~~

de la règle d'addition, tous les quarrés possibles. Cette progression génératrice des quarrés est une suite de termes. qui, étant calculés successivement et suivant le même nombre que la racine correspondante indique, forme tous les cubes ; comme il est aisé de le voir dans le tableau que nous avons fait à ce sujet, et que nous avons mis à la fin de ce petit travail.

La formation des petits cubes peut se faire par l'addition successive des termes de la même progression ; mais celle des grands cubes, afin d'accélérer le calcul, doit se faire par la multiplication qui est une addition abrégée, et qui nous donne avec beaucoup plus de rapidité et autant d'exactitude les mêmes résultats sur les divers nombres dont on cherche les racines de leurs plus grands cubes.

Le tableau placé après ce petit travail a trois colonnes. La première contient les racines indicatives du nombre des termes à calculer pour former les cubes. La seconde contient les termes de la progression génératrice, dont chaque nombre de termes croît dans la même proportion que les racines, et est pris successivement pour former chaque cube, comme il est aisé de le voir en examinant ceux qui correspondent aux dix premières racines ; ensuite elle indique les premier et dernier termes de chaque nombre de ceux qui correspondent successivement aux racines 11, 12 et suivantes, dont chaque somme multipliée par la moitié de la racine correspondante donne un produit qui est le cube de cette même racine. La troisième contient les cubes.

Ainsi ce tableau montre évidemment que chaque nombre des termes de la progression génératrice des quarrés 1, 3, 5, 7, 9, etc., etc. qui croît dans la même proportion que les racines, forme chaque cube de ces mêmes racines ; puisque 3, 5 égalent 8 cube de 2 ; 7, 9, 11 égalent 27 cube de 3 ; 13, 15, 17, 19 égalent 64 cube de 4 ; 21, 23,

25, 27, 29 égalent 125 cube de 5 ; 31, 33, 35, 37, 39,
41 égalent 216 cube de 6 ; 43, 45, 47, 49, 51, 53, 55
égalent 343 cube de 7 ; 57, 59, 61, 63, 65, 67, 69, 71
égalent 512 cube de 8 ; 73, 75, 77, 79, 81, 83, 85, 87,
89 égalent 729 cube de 9 ; 91, 93, 95, 97, 99, 101, 103,
105, 107, 109 égalent 1000 cube de 10.

Dès qu'on a la certitude que chaque nombre qui peut
former chaque cube, a autant de termes de la progression
génératrice des quarrés que chaque racine correspondante
a d'unités ; dès que les termes qui augmentent progressive-
ment, ne peuvent pas être tous placés dans le tableau :
nous avons seulement indiqué les premier et dernier
termes de chaque nombre de ceux qu'on doit calculer pour
former chaque cube des racines 11, 12 et suivantes. Maintenant il devient indispensable de savoir la manière de
trouver 1° les premier et dernier termes de chaque nombre ;
2° le produit de chaque nombre qui toujours égale le cube
de la racine correspondante.

D'abord la multiplication de la racine par celle qui précède immédiatement, donne un produit qui, plus 1, est le
premier terme du nombre de ceux qu'on doit calculer ; l'addition du premier terme et du double de la racine précédente
produit le dernier terme. Ensuite il faut multiplier chaque
somme des premier et dernier termes, par la moitié de
chaque racine correspondante indicative du nombre des
termes à calculer, pour avoir un produit qui toujours
égale le cube de cette même racine.

Les exemples suivans rendront cette théorie très-intelligible.

EXEMPLE I.

La multiplication de la racine 11 par 10, donne le produit 110 qui, plus 1, est 111 le premier terme ; l'addition

de 111 et de 20 le double de 10 la racine précédente, donne
131 le dernier terme. Ensuite nous multiplions 242 la
somme de 111 et de 131 premier et dernier termes, par
5½ la moitié de 11 la racine indicative du nombre des termes à calculer, pour avoir 1331 le cube de 11 la racine.

EXEMPLE II.

La multiplication de la racine 12 par 11, donne le produit 132 qui, plus 1, est 133 le premier terme; l'addition
de 133 et de 22 le double de 11 la racine précédente, donne
155 le dernier terme. Puis nous multiplions 288 la somme
de 133 et de 155 premier et dernier termes, par 6 la moitié de 12 la racine indicative du nombre des termes à calculer, pour avoir 1728 le cube de 12.

EXEMPLE III.

La multiplication de la racine 19 par 18, donne le produit 342 qui, plus 1, est 343 le premier terme; l'addition
de 343 et de 36 le double de 18 la racine précédente, donne
379 le dernier terme. Ensuite nous multiplions 722 la
somme de 343 et de 379 premier et dernier termes, par
9½ la moitié de 19 la racine indicative du nombre des termes à calculer, pour avoir 6859 le cube de 19.

EXEMPLE IV.

La multiplication de la racine 28 par 27, donne le produit 756 qui, plus 1, est 757 le premier terme; l'addition
de 757 et de 54 le double de 27 la racine précédente, donne
811 le dernier terme. Ensuite nous multiplions 1568 la
somme de 757 et de 811 premier et dernier termes, par 14
la moitié de 28 la racine indicative du nombre des termes
à calculer, pour avoir 21952 le cube de 28.

Mais ces connaissances préliminaires ne suffisent pas pour extraire la racine cubique d'un nombre quelconque ; de plus il faut nécessairement savoir comment on passe d'une dizaine de la racine à une autre immédiatement inférieure, et on forme les cubes des racines suivantes qui résultent de cette transition. La manière d'opérer dans ce cas, consiste à mettre à la suite de la dernière racine un zéro, et à la suite de son cube trois zéros ; à remplacer le zéro de la racine par une unité ; à trouver le cube de la racine accrue d'une unité, en employant les règles que nous avons enseignées et qui sont clairement énoncées dans les quatre exemples précédens ; à augmenter la racine jus-qu'à ce qu'on ait obtenu celle du cube que l'on cherchait, d'après ces mêmes règles.

Ainsi, avant de faire usage de ces opérations arithmé-tiques pour l'extraction de la racine cubique d'un nombre quelconque : 1° nous partageons, de droite à gauche, ce même nombre par tranches de trois chiffres en trois chif-fres, ensorte que la tranche le plus à gauche peut n'avoir que deux chiffres ou un seul ; 2° nous extrayons la racine cubique de la tranche le plus à gauche ; 3° nous mettons à la suite de la racine trouvée un zéro, et à la suite de son cube trois zéros, afin d'opérer sur les deux premières tranches ; 4° nous remplaçons le zéro de la racine par une unité, à l'effet d'obtenir le cube suivant, si toutefois celui qui est suivi par trois zéros, n'est pas le plus approchant des deux premières tranches ; 5° nous multiplions cette racine cubi-que par celle qui la précède immédiatement, pour avoir un produit qui, augmenté d'une unité, sera le premier terme du nombre de ceux qui sont à calculer pour la for-mation du cube cherché, et qui est exprimé par sa racine ; 6° nous additionnons le premier terme et le double de la racine précédente, pour en avoir le dernier terme ; 7° nous multiplions la somme des premier et dernier termes, par la

moitié de la racine qui leur correspond , pour avoir un
produit qui est réellement le cube de cette même racine
Si ce cube n'est pas le plus approchant des deux première
tranches : alors , afin de l'obtenir , il faut continuer l'opé
ration et chercher le cube de la racine augmentée d'un
unité. Pour le trouver : 1° nous multiplions la racine aug
mentée d'une unité par celle qui la précède immédiatement
à l'effet d'avoir un produit qui sera , plus 1 , le premier
terme de ceux qui sont à calculer , pour la formation du
cube cherché , et dont le nombre est exprimé par la racine
2° nous additionnons le premier terme et le double de la
racine précédente , afin d'en avoir le dernier terme ; 3°
nous multiplions la somme des premier et dernier termes , par la moitié de la racine qui leur correspond , pour
avoir un produit qui est vraiment le cube de cette même
racine.

Dans la supposition que le cube trouvé dont on connaît
la racine , est le plus approchant des deux premières
tranches ; nous cherchons le cube le plus approchant des
trois premières tranches , celui des quatre premières tranches , etc., et enfin celui du nombre entier ; et nous obtenons chacun d'eux , en nous conformant strictement aux
mêmes règles ci-devant expliquées.

EXEMPLE I.

$$9, \ 698, \ 675.$$

1° Nous partageons le nombre 9698675 en trois tranches ; ce partage nous fait voir que la racine cubique qui
doit avoir autant de chiffres que le nombre dont on cherche
le cube a de tranches , aura nécessairement trois chiffres
qui exprimeront des centaines , des dizaines et des unités
2° nous extrayons de 9 la tranche le plus à gauche , 2 la

racine de 8 , cube le plus approchant de 9; 3º afin d'opérer sur 9698 les deux premières tranches , nous mettons à la suite de 2 la racine un zéro , et à la suite de 8 son cube trois zéros ; en sorte que 20 est la racine cubique de 8000 ; 4º comme 8000 n'est pas le cube le plus approchant de 9698 les deux premières tranches , alors nous cherchons celui de 21 ; 5º nous multiplions 21 la racine cubique par 20 celle qui la précède immédiatement , pour avoir un produit qui augmenté de 1 est 421 le premier terme de ceux qui sont à calculer , pour la formation du cube cherché , et dont le nombre est exprimé par 21 la racine ; 6º nous additionnons 421 le premier terme et 40 le double de 20 la racine précédente , pour avoir 461 le dernier terme ; 7º nous multiplions 882 , la somme de 421 et de 461 , par $10\frac{1}{2}$ la moitié de 21 la racine , pour avoir 9261 qui est vraiment le cube de 21 le plus approchant de 9698 les deux premières tranches ; puisque 10648 cube de 22 que nous avons obtenu par les mêmes procédés , les dépasse.

Maintenant nous cherchons la racine du cube le plus approchant du nombre entier 9698675. Pour le trouver : 1º nous mettons à la suite de 21 la dernière racine un zéro , et à la suite de 9261 son cube trois zéros ; en sorte que 210 est la racine cubique de 9261000 ; 2º nous remplaçons le zéro de la racine 210 par une unité , afin d'avoir celle de 211 et d'obtenir son cube ; 3º nous multiplions 211 la racine par 210 celle qui la précède immédiatement , pour avoir , plus 1 , 44311 le premier terme de ceux qui sont à calculer pour la formation du cube cherché , et dont le nombre est exprimé par la racine 211 ; 4º nous additionnons 44311 le premier terme et 420 le double de 210 la racine précédente , pour avoir 44731 le dernier terme ; 5º nous multiplions 89042 , la somme de 44311 et de 44731 , par $105\frac{1}{2}$ la moitié de 211 la racine , pour avoir le produit 9393931 qui est le cube de 211. Comme ce cube n'est pas

(246).

le plus approchant du nombre 9698675 , alors nous cherchons celui de 212. Pour le trouver : d'abord nous multiplions 212 la racine par 211 , pour avoir , plus 1 , 44733
le premier terme de ceux qui sont à calculer pour former le
cube de 212 qui en exprime le nombre : et nous additionnons 44733 et 422 le double de 211 la racine précédente , afin d'en avoir 45155 le dernier terme. Ensuite nous
multiplions 89888 , la somme de 44733 et de 45155 , par
106 la moitié de 212 la racine indicative du nombre des
termes à calculer , pour avoir 9528128 le cube de 212.
Puisque ce cube n'est pas le plus approchant du nombre
9698675 : nous obtenons de la même manière 9663597 cube
de 213 qui en approche le plus près , par la raison que
9800344 cube de 214 le dépasse.

E X E M P L E. II.

873, 999, 890, 715, 624.

Nous partageons le nombre 873999890715624 en cinq
tranches ; en sorte que ce partage nous montre que la racine
cubique qui doit avoir autant de chiffres que le nombre
dont on cherche simultanément le cube le plus approchant
et sa racine , a de tranches , aura nécessairement cinq
chiffres qui exprimeront des dix mille , des mille , des centaines , des dizaines et des unités.

Nous extrayons de 873 la tranche le plus à gauche , 9 qui
exprime quatre-vingt-dix mille la racine de 729 cube qui
en approche le plus près.

Afin d'opérer sur 873999 les deux premières tranches :
1° nous mettons à la suite de 9 un zéro , et à la suite de
729 son cube trois zéros ; tellement que 90 est la racine
cubique de 729000 ; 2° comme ce cube nous paraît éloigné
de 873999 les deux premières tranches , comme chaque
opération qui résulte des principes que nous avons établis ,

nous fait obtenir le cube de chaque racine, et comme nous voulons abréger le calcul touchant l'extraction de la racine cubique ; alors, pour nous en rapprocher le plus près possible, nous cherchons celui de 95 ; 3° nous multiplions 95 la racine cubique par 94 celle qui la précède immédiatement, pour avoir, plus 1, 8931 le premier terme ; 4° nous additionnons 8931 le premier terme et 188 le double de 94 la racine précédente, pour avoir 9119 le dernier terme ; 5° nous multiplions 18050, la somme de 8931 et de 9119 premier et dernier termes de ceux qui sont à calculer pour la formation du cube cherché, par 47½ moitié de 95 la racine qui exprime leur nombre, pour avoir 857375 le cube de 95 le plus approchant de 873999 les deux premières tranches ; puisque 884736 cube de 96, que nous avons eu par les mêmes procédés, les excède.

Maintenant nous cherchons la racine du cube le plus approchant de 873999890 les trois premières tranches. Pour la trouver : 1° nous mettons à la suite de 95 un zéro, et à la suite de 857375 son cube trois zéros ; en sorte que 950 est la racine cubique de 857375000 ; 2° comme ce cube est éloigné de 873999890 les trois premières tranches, et comme chaque opération nous fait connaître chaque cube et sa racine ; c'est pourquoi ; afin de nous en rapprocher le plus près possible, nous cherchons celui de 956 ; 3° nous multiplions 956 la racine par 955 la précédente, afin d'avoir, plus 1, 912981 le premier terme ; 4° nous additionnons 912981 le premier terme et 1910 le double de 955 la racine précédente, pour avoir 914891 le dernier terme ; 5° nous multiplions 1827872, la somme de 912981 et de 914891 premier et dernier termes de ceux qui sont à calculer pour former le cube cherché, par 478 la moitié de la racine 956 qui exprime leur nombre, pour avoir 873722816 cube de 956 le plus grand de 873999890 les trois premières tranches, puisque 876467493 cube de 957 les excède.

Mais , afin de trouver simultanément le plus grand cube
de 873999890715 les quatre premières tranches et sa racine ; 1° nous mettons à la suite de 956 un zéro , et à la
suite de 873722816 son cube trois zéros ; en sorte que 9560
est la racine cubique de 873722816000 ; 2° comme ce cube
n'est pas le plus grand de 873999890715 les quatre premières tranches ; c'est pour cela que nous cherchons celui
de 9561 ; 3° nous multiplions 9561 la racine cubique par
9560 , pour avoir , plus 1 , 91403161 le premier terme ;
4° nous additionnons 91403161 le premier terme et 19120
le double de 9560 la racine précédente, pour avoir 91422281
le dernier terme ; 5° nous multiplions 182825442 , la somme de 91403161 et de 91422281 premier et dernier termes
de ceux qui sont à calculer pour la formation du cube
cherché , par $4780\frac{1}{2}$ la moitié de 9561 la racine qui exprime
leur nombre, pour avoir 873997025481 le cube de 9561
le plus grand de 873999890715 les quatre premières tranches ; puisque 874271292328 cube de 9562 les excède.

Enfin nous cherchons la racine du plus grand cube
de 873999890715624 le nombre entier. Pour le trouver :
nous mettons à la suite de 9561 un zéro , et à la suite de
873997025481 son cube trois zéros ; en sorte que 95610
est la racine cubique de 873997025481000 le plus grand
cube de ce nombre entier ; puisque 874024449584131
cube de 95611 l'excède.

TABLEAU I.

La progression génératrice des quarrés 1, 3, 5, etc., etc.,
forme tous les cubes.

Chaque racine indique le nombre des termes à calculer pour former chaque cube.	Tous les termes de la progression génératrice des quarrés 1, 3, 5, etc., etc., correspondans aux dix premières racines, sont connus pour montrer qu'ils croissent comme les racines; les premiers et derniers termes dn nombre de ceux qui suivent immédiatement et qui croissent aussi dans la même proportion que les racines, sont seulement indiqués.	Chaque somme des premiers et derniers termes, multipliée par la moitié de la racine correspondante, donne un produit qui est le cube de cette même racine.
1.	1.	1.
2.	3, 5.	8.
3.	7, 9, 11.	27.
4.	13, 15, 17, 19.	64.
5.	21, 23, 25, 27, 29.	125.
6.	31, 33, 35, 37, 39, 41.	216.
7.	43, 45, 47, 49, 51, 53, 35.	343.
8.	57, 59, 61, 63, 65, 67, 69, 71.	512.
9.	73, 75, 77, 79, 81, 83, 85, 87, 89.	729.
10.	91,93,95,97,99,101,103,105,107,109.	1.000.
11.	111 etc. 131.	1331.
12.	133 etc. 155.	1728.
13.	157 etc. 181.	2197.
14.	183 etc. 209.	2744.
15.	211 etc. 239.	3375.
16.	241 etc. 271.	4096.
17.	273 etc. 305.	4913.
18.	307 etc. 341.	5832.
19.	343 etc. 379.	6859.
20.	381 etc. 419.	8000.

NOUVELLE MÉTHODE

DE FORMER LES QUATRIÈMES PUISSANCES, ET D'EXTRAIRE LA RACINE QUATRIÈME D'UN NOMBRE QUELCONQUE ; RÉSULTANTE DE LA PROGRESSION ARITHMÉTIQUE 1, 3, 5, etc., etc.

Pour former les quatrièmes puissances, et pour extraire la racine de la quatrième puissance, nous avons un moyen sûr et facile qui provient de la progression génératrice des quarrés 1, 3, 5, 7, 9, 11, 13, 15, etc., etc. Cette série peut être considérée comme l'origine de toutes les puissances, puisqu'elle nous fait obtenir simultanément les racines et les puissances de tous les dégrés. Nous avons trouvé une méthode sur la formation des quatrièmes puissances et sur l'extraction de la racine quatrième d'un nombre quelconque, laquelle nous semble dériver naturellement des principes de cette propriété générale. En conséquence nous avons fait un tableau que nous avons placé à la fin de ce petit ouvrage, et qui nous a servi pour développer et poser les principes relatifs à cette méthode.

Ce tableau a quatre colonnes. La première contient les racines : la seconde, les quarrés des racines qui indiquent le nombre des termes de la progression génératrice des quarrés qu'on doit calculer pour trouver les quatrièmes puissances des racines correspondantes : la troisième, l'indication du premier terme qui est toujours l'unité, et du dernier terme de chaque nombre de ceux qui sont à calculer, lequel a

autant de termes que le quarré correspondant a d'unités ,
et égale moins 1 le double de ce même quarré, pour former
chaque quatrième puissance : la quatrième, chaque somme
de 1 premier terme et du dernier terme de ceux qui sont
à calculer , laquelle égale toujours le double de chaque
quarré correspondant, multipliée par la moitié de chacun
de ces mêmes quarrés , produit chaque quatrième puissance.

Conformément à ce tableau, nous disons que le quarré
de chaque racine indique le nombre des termes à calculer ,
pour trouver exactement la quatrième puissance de cette
même racine.

Les exemples suivans rendront sensible cette vérité
arithmétique.

4, le quarré de la racine 2, indique que les 4 ter-
més 1, 3, 5, 7, additionnés, font 16 la quatrième puissance de 2.

9, le quarré de la racine 3, indique que les 9 termes
1, 3, 5, 7, 9, 11, 13, 15, 17, additionnés, font 81
la quatrième puissance de 3.

16, le quarré de la racine 4, indique que les 16 termes
1, 3, 5, 7, 9, 11, 13, 15, 17, 19, 21, 23, 25, 27, 29,
31, additionnés, font 256 la quatrième puissance de 4.

25, le quarré de la racine 5, indique que les 25 termes
1, 3, 5, 7, 9, 11, 13, 15, 17, 19, 21, 23, 25, 27,
29, 31, 33, 35, 37, 39, 41, 43, 45, 47, 49, additionnés, font 625 la quatrième puissance de 5.

36, le quarré de la racine 6, indique que les 36 termes
1, 3, 5, 7, 9, 11, 13, 15, 17, 19, 21, 23, 25, 27, 29,
31, 33, 35, 37, 39, 41, 43, 45, 47, 49, 51, 53, 55,
57, 59, 61, 63, 65, 67, 69, 71, additionnés, font 1296
la quatrième puissance de 6.

Comme l'addition deviendrait longue et pénible, lorsque
le quarré de la racine indiquerait une grande quantité de
termes à calculer, nous emploierons la multiplication qui

est une addition abrégée, et qui par cela même produit
avec plus de rapidité les mêmes résultats. Or, afin d'employer la multiplication, nous savons : 1° que le quarré
de chaque racine exprime toujours le nombre des termes
de la progression génératrice des quarrés 1, 3, 5, 7, etc.
etc. qui doivent être calculés, pour former la quatrième
puissance de chacune de ces mêmes racines; 2° que l'unité,
dans tous les calculs possibles, est toujours le premier
terme; 3° que chaque dernier terme absolument nécessaire
pour trouver la quatrième puissance de chaque racine,
égale le double moins 1 de chaque quarré correspondant;
4° que le quarré doublé ou la somme des premier et dernier termes du nombre de ceux qui sont à calculer, multipliée par la moitié du quarré, donne un produit qui est
vráiment la quatrième puissance de la racine.

D'après ces principes établis, nous chercherons les quatrièmes puissances de quelques racines.

49, le quarré de la racine 7, indique qu'il faut calculer
49 termes de la progression génératrice des quarrés, afin
d'avoir la quatrième puissance de 7. Nous la trouvons ainsi :
1° en prenant le double moins 1 du quarré 49, pour avoir
97 le quarante-neuvième et dernier terme ; 2° en multipliant
98 la somme des premier et dernier termes de ceux qui sont
à calculer, par 24½ la moitié du quarré 49 et du nombre
des termes à calculer ; à l'effet d'obtenir 2401 la quatrième
puissance de 7.

64, le quarré de la racine 8, indique qu'il faut calculer
64 termes de la progression génératrice des quarrés, afin
d'avoir la quatrième puissance de 8. Nous la trouvons
ainsi : 1° en prenant le double moins 1 du quarré 64, pour
avoir 127 le soixante-quatrième et dernier terme ; 2° en
multipliant 128 la somme des premier et dernier termes de
ceux qui sont à calculer, par 32 la moitié du quarré 64 et
du nombre des termes à calculer ; à l'effet d'obtenir 4096
la quatrième puissance de 8.

81, le quarré de la racine 9, indique qu'il faut calculer 81 termes de la progression génératrice des quarrés; afin d'obtenir la quatrième puissance de 9. Nous la trouvons ainsi : 1° en prenant le double moins un du quarré 81, pour avoir 161 le 81me et dernier terme; 2° en multipliant 162 la somme des premier et dernier termes de ceux qui sont à calculer, par 40 ½ la moitié du quarré 81 et du nombre des termes à calculer; à l'effet d'obtenir 6561 la quatrième puissance de 9.

100, le quarré de la racine 10, indique qu'il faut calculer 100 termes de la progression génératrice des quarrés, afin d'avoir la quatrième puissance de 10. Nous la trouvons ainsi : 1° en prenant le double moins 1 du quarré 100, pour avoir 199 le centième et dernier terme; 2° en multipliant 200 la somme des premier et dernier termes de ceux qui sont à calculer, par 50 la moitié du quarré 100 et du nombre des termes à calculer, à l'effet d'obtenir 10000 la quatrième puissance de 10.

Tous ces exemples prouvent que cette méthode est aussi facile et expéditive que sûre pour trouver les quatrièmes puissances des racines.

Connaissant cette manière de trouver les quatrièmes puissances des nombres naturels 1, 2, 3, 4, 5, etc., etc.; nous allons essayer d'obtenir la racine quatrième d'un nombre quelconque. Mais afin d'obtenir des résultats satisfaisans dans cette recherche, il est utile de savoir que tout nombre exprimé par quatre chiffres, qui ont la plus grande valeur numérique, comme 9999, a pour racine de la quatrième puissance le seul chiffre 9; que tout nombre exprimé par cinq chiffres qui ont la plus petite valeur numérique, comme 10000, a pour racine de la quatrième puissance les deux chiffres 10 : que tout nombre, d'après cette remarque certaine, dont on cherche la racine quatrième, doit être partagé, en allant de droite à gauche, par tranches de quatre

chiffres en quatre chiffres ; en sorte que chaque tranche a
nécessairement quatre chiffres, excepté la tranche le plus à
gauche qui peut n'en avoir que trois, ou deux, ou un seul,
que nous nommons la tranche le plus à gauche sur laquelle
nous opérons d'abord, première tranche : les suivantes,
seconde, troisième, etc., tranches : qu'on doit commencer
l'extraction de la racine quatrième par la tranche le plus à
gauche, la continuer en suivant les tranches qui vont de
gauche à droite et qui se succèdent immédiatement : que la
racine doit avoir autant de chiffres que le nombre dont on
cherche la quatrième puissance, a de tranches.

EXEMPLE 1.

9999, 0382, 7649.

Ayant partagé le nombre 999903827649 en trois tranches ; nous devons avoir à la racine trois chiffres qui exprimeront des centaines, des dizaines et des unités.

D'abord nous commençons par 9999 la tranche le plus à
gauche ; le chiffre qui en est extrait et doit être placé à la
racine, est 9 qui exprime 9 centaines : 6561 la quatrième
puissance de 9, est la plus approchante de 9999 la première
tranche, puisque 10000 celle de 10 la racine augmentée
d'une unité la dépasse.

En second lieu, nous allons opérer sur 99990382 les deux
premières tranches. Pour faire cette seconde opération, 1°
nous ajoutons un zéro à 9 la racine, et quatre zéros à 6561
sa quatrième puissance ; en sorte que 90 est la racine quatrième de 65610000 ; 2° comme cette quatrième puissance
est encore bien éloignée de celle qui approche le plus près
possible de 99990382 les deux premières tranches du nombre que nous voulons extraire, comme chaque opération
produit la quatrième puissance d'une racine quelconque,
et comme nous présumons que la quatrième puissance de la
racine 99 approche le plus près possible les deux premières

tranches ; alors, afin d'abréger notre calcul, nous remplaçons le zéro de la racine par un 9 ; à l'effet d'obtenir la
quatrième puissance de 99 ; 3° nous élevons la racine 99 à
son quarré 9801 , lequel exprime qu'il faut calculer 9801
termes de la progression génératrice des quarrés , afin d'a-
voir la quatrième puissance de 99 ; 4° nous savons que
leur dernier terme égale 19601 , c'est-à-dire , le double
moins un du quarré 9801 ; 5° nous multiplions 19602 la
somme de 1 premier terme et de 19601 dernier terme, par
4900 ½ la moitié du quarré 9801 et du nombre des termes à
calculer, pour avoir 96059601 la quatrième puissance de
99 la plus approchante de 99990382 les deux premières
tranches, puisque 100000000 celle de la racine 100 les
dépasse.

En troisieme lieu , nous allons opérer sur 999903827649
le nombre entier. Pour faire cette opération finale : 1° nous
ajoutons un zéro à 99 la racine , et quatre zéros à 96059601
sa quatrième puissance ; en sorte que 990 est la racine quatrième de 960596010000 ; 2° comme cette quatrième puissance est encore bien éloignée de celle qui approche le plus
près le nombre entier , et comme nous présumons que la
quatrième puissance de la racine 999 est celle qui en approche le plus près possible ; alors nous substituons au zéro
de la racine un 9, à l'effet d'obtenir la quatrième puissance
de 999 ; 3° nous élevons la racine 999 à son quarré 998001,
lequel exprime qu'il faut calculer 998001 termes de la progression génératrice des quarrés , afin d'avoir la quatrième
puissance de 999 ; 4° nous savons que leur dernier terme
égale 1996001, c'est-à-dire , le double moins 1 du quarré
998001 ; 5° nous multiplions 1996002 , la somme de 1 premier terme et de 1996001 dernier terme de ceux qui sont à
calculer, par 499000 ½ la moitié du quarré 998001 et du
nombre de leurs termes , pour avoir 996005996001 la quatrième puissance de 999 la plus approchante du nombre
entier 999903827649, puisque 1000000000000 la quatrième

puissance de 1000 le dépasse. Donc 999 qui est la racine quatrième de 996005996001 , l'est aussi de 999903827649.

EXEMPLE II.

789, 6453, 1902, 9659.

Ayant partagé le nombre 789645319029659 en quatre tranches ; nous devons avoir à la racine quatre chiffres qui exprimeront des mille, des centaines, des dizaines et des unités.

Premièrement, nous commençons à extraire la racine quatrième de 789 la tranche le plus à gauche, et nous avons 5 qui exprime 5 mille , et est la racine de 625 la quatrème puissance la plus approchante de 789.

Secondement, pour opérer sur 7896453 les deux premières tranches : 1° nous ajoutons un zéro à 5 la racine , et quatre zéros à 625 sa quatrième puissance ; en sorte que 50 est la racine quatrième de 6250000 ; 2° nous remplaçons le zéro de la racine par 3 ; à l'effet de chercher la quatrième puissance de 53 que nous présumons être la plus grande des deux premières tranches ; 3° nous élevons 53 à son quarré 2809 qui exprime qu'il faut calculer 2809 termes de la progression génératrice des quarrés ; afin d'avoir la quatrième puissance de 53 ; 4° nous savons que leur dernier terme égale 5617 qui est le double moins 1 du quarré 2809 ; 5° nous multiplions 5618, la somme de 1 premier terme et de 5617 dernier terme de ceux qui sont à calculer, par $1404\frac{1}{2}$ la moitié du quarré 2809 et du nombre de leurs termes, pour avoir 7890481 la quatrième puissance de 53 la plus approchante de 7896453 les deux premières tranches, puisque 8503056 la quatrième puissance de 54 que nous avons obtenue de la même manière, les dépasse.

Troisièmement, nous cherchons la racine de la quatrième puissance la plus approchante de 7896453190 2 les trois premières tranches. Pour la trouver : 1° nous ajoutons un zéro à 53 la racine, et quatre zéros à 7890481 sa quatrième puissance ; en sorte que 530 est la racine quatrième de 7890481oooo : 2° nous remplaçons le zéro de la racine par 1 ; à l'effet de chercher la quatrième puissance de 531 ; 3° nous élevons 531 à son quarré 281961 qui exprime qu'il faut calculer 281961 termes, afin d'avoir la quatrième puissance de 531 ; 4° nous savons que leur dernier terme égale 563921 le double moins 1 du quarré 281961 ; 5° nous multiplions 563922, la somme des premier et dernier termes de ceux qui sont à calculer, par 140980 $\frac{1}{2}$ la moitié du quarré 281961 lequel indique leur nombre, pour avoir 79502005521 la quatrième puissance de 531, laquelle excède 7896453190² les trois premières tranches. Donc 530 la racine de 7890481oooo la quatrième puissance la plus grande contenue dans ces trois premières tranches, en est aussi par cela même la racine.

Quatrièmement, pour trouver la racine quatrième du nombre entier 7896453190296559 : 1° nous ajoutons un zéro à 530 la racine, et quatre zéros à 7890481oooo sa quatrième puissance ; en sorte que 5300 est la racine quatrième de 7890481oooooooo ; 2° nous remplaçons le dernier zéro de la racine par 1, à l'effet de chercher la quatrième puissance de 5301 ; 3° nous élevons 5301 à son quarré 28100601 qui exprime qu'il faut calculer 28100601 termes de la progression génératrice des quarrés, à l'effet d'avoir la quatrième puissance de 5301 ; 4° nous savons que leur dernier terme est 56201201 qui égale le double moins 1 du quarré 28100601 ; 5° nous multiplions 56201202, la somme des premier et dernier termes de ceux qui sont à calculer, par 14050300 $\frac{1}{2}$ la moitié du quarré 28100601 lequel indique leur nombre, afin d'avoir le produit 789643776561201 qui est la quatrième puissance de 5301. Or, cette quatrième puissance est la plus approchante du nombre entier 7896453190296559. Donc 5301 qui est la racine quatrième de 789643776561201, est aussi celle du nombre entier 7896453190296559.

TABLEAU II.

La progression génératrice des quarrés 1 , 3 , 5 , etc., etc,, fo
les quatrièmes puissances.

1re COLONNE.	2e COLONNE.	3e COLONNE.	4e COLONNE.
RACINES.	Chaque quarré des racines indique le nombre des termes qu'on doit calculer pour former chaque 4e puissance.	Indication du premier terme qui est toujours un ; et du dernier terme de chaque nombre de ceux qui sont à calculer pour former chaque quatrième puissance, lequel dernier terme égale toujours le double moins un du quarré correspondant.	Chaque somme de du dernier terme ceux qui sont à culer, laquelle é le double de cha quarré correspo dant, multipliée la moitié de cha de ces mêmes qu rés, produit cha 4e puissance.
1.	1.	1.	1.
2.	4.	1,3,5,7.	16.
3.	9.	1,3,5,7,9,11,13,15,17.	81.
4.	16.	1. . . . . 31.	256.
5.	25.	1. . . . . 49.	625.
6.	36.	1. . . . . 71.	1296.
7.	49.	1. . . . . 97.	2401.
8.	64.	1. . . . . 127.	4096.
9.	81.	1. . . . . 161.	6561.
10.	100.	1. . . . . 199.	10000.
11.	121.	1. . . . . 241.	14641.
12.	144.	1. . . . . 287.	20736.
13.	169.	1. . . . . 337.	28561.
14.	196.	1. . . . . 391.	38416.
15.	225.	1. . . . . 449.	50625.
16.	256.	1. . . . . 511.	65536.
17.	289.	1. . . . . 577.	83521.
18.	324.	1. . . . . 647.	104976.
19.	361.	1. . . . . 721.	130321.
20.	400.	1. . . . . 799.	160000.

NOUVELLE MÉTHODE

DE FORMER LES CINQUIÈMES PUISSANCES, ET D'EXTRAIRE LA RACINE CINQUIÈME D'UN NOMBRE QUELCONQUE ; RÉSULTANTE DE LA PROGRESSION ARITHMÉTIQUE 1, 3, 5, etc., etc.

———

Avant d'extraire la racine cinquième d'un nombre quelconque, nous allons montrer la manière de former les cinquièmes puissances des nombres naturels 1, 2, 3, 4, 5, 6, etc. etc., en faisant usage des termes de la progression génératrice des quarrés 1, 3, 5, 7, 9, 11, etc. etc.

La méthode de trouver la cinquième puissance d'une racine quelconque, résultante de la progression génératrice des quarrés, consiste 1° à former la quatrième puissance de cette même racine, d'après les principes indiqués dans le tableau II que nous avons expliqués et que nous répétons ici, à multiplier cette quatrième puissance trouvée par la même racine.

Pour former la cinquième puissance de 2 : 1° 4, le quarré de 2, indique que les quatre termes suivans 1, 3, 5, 7 doivent être additionnés ; 2° la somme 16 qui résulte de cette addition, multipliée par la racine 2, produit 32 la cinquième puissance de 2.

Pour former la cinquième puissance de 3 : 1° 9, le quarré de 3, indique que les neuf termes suivans 1, 3, 5, 7, 9, 11, 13, 15, 17 doivent être additionnés ; 2° la somme 81

35

qui résulte de cette addition , multipliée par la racine 3 , produit 243 la cinquième puissance de 3.

Pour former là cinquième puissance de 4 : 1° 16, le quarré de 4, indique que les 16 termes suivans 1 , 3 , 5 , 7 , 9 , 11 , 13 , 15 , 17 , 19 , 21 , 23 , 25 , 27 , 29 , 31 doivent être additionnés ; 2° la somme 256 qui résulte de cette addition , multipliée par la racine 4 , produit 1024 la cinquième puissance de 4.

Pour former la cinquième puissance de 5 : 1° 25, le quarré de 5, indique que les 25 termes suivans 1 , 3 , 5 , 7 , 9 , 11 , 13 , 15 , 17 , 19 , 21 , 23 , 25 , 27 , 29 , 31 , 33 , 35 , 37 , 39 , 41 , 43 , 45 , 47 , 49 doivent être additionnés ; 2° la somme 625 qui résulte de cette addition , multipliée par la racine 5 , produit 3125 la cinquième puissance de 5.

Comme l'addition deviendrait longue et pénible , lorsque le quarré de la racine indiquerait un grand nombre de termes à additionner , nous nous servons de la multiplication pour les sommer et pour abréger , par cette règle , l'opération.

Afin d'opérer d'une manière agrégée pour nous faire trouver la cinquième puissance d'une racine quelconque : nous disons 1° que le quarré de la racine égale toujours le nombre des termes à calculer ; 2° que le double du quarré égale aussi toujours la somme des premier et dernier termes de ceux qui sont à calculer ; 3° que la somme des premier et dernier termes , étant multipliée par la moitié du quarré laquelle exprime la moitié du nombre de leurs termes , donne un premier produit ; 4° que ce premier produit , étant multiplié par la racine , donne un second produit qui est vraiment la cinquième puissance de cette même racine.

Pour former la cinquième puissance de 6 : nous disons 1° que 36, quarré de 6 , indique que nous devons sommer 36 termes ; 2° que 72 , le double du quarré 36 , égale la somme des premier et dernier termes de 36 qui sont à calculer ; 3º que 72 la somme des premier et dernier termes, multipliée par 18 la moitié du quarré 36 laquelle exprime la moitié du nombre des termes, donne pour premier produit 1296 ; 4º que 1296, étant multiplié par la racine 6, donne pour second produit 7776 la cinquième puissance de 6.

Pour former la cinquième puissance de 7 : nous disons 1º que 49, quarré de 7, indique que nous devons sommer 49 termes ; 2º que 98, le double du quarré 49, égale la somme des premier et dernier termes des 49 qui sont à calculer ; 3º que 98 la somme des premier et dernier termes, multipliée par $24\frac{1}{2}$ la moitié du quarré 49 laquelle exprime la moitié du nombre des termes, donne pour premier produit 2401 ; 4º que 2401, étant multiplié par la racine 7, donne pour second produit 16807 la cinquième puissance de 7.

Pour former la cinquième puissance de 18 : nous disons 1º que 324, quarré de 18, indique que nous devons sommer 324 termes ; 2º que 648, le double du quarré 324, égale la somme des premier et dernier termes des 324 qui sont à calculer ; 3º que 648 la somme des premier et dernier termes, multipliée par 162 la moitié du quarré 324 laquelle exprime la moitié du nombre des termes, donne pour premier produit 104976 ; 4º que 104976 étant multiplié par la racine 18, donne pour second produit 1889568 la cinquième puissance de 18.

Dès que nous connaissons la méthode claire et précise de former la cinquième puissance d'un nombre donné, il sera facile d'extraire la racine d'une quantité numérique quelconque.

Mais, avant de commencer cette extraction, il est indispensable de savoir : 1º que tout nombre exprimé par cinq chiffres qui ont la plus grande valeur numérique, comme 99999, a pour racine de la cinquième puissance le seul

chiffre 9 ; que tout nombre exprimé par six chiffres qui ont
la plus petite valeur numérique, comme 100000, a pour
racine de la cinquième puissance les deux chiffres 10 ; 2°
que tout nombre dont on cherche la racine cinquième,
d'après cette observation, doit être partagé, en allant de
droite à gauche, par tranches de cinq chiffres en cinq
chiffres ; en sorte que chaque tranche doit avoir nécessairement cinq chiffres, excepté la tranche le plus à gauche
qui peut n'en avoir que quatre, ou trois, ou deux ou un
seul chiffre ; 3° que la racine doit avoir autant de chiffres
que le nombre dont on cherche la racine cinquième a
de tranches ; 4° qu'on doit commencer l'opération par la
tranche le plus à gauche, la continuer sur les deux premières
tranches, ensuite sur les trois premières tranches, etc.,
enfin sur le nombre entier.

EXEMPLE I.

$$978 , 05413.$$

Ayant partagé le nombre 97805413 en deux tranches,
nous devons avoir à la racine deux chiffres qui exprimeront
des dizaines et des unités.

Nous commençons à extraire la racine cinquième de 978
la tranche le plus à gauche, et nous avons 3 qui exprime
3 dizaines et qui est la racine de 243 la cinquième puissance la plus grande de 978 la première tranche, puisque
1024 la cinquième puissance de 4 la dépasse.

Pour terminer l'extraction de la racine cinquième du
nombre entier 97805413 : 1° nous ajoutons un zéro à 3 la
racine, et cinq zéros à 243 sa cinquième puissance ; en
sorte que 30 est la racine cinquième de 24300000 ; 2° comme
nous présumons que cette cinquième puissance est bien
éloignée de celle qui est la plus grande du nombre entier,

nous remplaçons le zéro de la racine par un 9, afin de chercher la cinquième puissance de 39 ; 3° nous élevons 39 à son quarré 1521 qui indique que nous devons sommer 1521 termes ; 4° nous prenons 3042, le double du quarré 1521, qui égale la somme des premier et dernier termes des 1521 qui sont à calculer ; 5° nous multiplions 3042 par 760 ½ la moitié du nombre des termes, pour avoir le premier produit 2313441 ; 6° nous multiplions le premier produit 2313441 par la racine 39, pour avoir le second produit 90224199 la cinquième puissance de 39 la plus approchante du nombre entier 97805413 ; puisque 102400000 la cinquième puissance de 40 le dépasse.

EXEMPLE II.

99589, 90134, 67539.

Ayant partagé le nombre 995899013467539 en trois tranches, nous devons avoir à la racine trois chiffres qui exprimeront des centaines, des dizaines et des unités.

D'abord nous cherchons l'extraction de la racine cinquième de 99589 la tranche le plus à gauche ; le chiffre 9 qui en est extrait, exprime neuf centaines et est la racine de 59049 la cinquième puissance la plus grande qui soit contenue dans 99589 la première tranche ; puisque 100000 la cinquième puissance de 10 la dépasse.

Secondement, nous allons opérer sur 9958990134 les deux premières tranches. Pour faire cette seconde opération : 1° nous ajoutons un zéro à 9 la racine, et cinq zéros à 59049 sa cinquième puissance ; en sorte que 90 est la racine cinquième de 5904900000 ; 2° comme cette cinquième puissance est encore éloignée de celle qui approche le plus près 9958990134 les deux premières tranches, et comme nous présumons que 99 est la racine de la cinquième puissance la plus grande qu'elles contiennent ; alors, nous cherchons la cinquième puissance de 99 ; 3° nous élevons 99 au quarré 9801 qui indique que nous devons sommer 9801 termes ; 4° nous prenons 19602, le double du quarré 9801 , qui égale la somme des premier et dernier termes des 9801 qui sont à calculer ; 5° nous multiplions 19602 par 4900 ½ la moitié du nombre des termes , pour avoir le premier produit 96059601 ; 6° nous multiplions 96059601 par la racine 99 , pour avoir le second produit 9509900499 , la cinquième puissance de 99 la plus approchante de 9958990134 les deux premières tranches ; puisque 10000000000 la cinquième puissance de 100 les dépasse.

Troisièmement, nous allons opérer sur 995899013467539 le nombre entier. Pour faire cette troisième opération , 1° nous ajoutons un zéro à 99 la racine ; et cinq zéros à 9509900499 sa cinquième puissance , en sorte que 990 est la racine cinquième de 950990049900000 ; 2° comme cette cinquième puissance est bien éloignée de 995899013467539 le nombre entier ; alors nous allons chercher la cinquième puissance de 999 ; 3° nous élevons 999 au quarré 998001 qui indique que nous devons sommer 998001 termes ; 4° nous prenons 1996002 , le double du quarré 998001 , qui égale la somme des premier et dernier termes des 998001 qui sont à calculer ; 5° nous multiplions 1996002 par 499000 ½ la moitié du nombre des termes , pour avoir le premier produit 996005996001 ; 6° nous multiplions 996005996001 par la racine 999, pour avoir le second produit 995009990004999 la cinquième puissance de 999 la plus approchante du nombre 995899013467539 ; puisque 1000000000000000 la cinquième puissance de 1000 le dépasse. Donc 999 est la racine cinquième du nombre entier 995899013467539.

NOUVELLE MÉTHODE

DE FORMER LES SIXIÈMES PUISSANCES, ET D'EXTRAIRE LA RACINE SIXIÈME D'UN NOMBRE QUELCONQUE, RÉSULTANTE DE LA PROGRESSION ARITHMÉTIQUE 1, 3, 5, etc., etc.

Avant d'extraire la racine sixième d'un nombre quelconque, nos allons montrer la manière de former les sixièmes puissances des nombres naturels, résultante de la progression génératrice des quarrés 1, 3, 5, 7, 9, etc. etc.

Leur formation dépend principalement de la connaissance du nombre des termes de cette série qu'il faut calculer. Or le cube de chaque racine exprime le nombre des termes qu'on doit sommer pour trouver la sixième puissance de chacune d'elles.

Mais, pour faire connaitre la manière de sommer chaque nombre exprimé par le cube correspondant, et pour rendre plus intelligible la méthode de former les sixièmes puissances des nombres naturels 1, 2, 3, 4, etc. etc., en calculant les termes de la progression génératrice des quarrés 1, 3, 5, 7, etc. etc. ; nous avons fait le tableau III qui a quatre colonnes. La première contient les racines : la seconde, les cubes des racines qui indiquent chaque nombre des termes de la progression génératrice des quarrés qu'on doit calculer pour former les sixièmes puissances des racines correspondantes : la troisième, l'indication du premier terme qui est toujours 1 , et du dernier terme de chaque nombre de ceux qui sont à calculer , lequel dernier terme a autant de termes que le cube correspondant a d'unités , et égale moins 1 le double de ce même cube : la quatrième , chaque somme de 1 premier terme et du dernier terme de ceux qui sont à calculer , laquelle étant toujours le double de chaque cube correspondant et étant multipliée par la moitié de chacun de ces mêmes cubes , indicative de la moitié du nombre des termes à calculer , produit chaque sixième puissance.

Les exemples suivans , faits conformément aux principes énoncés dans ce tableau , suffiront pour prouver la solidité de ce calcul.

Afin de former la sixième puissance de 2 : 8 , le cube de 2 , indique qu'il faut additionner les 8 premiers termes 1 , 3 , 5 , 7 , 9 , 11 , 13 , 15 , pour avoir 64 la sixième puissance de 2.

Afin de former la sixième puissance de 3 : 27 , le cube de 3 , indique qu'il faut additionner les 27 premiers termes 1 , 3 , 5 , 7 , 9 , 11 , 13 , 15 , 17 , 19 , 21 , 23 , 25 , 27 , 29 , 31 , 33 , 35 , 37 , 39 , 41 , 43 , 45 , 47 , 49 , 51 , 53 , pour avoir 729 la sixième puissance de 3.

Afin de former la sixième puissance de 4 : 64 , le cube de 4 , indique qu'il faut additionner les 64 premiers termes 1 , 3 , 5 , 7 , 9 , 11 , 13 , 15 , 17 , 19 , 21 , 23 , 25 , 27 , 29 , 31 , 33 , 35 , 37 , 39 , 41 , 43 , 45 , 47 , 49 , 51 , 53 , 55 , 57 , 59 , 61 , 63 , 65 , 67 , 69 , 71 , 73 , 75 , 77 , 79 , 81 , 83 , 85 , 87 , 89 , 91 , 93 , 95 , 97 , 99 , 101 , 103 , 105 , 107 , 109 , 111 , 113 , 115 , 117 , 119 , 121 , 123 , 125 , 127 , pour avoir 4096 la sixième puissance de 4.

Nous remplaçons l'addition qui deviendrait longue et pénible par la multiplication , afin de sommer plus promptement les nombreux termes de la progression qui sont absolument nécessaires pour former chaque sixième puissance.

Ainsi cette sommation se fait 1° en prenant le double de chaque cube de la racine, pour avoir la somme des premier et dernier termes du nombre de ceux qui sont à calculer ; 2° en multipliant le double de chaque cube qui égale la somme des premier et dernier termes, par la moitié du cube qui exprime la moitié de leur nombre, pour avoir un produit qui est vraiment la sixième puissance de la racine.

Afin de former la sixième puissance de 5 : 125, le cube de 5, indique qu'il faut sommer 125 termes de la progression. Cette sommation consiste 1° à prendre 250, le double du cube 125, qui égale la somme des premier et dernier termes des 125 qui sont à calculer : 2° à multiplier 250 la somme des premier et dernier termes par 62 $\frac{1}{2}$ la moitié du cube 125 qui exprime la moitié des termes à calculer, pour avoir 15625 la sixième puissance de 5.

Afin de former la sixième puissance de 6 : 216, le cube de 6, indique qu'il faut sommer 216 termes de la progression. Cette sommation consiste 1° à prendre 432, le double du cube 216, qui égale la somme des premier et dernier termes des 216, qui sont à calculer ; 2° à multiplier 432 la somme des premier et dernier termes, par 108 la moitié du cube 216 qui exprime la moitié des termes à calculer, pour avoir 46656 la sixième puissance de 6.

Afin de former la sixième puissance de 15 : 3375 le cube de 15, indique qu'il faut sommer 3375 termes de la progression. Cette sommation consiste 1° à prendre 6750, le double du cube 3375, qui égale la somme des premier et dernier termes des 3375 qui sont à calculer ; 2° à multiplier 6750 la somme des premier et dernier termes, par 1687 $\frac{1}{2}$ la moitié du cube 3375 qui exprime la moitié des termes à calculer, pour avoir 11390625 la sixième puissance de 15.

Afin de former la sixième puissance de 19 : 6859, le cube de 19, indique qu'il faut sommer 6859 termes de la progression. Cette sommation consiste 1.º à prendre 13718 , le double du cube 6859 qui égale la somme des premier et dernier termes des 6859 qui sont à calculer ; 2º à multiplier 13718 la somme des premier et dernier termes, par 3429 $\frac{1}{2}$ la moitié du cube 6859 qui exprime la moitié des termes à calculer , pous avoir 47045881 la sixième puissance de 19.

Dès que nous connaissons la manière de former là sixième puissance des nombres naturels, il nous sera facile d'extraire la racine sixième d'un nombre quelconque , en suivant les mêmes principes. Mais , avant de commencer cette extraction , il est utile de savoir : 1.º que tout nombre exprimé par six chiffres qui ont la plus grande valeur numérique , comme 999999 , a pour racine de là sixième puissance le seul chiffre 9 ; que tout nombre exprimé par sept chiffres qui ont la plus petite valeur numérique , comme 1000000 , a pour racine de la sixième puissance les deux chiffres 10 ; 2º que tout nombre dont on cherche la racine sixième , d'après cette remarque, doit être partagé , en allant de droite à gauche, par tranches de six chiffres en six chiffres ; en sorte que chaque tranche doit avoir nécessairement six chiffres , excepté la tranche le plus à gauche qui peut n'en avoir que cinq , ou quatre , ou trois , ou deux , ou un seul chiffre ; 3º que la racine doit avoir autant de chiffres que le nombre qu'on veut extraire a de tranches ; 4º que l'extraction de la racine commence par la tranche le plus à gauche , continue sur les deux premières tranches, etc. , enfin sur le nombre entier.

EXEMPLE 1.

69, 997805 , 245186.

Ayant partagé le nombre 69997805245186 en trois tranches , nous devons avoir à la racine trois chiffres qui exprimeront des centaines , des dizaines et des unités.

Premièrement, nous commençons à extraire la racine sixième de 69 la tranche le plus à gauche ; le chiffre 2 qui en est extrait , exprime deux centaines , et est la racine de 64 la sixième puissance la plus grande de 69 la première tranche ; puisque 729 la sixième puissance de 3 la dépasse.

Secondement, pour opérer sur 69997805 les deux premières tranches : 1° nous mettons un zéro à la suite de 2 la racine, et six zéros à la suite de 64 sa sixième puissance ; en sorte que 20 est la racine sixième de 64000000 ; 2° nous remplaçons le zéro de la racine par une unité, pour avoir 21 dont nous voulons chercher la sixième puissance ; 3° nous élevons 21 à son cube 9261 qui exprime que nous devons sommer 9261 termes de la progression pour former la sixième puissance de 21 ; 4° nous prenons 18522, le double du cube, qui exprime la somme des premier et dernier termes des 9261 qui sont à calculer ; 5° nous multiplions 18522 par 4630 $\frac{1}{2}$ la moitié du cube 9261 qui égale la moitié des termes à calculer, pour avoir 85766121 la sixième puissance de 21 laquelle excède les deux premières tranches. Ainsi 64000000 la sixième puissance de 20 , est la plus grande de 69997805 les deux premières tranches.

Troisièmement, pour opérer sur 69997805245186 le nombre entier : 1° nous mettons un zéro à la suite de 20 la racine, et six zéros à la suite de 64000000 sa sixième puissance ; en sorte que 200 est la racine sixième de 64000000000000 ; 2° nous remplaçons le dernier zéro de la racine 200 par 3, pour avoir 203 dont nous voulons chercher la sixième puissance ; 3° nous élevons 203 à son cube 8365427 qui exprime que nous devons sommer 8365427 termes de la progression pour former la sixième puissance de 203 ; 4° nous prenons 16730854, le double du cube, qui exprime la somme des premier et dernier termes des 8365427 qui sont à calculer ; 5° nous multiplions 16730854 , par 4182713 $\frac{1}{2}$ la moitié du cube 8365427 qui égale la moitié des termes à calculer, pour avoir 6998036889232329 la sixième puissance de 203 la plus grande du nombre entier 69997805245186 , puisque

720743948328g6 la sixième puissance de 204 l'excède.
Donc 203 est la racine sixième de 69997805245186.

EXEMPLE II.

284, 124134, 038846 , 836736.

Ayant partagé le nombre 284124134038846836736 en
quatre tranches ; nous devons avoir à la racine quatre chiffres qui exprimeront des mille, des centaines, des dizaines
et des unités.

Premièrement, nous commençons à extraire la racine de
284 la tranche le plus à gauche ; le chiffre 2 qui en est extrait, exprime deux mille et est la racine de 64 la sixième
puissance la plus grande de 284 ; puisque 729 la sixième
puissance de 3 la dépasse,

Secondement, pour opérer sur 284124134 les deux premières tranches, 1° nous mettons un zéro à la suite de 2
la racine, et six zéros à la suite de 64 sa sixième puissance ;
en sorte que 20 est la racine sixième de 64000000 ; 2° comme cette sixième puissance est éloignée des deux premières
tranches ; Alors , nous remplaçons le zéro de la racine par
un 5 , et nous chercherons la sixième puissance de 25 laquelle nous présumons en être la plus grande ; 3° nous
élevons 25 à son cube 15625 qui montre que nous devons
sommer 15625 termes de la progression pour former la
sixième puissance de 25 ; 4° nous prenons 31250 ; le double
du cube , qui exprime la somme des premier et dernier
termes des 15625 qui sont à calculer ; 5° nous multiplions
31250 par 7812 ½ la moitié du cube 15625 laquelle est la
moitié des termes à calculer, pour avoir 244140625 la
sixième puissance de 25 la plus grande de 284124134 les
deux premières tranches ; puisque 308915776 la sixième
puissance de 26 les excède.

Troisièmement, pour opérer sur 284124134038846 les
trois premières tranches : 1° nous mettons un zéro à la suite
de 25 la racine, et six zéros à la suite de 244140625 sa

sixième puissance ; en sorte que 250 est la racine sixième
de 244140625000000 ; 2° comme cette sixième puissance
est assez éloignée des trois premières tranches ; alors, nous
remplaçons le zéro de la racine par un 6 , afin de chercher
la sixième puissance de 256 que nous présumons approcher
le plus près possible des trois premières tranches ; 3° nous
élevons 256 à son cube 16777216 qui montre que nous
devons sommer 16777216 termes de la progression pour
former la sixième puissance de 256 ; 4° nous prenons
33554432 , le double du cube, qui exprime la somme des
premier et dernier termes des 16777216 qui sont à calculer ;
5° nous multiplions 33554432 par 8388608 la moitié du
cube 16777216 laquelle est la moitié des termes à calculer ,
pour avoir 281474976710656 la sixième puissance de 226
la plus grande de 284124134038846 les trois premières
tranches , puisque 288136807515649 la sixième puissance
de 257 les dépasse.

Quatrièmement , pour opérer sur 284124134038846836736
le nombre entier : 1° nous mettons un zéro à la suite de
256 la racine , et six zéros à la suite de 281474976710656
sa sixième puissance ; en sorte que 2560 est la racine sixième de 281474976710656000000 ; 2° comme cette sixième
puissance n'est pas la plus grande du nombre entier ; alors,
nous remplaçons le zéro de la racine par un 4 , afin de
chercher la sixième puissance de 2564 ; 3° nous élevons
2564 à son cube 16855982144 qui montre que nous devons
sommer 16855982144 termes de la progression pour former
la sixième puissance de 2564 ; 4° nous prenons 33711964288 ,
le double du cube, qui exprime la somme des premier et
dernier termes des 16855982144 qui sont à calculer ; 5°
nous multiplions 33711964288 par 8427991072 la moitié
du cube 16855982144 , laquelle est effectivement la moitié
des termes à calculer, pour avoir 284124134038846836736
le nombre entier qui est exactement la sixième puissance
de 2564.

TABLEAU III.

*La progression génératrice des quarrés 1 , 3, 5, etc., etc.
forme les sixièmes puissances.*

1re COLONNE.	2e COLONNE.	3e COLONNE.	4e COLONNE.
RACINES.	Chaque cube des racines indique le nombre des termes qu'on doit calculer pour former chaque 6e puissance.	Indication du premier terme qui est toujours un , et du dernier terme de chaque nombre de ceux qui doivent être calculés pour former chaque sixième puissance, lequel dernier terme égale toujours le double moins un du cube correspondant.	Chaque somme de 1er terme et du dernier terme de ceux qui sont à calculer, laquelle égale le double de chaque cube correspondant, multipliée par la moitié de chacun de ces mêmes cubes, produit chaque 6e puissance.
1.	1.	1.	1.
2.	8.	1,3 5 7.9.11,13 15.	64.
3.	27.	1. . . . 53.	729.
4.	64.	1. . . . 127.	4096.
5.	125.	1. . . . 249.	15625.
6.	216.	1. . . . 431.	46656.
7.	343.	1. . . . 685.	117649.
8.	512.	1. . . . 1023.	262144.
9.	729.	1. . . . 1457.	531441.
10.	1000.	1. . . . 1999.	1000000.
11.	1331.	1. . . . 2661.	1771561.
12.	1728.	1. . . . 3455.	2985984.
13.	2197.	1. . . . 4393.	4826809.
14.	2744	1. . . . 5487.	7529536.
15.	3375	1. . . . 6749.	11390625.
16.	4096.	1. . . . 8191.	16777216.
17.	4913.	1. . . . 9825.	24137569.
18.	5832.	1. . . . 11663.	34012224.
19.	6859.	1. . . . 13717.	47045881.
20.	8000.	1. . . . 15999.	64000000.

NOUVELLE MÉTHODE

DE FORMER LES SEPTIÈMES PUISSANCES, ET D'EXTRAIRE LA RACINE SEPTIÈME D'UN NOMBRE QUELCONQUE, RÉSULTANTE DE LA PROGRESSION ARITHMÉTIQUE 1, 3, 5, etc., etc.

Comme il est universellement connu qu'une puissance supérieure égale la puissance immédiatement inférieure multipliée par la racine commune à ces deux puissances; de là suit la conséquence nécessaire que la puissance d'un degré impair égale la puissance d'un degré pair qui précède immédiatement et qui est multipliée par la racine commune à ces deux puissances. Cette vérité incontestable qui nous a fait facilement obtenir la cinquième puissance de plusieurs racines et l'extraction de la racine cinquième de plusieurs nombres, nous fera également obtenir avec la même facilité la septième puissance de plusieurs racines et l'extraction de la racine septième de plusieurs nombres.

La formation de chaque septième puissance est le résultat de deux produits. La sommation d'un nombre des termes de la progression génératrice des quarrés, énoncé par le cube de la racine correspondante, compose le premier produit qui est la sixième puissance de cette racine : la multiplication de cette puissance par sa racine sixième, compose le second produit qui est effectivement la septième puissance de la même racine.

Les exemples ci-après feront comprendre combien ce calcul est aussi facile que sûr pour produire la septième puissance de plusieurs racines.

Pour former la septième puissance de 2, nous disons 1º que 8, cube de 2, montre que les huit premiers termes de la progression doivent être additionnés, pour avoir la somme 64 la sixième puissance de 2 ; 2º que 64, étant multiplié par la racine 2, produit 128 la septième puissance de 2.

Pour former la septième puissance de 3, nous disons 1º que 27, cube de 3, montre que les vingt-sept premiers termes de la progression doivent être additionnés, pour avoir la somme 729 la sixième puissance de 3 ; 2º que 729, étant multiplié par la racine 3, produit 2187 la septième puissance de 3.

Nous nous servirons désormais de la multiplication pour calculer plus promptement les nombreux termes de la progression qui peuvent être indiqués par des cubes. Or, pour faire ce calcul, il est bon de savoir 1º que le double de chaque cube égale la somme des premier et dernier termes de chaque nombre de ceux qu'on doit calculer pour concourir à former chaque septième puissance ; 2º que le double de chaque cube qui égale la somme des premier et dernier termes de ceux qui sont à calculer, doit être multiplié par la moitié du cube, laquelle exprime la moitié de chaque nombre à calculer, pour avoir le premier produit ; 3º que ce premier produit, étant multiplié par la racine, forme la septième puissance de cette même racine.

Pour former la septième puissance de 14 : nous savons que nous devons sommer 2744 termes de la progression énoncés par 2744 le cube de 14, pour avoir le premier produit qui sera la sixième puissance de la racine 14 ; et multiplier ce premier produit par la racine 14, pour avoir le second produit qui sera la septième puissance de 14. Or, afin d'obtenir ce double résultat, nous multiplions 1º 5488 le double du cube qui égale la somme des premier et dernier termes des 2744 qui sont à calculer, par 1372 la moitié du cube, laquelle exprime la moitié de leur nombre, pour avoir 7529536 la sixième puissance de 14; 2° 7529536 par la racine 14, pour avoir 105413504 la septième puissance de 14.

Pour former la septième puissance de 19, nous savons que nous devons sommer 6859 termes de la progression énoncés par 6859 le cube de 19, pour avoir le premier produit qui sera la sixième puissance de la racine 19; et multiplier ce premier produit par la racine 19, pour avoir le second produit qui sera la septième puissance de 19. Or, afin d'obtenir ce double résultat, nous multiplions 1° 13718 le double du cube qui égale la somme des premier et dernier termes des 6859 qui sont à calculer, par 3429 $\frac{1}{2}$ la moitié du cube, laquelle exprime la moitié de leur nombre, pour avoir 47045881 la sixième puissance de 19; 2° 47045881 par 19, pour avoir 893871739 la septième puissance de 19.

Dès que nous savons comment on forme la septième puissance des racines quelconques, et dès que nous suivons ce mode de formation pour extraire la racine septième d'un nombre quelconque; nous passons à son extraction. Mais, avant de commencer, il est bon de savoir 1° que tout nombre exprimé par sept chiffres qui ont la plus grande valeur numérique, comme 9999999 a pour racine septième le seul chiffre 9; que tout nombre exprimé par huit chiffres qui ont la plus petite valeur numérique; comme 10000000, a pour racine septième les deux chiffres 10; 2° que tout nombre dont on cherche la racine septième, doit être partagé, en allant de droite à gauche, par tranches de sept chiffres en sept chiffres; en sorte que chaque tranche doit avoir nécessairement sept chiffres, excepté la tranche le plus à gauche qui peut n'en avoir que six, ou cinq, ou quatre, ou trois, ou deux, ou même un seul chiffre;

37

3°. que la racine doit avoir autant de chiffres que le nombre qu'on veut extraire, a de tranches ; 4° que l'extraction de la racine commence par la tranche le plus à gauche, continue sur les deux premières tranches, etc., et enfin sur le nombre entier.

EXEMPLE I.

3772547 , 9487783.

Ayant partagé le nombre 37725479487783 en deux tranches, nous devons avoir à la racine deux chiffres qui exprimeront des dizaines et des unités.

Premièrement, nous commençons à extraire la racine septième de 3772547 la tranche le plus à gauche ; le chiffre 8 qui en est extrait, exprime huit dizaines, et est la racine de 2097152 la septième puissance la plus grande de 3772547 la première tranche ; puisque 4782969 la septième puissance de 9 la dépasse.

Secondement, pour opérer sur 37725479487783 le nombre entier, 1° nous mettons un zéro à la suite de 8 la racine, et sept zéros à la suite de 2097152 sa septième puissance ; en sorte que 80 est la racine septième de 20971520000000 ; 2° comme cette septième puissance est encore éloignée du nombre entier, ainsi que nous l'avons remarqué par plusieurs calculs semblables à celui que nous faisons présentement ; c'est pourquoi nous remplaçons le zéro de la racine par le chiffre 7 , et nous cherchons la septième puissance de 87 que nous présumons être la plus grande du nombre entier ; 3° nous élevons 87 à son cube 658503 qui fait voir que nous devons sommer 658503 termes de la progression pour coopérer à former la septième puissance de 87 ; 4° nous prenons 1317006, le double du cube, qui exprime la somme des premier et dernier termes des 658503 qui sont à calculer ; 5° nous multiplions 1317006 par 329251 $\frac{1}{2}$ la moitié du cube 658503 , laquelle est la moitié des termes à calculer ; pour avoir le premier produit 4336262010og la sixième puissance de 87 ; 6° nous multiplions le premier produit 4336262010og par la racine 87 , pour avoir le second produit 37725479487783 le nombre entier qui est exactement la septième puissance de 87.

EXEMPLE II.

395, 7993128, 6171875.

Ayant partagé le nombre 395799312386171875 en trois tranches ; nous devons avoir à la racine trois chiffres qui exprimeront des centaines , des dizaines et des unités.

Premièrement nous commençons à extraire la racine septième de 395 la tranche le plus à gauche ; le chiffre 2 qui en est extrait, exprime deux centaines et est la racine de 128 la septième puissance la plus approchante de 395 la première tranche; puisque 2187 la septième puissance de 3 la dépasse.

Secondement, pour opérer sur 3957993128 les deux premières tranches : nous mettons un zéro à la suite de 2 la racine , et sept zéros à la suite de 128 sa septième puissance ; en sorte que 20 est la racine septième de 1280000000 ; 2° comme cette septième puissance n'est pas la plus grande des deux premières tranches , c'est pour cela que nous remplaçons le zéro de la racine par un 3 et que nous allons chercher la septième puissance de 23 ; 3° nous élevons 23 à son cube 12167 qui exprime que nous devons sommer 12167 termes de la progression pour coopérer à former la septième puissance de 23 ; 4° nous prenons 24334 , le double du cube, qui exprime la somme des premier et dernier

termes des 12167 qui sont à calculer ; 5° nous multiplions
24334 par 6083 ½ la moitié du cube 12167, laquelle est la
moitié des termes à calculer, pour avoir le premier produit
148035889 la sixième puissance de 23 ; 6° nous multiplions le premier produit 148035889 par la racine 23, pour
avoir le second produit 3404825447 la septième puissance
de 23 la plus approchante des deux premières tranches ;
puisque 4586471424 la septième puissance de 24 les
dépasse.

Troisièmement, pour opérer sur 3957993128617187 5 le
nombre entier : 1° nous mettons un zéro à la suite de 23
la racine, et sept zéros à la suite de 3404825447 sa septième puissance ; en sorte que 230 est la racine septième de
34048254470000000 ; 2° comme cette septième puissance
n'est pas la plus grande du nombre entier ; c'est pour cela
que nous remplaçons le zéro de la racine par un 5, et que
nous allons chercher la septième puissance de 235 ; 3° nous
élevons 235 à son cube 12977875 qui exprime que nous
devons sommer 12977875 termes de la progression pour
coopérer à former la septième puissance de 235 ; 4° nous
prenons 25955750, le double du cube, qui exprime la
somme des premier et dernier termes des 12977875 qui sont
à calculer ; 5° nous multiplions 25955750 par 6488937 ½
la moitié du cube 12977875, laquelle est la moitié des
termes à calculer ; pour avoir le premier produit
16842523951562 5 la sixième puissance de 235 ; 6° nous
multiplions le premier produit 16842523951562 5 par la racine 235, pour avoir le second produit 3957993128617187 5
le nombre entier qui est exactement la septième puissance
de 235.

~~~~~~

NOUVELLE MÉTHODE

DE FORMER LES HUITIÈMES PUISSANCES, ET D'EXTRAIRE LA RACINE HUITIÈME D'UN NOMBRE QUELCONQUE ; RÉSULTANTE DE LA PROGRESSION ARITHMÉTIQUE 1, 3, 5, etc., etc.

———

AVANT de nous occuper à extraire la racine huitième d'un nombre quelconque, nous ferons connaître la manière de former les huitièmes puissances des nombres naturels, résultante de la progression génératrice des quarrés 1, 3, 5, 7, 9, etc. etc.

Leûr formation consiste à connaître le nombre des termes de cette série qu'il faut sommer, et la manière de les sommer. Or, la quatrième puissance de chaque racine désigne le nombre des termes qu'on doit sommer pour trouver la huitième puissance de chacune d'elles : et le tableau IV nous fait comprendre comment la sommation de ses termes se calcule pour trouver les huitièmes puissances des nombres naturels.

Ce tableau a quatre colonnes. La première contient les racines : la seconde, les quatrièmes puissances des racines qui désignent chaque nombre des termes de la progression génératrice des quarrés qu'on doit calculer pour trouver chaque huitième puissance : la troisième, l'indication du premier terme qui est toujours 1, et du dernier terme de chaque nombre de ceux qui sont à calculer, lequel der-
~~~~~~

nier terme a autant de termes que la quatrième puissance
correspondante a d'unités, et égale moins 1 le double de
cette même 4ᵐᵉ puissance : la quatrième, chaque somme de
1 premier terme et du dernier terme de ceux qui sont à calculer, laquelle étant toujours le double de chaque quatrième puissance correspondante, et étant multipliée par
la moitié de chacune de ces quatrièmes puissances indicative de la moitié de leur nombre à calculer, produit chaque
huitième puissance.

Les exemples suivans, faits d'après les principes exprimés dans le tableau IV, feront voir la solidité de ce calcul
et la facilité avec laquelle on parvient à trouver les huitièmes puissances de plusieurs racines.

Lorsqu'il s'agit de former la huitième puissance de 2 :
16, la quatrième puissance de 2, désigne qu'il faut additionner les 16 premiers termes 1, 3, 5, 7, 9, 11, 13, 15,
17, 19, 21, 23, 25, 27, 29, 31, pour avoir la somme
256 la huitième puissance de 2.

Lorsqu'il s'agit de former la huitième puissance de 3 :
81, la quatrième puissance de 3, désigne qu'il faut additionner les 81 premiers termes 1, 3, 5, 7, 9, 11, 13, 15,
17, 19, 21, 23, 25, 27, 29, 31, 33, 35, 37, 39, 41,
43, 45, 47, 49, 51, 53, 55, 57, 59, 61, 63, 65, 67,
69, 71, 73, 75, 77, 79, 81, 83, 85, 87, 89, 91, 93,
95, 97, 99, 101, 103, 105, 107, 109, 111, 113, 115,
117, 119, 121, 123, 125, 127, 129, 131, 133, 135,
137, 139, 141, 143, 145, 147, 149, 151, 153, 155,
157, 159, 161, pour avoir la somme 656: la huitième
puissance de 3.

Comme l'addition deviendrait trop longue quand il fau-
drait sommer de nombreux termes de la progression ; nous
nous servirons de la multiplication qui est une addition
très-abrégée, afin de calculer avec plus de promptitude et
autant d'exactitude tous ceux qui seront absolument néces-

saires pour former chaque huitième puissance. Ainsi cette
sommation consiste 1° à prendre le double de chaque quatrième puissance de la racine, pour avoir la somme des
premier et dernier termes du nombre de ceux qui sont à
calculer ; 2° à multiplier le double de chaque quatrième
puissance, lequel égale la somme des premier et dernier
termes, par la moitié de la quatrième puissance qui désigne
la moitié de leur nombre à calculer, pour avoir un produit
qui est vraiment la huitième puissance de la racine.

Lorsqu'il s'agit de former la huitième puissance de 4 :
256, la quatrième puissance de 4, désigne qu'il faut sommer 256 termes de la progression. Cette sommation consiste
1° à prendre 512, le double de la quatrième puissance
256, lequel égale la somme des premier et dernier termes
des 256 qui sont à calculer ; 2° à multiplier 512 la somme
des premier et dernier termes, par 128 la moitié de la
quatrième puissance 256 qui exprime la moitié de leur
nombre à calculer, pour avoir 65536 la huitième puissance de 4.

Lorsqu'il s'agit de former la huitième puissance de 5 :
625, la quatrième puissance de 5, désigne qu'il faut sommer 625 termes de la progression. Cette sommation consiste
1° à prendre 1250, le double de la quatrième puissance
625, lequel égale la somme des premier et dernier termes
des 625 qui sont à calculer ; 2° à multiplier 1250 la somme
des premier et dernier termes, par $312\frac{1}{2}$ la moitié de la
quatrième puissance qui exprime la moitié de leur nombre
à calculer, pour avoir 390625 la huitième puissance de 5.

Lorsqu'il s'agit de former la huitième puissance de 6 :
1296, la quatrième puissance de 6, désigne qu'il faut sommer 1296 termes de la progression. Cette sommation consiste 1° à prendre 2592, le double de la quatrième puissance 1296, lequel égale la somme des premier et dernier
termes des 1296 qui sont à calculer ; 2° à multiplier 2592

la somme des premier et dernier termes , par 648 la moitié
de la quatrième puissance 1296 qui exprime la moitié de
leur nombre à calculer, pour avoir 1679616 la huitième
puissance de 6.

Lorsqu'il s'agit de former la huitième puissance de 7 :
2401 , la quatrième puissance de 7 , désigne qu'il faut sommer 2401 termes de la progression. Cette sommation consiste 1º à prendre 4802 , le double de la quatrième puissance
2401 , lequel égale la somme des premier et dernier termes
des 2401 qui sont à calculer ; 2º à multiplier 4802 la somme
des premier et dernier termes , par 1200 $\frac{1}{2}$ la moitié de la
quatrième puissance 2401 qui exprime la moitié de leur
nombre à calculer , pour avoir 5764801 la huitième puissance de 7.

Lorsqu'il s'agit de former la huitième puissance de 8 :
4096 , la quatrième puissance de 8 , désigne qu'il faut sommer 4096 termes de la progression. Cette sommation consiste 1º à prendre 8192 , le double de la quatrième puissance
4096 , lequel égale la somme des premier et dernier termes
des 4096 qui sont à calculer ; 2º à multiplier 8192 la somme des premier et dernier termes , par 2048 la moitié de la
quatrième puissance 4096 qui exprime la moitié de leur
nombre à calculer , pour avoir 16777216 la huitième puissance de 8.

Lorsqu'il s'agit de former la huitième puissance de 9 :
6561 , la quatrième puissance de 9 , désigne qu'il faut sommer 6561 termes de la progression. Cette sommation consiste 1º à prendre 13122 ; le double de la quatrième puissance 6561 , lequel égale la somme des premier et dernier
termes des 6561 qui sont à calculer ; 2º à multiplier 13122
la somme des premier et dernier termes , par 3280 $\frac{1}{2}$ la
moitié de la quatrième puissance 6561 qui exprime la moitié de leur nombre à calculer , pour avoir 43046721 la huitième puissance de 9.

Dès que nous connaissons maintenant les règles qui nous font trouver avec certitude les huitièmes puissances des nombres naturels ; dès que nous savons qu'il faut suivre ces mêmes règles pour obtenir l'extraction de la racine huitième d'un nombre donné ; c'est pourquoi nous nous y conformerons. Mais, avant de nous en occuper, il est bon de dire 1° que tout nombre exprimé par huit chiffres qui ont la plus grande valeur numérique, comme 99999999, a pour racine huitième le seul chiffre 9 ; que tout nombre exprimé par neuf chiffres qui ont la plus petite valeur numérique, comme 100000000, a pour racine huitième les deux chiffres 10 ; 2° que tout nombre dont on cherche la racine huitième, d'après cette observation, doit être partagé, en allant de droite à gauche, par tranches de huit chiffres en huit chiffres ; en sorte que chaque tranche doit avoir nécessairement huit chiffres, excepté la tranche le plus à gauche qui peut n'en avoir que sept, ou six, ou cinq ; ou quatre, ou trois, ou deux, ou un seul chiffre ; 3° que la racine doit avoir autant de chiffres que le nombre qu'on veut extraire a de tranches ; 4° qu'on commence l'extraction de la racine huitième par la tranche le plus à gauche, qu'on la continue sur les deux premières tranches, etc. ; et qu'enfin on la termine sur le nombre entier.

EXEMPLE 1.

200476, 12231936.

Ayant partagé le nombre 20047612231936 en deux tranches, nous devons avoir à la racine deux chiffres qui exprimeront, des dizaines et des unités.

D'abord, nous commençons à extraire la racine huitième de 200476 la tranche le plus à gauche ; le chiffre 4 qui en est extrait, est la racine de 65536 la huitième puissance la plus grande de cette première tranche ; puisque 3go625 la huitième puissance de 5 l'excède.

Enfin, nous cherchons à extraire la racine du nombre entier 20047612231g36. Afin d'obtenir cette extraction : 1° nous mettons un zéro à la suite de 4 la racine ; et huit zéros à la suite de 65536 sa huitième puissance ; en sorte que 40 est la racine huitième de 6553600000000 ; 2° comme cette huitième puissance n'est pas la plus grande du nombre entier, ainsi que celles des racines 41, 42, 43, 44, 45 que nous avons successivement formées et vérifiées ; nous allons chercher celle de 46 ; 3° nous élevons 46 à sa quatrième puissance 4477456 laquelle désigne que nous devons sommer 4477456 termes de la progression, pour former la huitième puissance de 46 ; 4° nous prenons 8954912, le double de la quatrième puissance 4477456, lequel exprime la somme des premier et dernier termes des 4477456 qui sont à calculer ; 5° nous multiplions 8954912, par 2238728 la moitié de la quatrième puissance 4477456 qui est la moitié des termes à calculer, pour avoir 20047612231g36 le nombre entier qui est exactement la huitième puissance de 46.

EXEMPLE II.

74578g51, 133g9572, 05139456.

Le nombre 74578g5113399572051394 56 ayant été partagé en trois tranches pour l'extraction de la racine huitième, nous devons avoir à la racine trois chiffres qui exprimeront des centaines, des dizaines et des unités.

D'abord, nous commençons à extraire la racine huitième de 745,8g51 la première tranche ; le chiffre 9 qui en est extrait, exprime 9 centaines, et est la racine de 4304672 1 la huitième puissance la plus grande de 74578g51 la première tranche ; puisque 100000000 la huitième puissance de 10 la dépasse.

Ensuite, pour extraire la racine de 7457895113399572 les deux premières tranches : 1° nous mettons un zéro à la suite de 9 la racine, et huit zéros à la suite de 43046721 sa huitième puissance ; en sorte que 90 est la racine huitième de 4304672100000000 ; 2° comme cette huitième puissance est bien inférieure aux deux premières tranches, nous avons successivement cherché les huitièmes puissances des racines 91, 92, 93, 94, 95 que nous avons obtenues en nous conformant à nos règles et que nous avons trouvées ne pas en approcher assez près ; maintenant nous voulons chercher la huitième puissance de 96, à l'effet de savoir si elle est la plus grande des deux premières tranches ; 3° nous élevons 96 à sa quatrième puissance 84934656 qui exprime que nous devons sommer 84934656 termes de la progression pour former la huitième puissance de 96 ; 4° nous prenons 169869312, le double de la quatrième puissance, lequel énonce la somme des premier et dernier termes des 84934656 qui sont à calculer ; 5° nous multiplions 169869312 par 42467328 la moitié de la quatrième puissance 84934656 qui est aussi la moitié des termes à calculer, pour avoir 7113915799838336 la huitième puissance de 96 la plus approchante de 7457895113399572 les deux premières tranches ; puisque 7837433594376961 la huitième puissance de 97 les dépasse.

Enfin, pour extraire la racine de 745789511339957205139456 le nombre entier : 1° nous mettons un zéro à la suite de 96 la racine, et huit zéros à la suite de 7113915799838336 sa huitième puissance ; en sorte que 960 est la racine huitième de 711391579983833600000000 ; 2° comme cette huitième puissance n'est pas la plus grande du nombre entier ; ainsi que celles des racines 961, 962, 963 que nous avons obtenues en suivant les règles que nous avons enseignées, nous allons chercher la huitième puissance de 964 ; 3° nous élevons 964 à sa quatrième puissance 863591055616 qui

exprime que nous devons sommer 863591055616 termes de
la progression pour former la huitième puissance de 964 ;
4° nous prenons 1727182111232, le double de la quatrième
puissance, lequel énonce la somme des premier et dernier
termes des 863591055616 qui sont à calculer ; 5° nous
multiplions 1727182111232 la somme des premier et dernier termes de ceux qui sont à calculer, par 431795527808
la moitié de la quatrième puissance 863591055616 laquelle
moitié est précisément celle du nombre qu'on doit calculer,
pour avoir le produit 745789511339957205139456 le nombre entier qui est exactement la huitième puissance de 964.

TABLEAU IV.

La progression génératrice des quarrés 1, 3, 5, etc., etc., forme les huitièmes puissances.

RACINES.	Chaque 4e puissance des racines indique le nombre des termes à calculer pour former chaque huitième puissance.	Indication du premier terme qui est toujours un, et du dernier terme de chaque nombre de ceux qui sont à calculer pour former chaque huitième puissance, lequel dernier terme égale toujours le double moins un de la quatrième puissance correspondante.	Chaque somme de 1er terme et du dernier terme de ceux qui sont à calculer, laquelle égale toujours le double de chaque 4e puissance correspondante multipliée par la moitié de chacune de ces mêmes quatrièmes puissances, produit chaque 8e puissance.
1.	1	1 . . .	1.
2.	16	1 . . . 31	256.
3.	81	1 . . . 161	6561.
4.	256	1 . . . 511	65536.
5.	625	1 . . . 1249	390625.
6.	1296	1 . . . 2591	1679616.
7.	2401	1 . . . 4801	5764801.
8.	4096	1 . . . 8191	16777216.
9.	6561	1 . . . 13121	43046721.
10.	10000	1 . . . 19999	100000000.
11.	14641	1 . . . 29281	214358881.
12.	20736	1 . . . 41471	429981696.
13.	28561	1 . . . 57121	815730721.
14.	38416	1 . . . 76831	1475789056.
15.	50625	1 . . . 101249	2562890625.
16.	65536	1 . . . 131071	4294967296.
17.	83521	1 . . . 167041	6975757441.
18.	104976	1 . . . 209951	11019960576.
19.	130321	1 . . . 260641	16983563041.
20.	160000	1 . . . 319999	25600000000.

NOUVELLE MÉTHODE

DE FORMER LES NEUVIÈMES PUISSANCES, ET D'EXTRAIRE LA RACINE NEUVIÈME D'UN NOMBRE QUELCONQUE, RÉSULTANTE DE LA PROGRESSION ARITHMÉTIQUE 1, 3, 5, etc., etc.

Puisque la formation des neuvièmes puissances et l'extraction de leurs racines résultent de deux produits ; nous avons le premier produit qui est la huitième puissance d'une racine quelle qu'elle soit, en nous conformant à tout ce qui est prescrit pour la formation des huitièmes puissances ; le second produit qui est la neuvième puissance de la même racine, en multipliant cette huitième puissance trouvée par sa racine.

Ainsi, pour former la neuvième puissance de 70 : 1° il faut calculer 24010000 premiers termes de la progression désignés par 24010000 la quatrième puissance de 70 ; 2° prendre 48020000, le double de la quatrième puissance, lequel égale la somme des premier et dernier termes des 24010000 qui sont à calculer, et 12005000, la moitié de 24010000, laquelle égale la moitié de leur nombre; 3° multiplier 48020000 la somme des premier et dernier termes du nombre à calculer, par 12005000 la moitié de leur nombre, pour avoir le premier produit 576480100000000 la huitième puissance de 70 ; 4° multiplier le premier produit 576480100000000 par la racine 70, pour avoir le second produit 40353607000000000 la neuvième puissance de 70.

Avant d'extraire la racine neuvième d'un nombre quelconque, il faut le partager de droite à gauche par tranches
de neuf chiffres en neuf chiffres; en sorte qne chaque tranche doit avoir nécessairement neuf chiffres, excepté la
tranche le plus à gauche qui peut en avoir une moindre
quantité.

EXEMPLE.

66456, 838483748, 746952704.

Ayant partagé le nombre 66456838483748746952704
en trois tranches, nous devons avoir à la racine trois chiffres qui exprimeront des centaines, des dizaines et des
unités.

D'abord nous cherchons à extraire la racine neuvième
de 66456 la tranche le plus à gauche; le chiffre 3 qui en
est extrait, est la racine de 19683 la neuvième puissance
la plus grande de cette première tranche; puisque 262144
la neuvième puissance de 4 l'excède.

Puis nous cherchons à extraire la racine neuvième des
deux premières tranches 66456838483748. Pour l'avoir :
1° nous mettons un zéro à la suite de 3 la racine, et neuf
zéros à la suite de 19683 sa neuvième puissance, en sorte
que 30 est la racine neuvième de 19683000000000; 2° comme cette neuvième puissance n'est pas la plus grande des
deux premières tranches, de même que celles de 31, 32,
33 que nous avons successivement formées, d'après nos
principes établis; nous allons chercher celle de 34; 3° nous
élevons 34 à sa quatrième puissance 1336336 qui indique
que nous devons sommer 1336336 termes de la progression;
pour former la huitième de 34 ; 4° nous prenons 2672672,
le double de la quatrième puissance, lequel énonce la somme des premier et dernier termes des 1336336 qui sont

à calculer ; 5° nous multiplions 2672672 la somme des premier et dernier termes, par 668168 la moitié de la quatrième puissance qui est aussi la moitié du nombre des termes que nous devons calculer, pour avoir le premier produit 1785793904896 la huitième puissance de 34 ; 6° nous multiplions le premier produit 1785793904896 par la racine 34, pour avoir le second produit 60716992766464 la neuvième puissance de 34 la plus grande des deux premières tranches 66456838483748; puisque 78815638671875 la neuvième puissance de 35 les excède.

Enfin, nous cherchons à extraire la racine neuvième du nombre entier 66456838483748746952704 ; pour avoir cette racine : 1° nous mettons un zéro à la suite de la racine 34 extraite des deux premières tranches, et neuf zéros à la suite de sa neuvième puissance 60716992766464 ; en sorte que 340 est la racine 9ème de 60716992766464000000000 ; 2° comme cette neuvième puissance n'est pas la plus grande du nombre entier, comme aussi chacune de celles de 341, 342, 343 n'en n'approche pas assez près ; nous allons chercher celle de 344 ; 3° nous élevons 344 à sa quatrième puissance 14003408896 laquelle indique que nous devons sommer 14003408896 termes de la progression, pour former la huitième puissance de 344 ; 4° nous prenons 28006817792, le double de la quatrième puissance, lequel énonce la somme des premier et dernier termes des 14003408896 qui sont à calculer ; 5° nous multiplions 28006817792, la somme des premier et dernier termes, par 7001704448 la moitié du nombre des termes que nous devons calculer, pour avoir le premier produit 196095460708571938816 la 8ème puissance de 344 ; 6° nous multiplions le premier produit 196095460708571938816 par la racine 344, pour avoir le second produit 66456838483748746952704 nombre entier la neuvième puissance de 344.

RÉCAPITULATION

Sur la Formation des Puissances et l'Extraction de leurs Racines, résultantes de la Progression génératrice des Quarrés 1, 3, 5, etc., etc.

————

Nous allons donner brièvement les préceptes généraux qui résultent de la progression génératrice des quarrés 1, 3, 5; 7, 9, 11, etc. etc. pour former les puissances et extraire leurs racines.

Les préceptes généraux consistent à connaître 1º le nombre des termes de cette série qu'on doit nécessairement calculer pour former chaque puissance et extraire la racine de chacune d'elles; 2º la manière de les calculer, pour opérer ce double résultat.

Mais comme le nombre des termes varie à chaque puissance d'un degré pair qu'on doit former ou dont on doit extraire la racine, et dépend de la connaissance de chaque puissance inférieure; comme aussi il est important de connaître la manière de calculer chaque nombre: il est essentiel de revoir brièvement les puissances que nous avons formées et dont nous avons extrait les racines; à l'effet de découvrir, autant qu'il nous sera possible, le rapport qu'il y a entre les puissances indicatives et les puissances qu'on a successivement formées ou dont les racines ont été extraites; d'avoir une connaissance précise de la manière de calculer chaque nombre indiqué pour produire ce double effet; et par là de faire voir que la progression génératrice des quarrés est l'origine de toutes les puissances. En effet, les termes de cette série calculés, d'après des règles aussi simples que sûres, forment les puissances des degrés pairs ; celles-ci étant formées et multipliées par leurs racines respectives produisent les puissances des degrés impairs. Nous remarquons que chaque puissance d'un degré impair est le résultat de deux produits. Le premier produit qui provient de la sommation d'un certain nombre de termes de la progression, forme la puissance d'un degré pair ; le second produit est cette sommation des mêmes termes répétée autant de fois que la racine a d'unités, et forme ainsi la puissance d'un degré impair.

Pour nous expliquer plus méthodiquement, nous commencerons par le cube, ensuite nous suivrons sans interruption quelques autres puissances.

Premièrement, les nombres naturels 1 , 2 , 3 , 4 , etc. etc. qui sont identiquement les racines et les termes de la première puissance, indiquent chaque nombre des termes de la progression qu'on doit calculer pour former chaque cube ; en observant néanmoins que chaque nombre est pris consécutivement.

Ainsi 2 dont on veut le cube, indique qu'il faut additionner 3 et 5 deux termes de la progression, pour avoir la somme 8 cube de 2.

3 dont on veut le cube, indique qu'il faut additionner 7 , 9 et 11 trois termes de la progression, pour avoir la somme 27 cube de 3.

4 dont on veut le cube, indique qu'il faut additionner 13 , 15 , 17 , 19 quatre termes de la progression, pour avoir la somme 64 cube de 4.

Lorsque les racines indiquent de nombreux termes à calculer pour former des cubes, il est nécessaire de connaître les premier et dernier termes de chaque nombre ; savoir, le premier terme qu'on obtient en multipliant la racine dont on veut le cube par celle qui la précède immédiatement et en ajoutant au produit une unité ; le dernier terme qu'on obtient ainsi en ajoutant au premier terme le double de la racine précédente ; à l'effet de multiplier leur somme par la moitié de la racine indicative de la moitié de leur nombre, et par cela même d'avoir plus promptement un produit qui est exactement le cube cherché.

La racine 54 dont on veut le cube, indique qu'il faut calculer 54 termes de la progression qui doivent être pris à la suite de ceux qui sont destinés à former le cube de la racine 53. Or, comme nous voulons employer dans ce calcul la multiplication, afin d'obtenir plus promptement un produit qui sera le cube cherché : 1° nous avons le premier terme 2863 en multipliant 54 par 53 et en ajoutant 1 au produit 2862 ; le dernier terme 2969 en ajoutant au premier terme 2863, 106 le double de 53 la racine précédente ; 2° nous multiplions 5832 la somme de 2863 et de 2969 premier et dernier termes du nombre à calculer, par 27 la moitié de la racine 54 qui énonce la moitié de leur nombre, pour avoir le produit 157464 qui est vraiment le cube de 54.

Ces règles qui servent à former tous les cubes possibles, servent aussi à extraire la racine cubique d'un nombre quelconque qu'on aura auparavant partagé par tranches de trois chiffres en trois chiffres ; en sorte que chaque tranche doit avoir nécessairement trois chiffres, excepté la tranche le plus à gauche qui peut n'en avoir que deux ou même un seul chiffre.

Secondement, les quarrés 1, 4, 9, 16 etc. etc. indiquent chaque nombre des termes de la progression qu'on doit calculer pour former chaque quatrième puissance, en observant néanmoins que l'unité est toujours le premier terme de chaque nombre.

Ainsi 4 le quarré de la racine 2 de laquelle on cherche la quatrième puissance ; indique qu'il faut additionner les quatre termes suivans 1, 3, 5, 7, pour avoir la somme 16 la quatrième puissance de 2.

9 le quarré de la racine 3 de laquelle on cherche la quatrième puissance, indique qu'il faut additionner les neuf termes suivans 1, 3, 5, 7, 9, 11, 13, 15, 17, pour avoir la somme 81 la quatrième puissance de 3.

16 le quarré de la racine 4 de laquelle on cherche la quatrième puissance, indique qu'il faut additionner les seize termes suivans 1, 3, 5, 7, 9, 11, 13, 15, 17, 19, 21, 23, 25, 27, 29, 31, pour avoir la somme 256 la quatrième puissance de 4.

Lorsque les quarrés indiquent des termes nombreux de la progression à calculer pour avoir les quatrièmes puissances ; il faut savoir, afin de remplacer l'addition par la multiplication qui nous fera connaître avec autant de brièveté que d'exactitude leur sommation : 1° que la somme des premier et dernier termes de chaque nombre égale toujours le double du quarré correspondant ; 2° que la moitié du quarré correspondant exprime toujours la moitié des termes à calculer. Ensuite nous multiplions la somme des premier et dernier termes de chaque nombre par la moitié de ses termes, pour avoir un produit qui est exactement la quatrième puissance de la racine correspondante.

625 le quarré de 25 indique qu'il faut calculer 625 termes de la progression pour former la quatrième puissance de 25. Afin de remplacer l'addition qui serait trop longue par la multiplication qui nous fera connaître plus brièvement leur sommation : 1° il faut savoir que la somme des premier et dernier termes des 625 qui sont à calculer égale 1250 le double du quarré 625 ; 2° que 312 $\frac{1}{2}$ la moitié du quarré 625 est justement la moitié du nombre des termes à calculer. Ensuite nous multiplions 1250 par 312 $\frac{1}{2}$, pour avoir le produit 390625 qui est vraiment la quatrième puissance de 25.

Ces principes qui servent à former toutes les quatrièmes puissances possibles, servent aussi à extraire la racine quatrième d'un nombre quelconque qu'on aura auparavant partagé par tranches de quatre chiffres en quatre chiffres ; en sorte que chaque tranche doit avoir nécessairement quatre chiffres, excepté la tranche le plus à gauche qui peut n'en avoir que trois, ou deux, ou un seul chiffre.

La formation des cinquièmes puissances est le résultat de deux produits. Le premier qui provient des règles qu'on a suivies pour la formation des quatrièmes puissances, est exactement la quatrième puissance d'une racine ; le second qui provient de la multiplication de la quatrième puissance trouvée par sa racine, est exactement la cinquième puissance de cette même racine.

Ces principes qui servent à former toutes les cinquièmes puissances, servent aussi à extraire la racine cinquième d'un nombre quelconque qu'on aura partagé par tranches de cinq chiffres en cinq chiffres ; en sorte que chaque tranche doit avoir nécessairement cinq chiffres, excepté la tranche le plus à gauche qui peut n'en avoir que quatre, ou trois, ou deux, ou un seul chiffre.

Troisièmement, les cubes 1, 8, 27, 64, etc. etc. indiquent chaque nombre des termes de la progression qu'on doit calculer pour former chaque sixième puissance ; en observant néanmoins que l'unité est toujours le premier terme de chaque nombre.

Ainsi 8 le cube de la racine 2 de laquelle on cherche la sixième puissance, indique qu'il faut additionner les huit termes suivans 1, 3, 5, 7, 9, 11, 13, 15, pour avoir la somme 64 la sixième puissance de 2.

27 le cube de la racine 3 de laquelle on cherche la sixième puissance, indique qu'il faut additionner les vingt-sept termes suivans 1, 3, 5, 7, 9, 11, 13, 15, 17, 19, 21, 23, 25, 27, 29, 31, 33, 35, 37, 39, 41, 43, 45, 47, 49, 51, 53, pour avoir la somme 729 la sixième puissance de 3.

Au lieu de l'addition qui serait trop longue , nous nous servons de la multiplication afin de sommer plus promptement les nombreux termes de la progression qui sont absolument nécessaires pour former les sixièmes puissances. Ainsi cette sommation se fait 1° en prenant le double de chaque cube qui toujours égale la somme des premier et dernier termes du nombre de ceux qui sont à calculer , et la moitié de chaque cube qui toujours égale la moitié de chaque nombre ; 2° en multipliant la somme des premier et dernier termes de chaque nombre de ceux qui sont à calculer , par la moitié de chaque nombre, pour avoir un produit qui est exactement la sixième puissance cherchée.

64 le cube de 4 indique qu'il faut sommer les 64 premiers termes de la progression pour former la sixième puissance de la racine 4. Cette sommation se fait 1° en prenant 128 le double de 64 qui égale la somme des premier et dernier termes des 64 qui sont à calculer , et 32 la moitié du cube qui égale la moitié du nombre à calculer ; 2° en multipliant 128 la somme des premier et dernier termes , par 32 , pour avoir le produit 4096 la sixième puissance de 4.

Tous ces principes qui servent à former les sixièmes puissances , servent aussi à extraire la racine sixième d'un nombre quelconque qu'on aura auparavant partagé par tranches de six chiffres en six chiffres , en sorte que chaque tranche doit avoir nécessairement six chiffres , excepté la tranche le plus à gauche qui peut n'en avoir que cinq , ou quatre, ou trois , ou deux, ou un seul chiffre.

La formation des septièmes puissances est le résultat de deux produits. Le premier qui provient des règles qu'on a suivies pour la formation des sixièmes puissances, est exactement la sixième puissance d'une racine ; le second qui provient de la multiplication de la sixième puissance trouvée par sa racine , est exactement la septième puissance de cette même racine.

Ces principes qui servent à former les septièmes puissances, servent aussi à extraire la racine septième d'un nombre quelconqne qu'on aura auparavant partagé par tranches de sept chiffres en sept chiffres ; en sorte que chaque tranche doit avoir nécessairement sept chiffres , excepté la tranche le plus à gauche qui peut n'en avoir que six , ou cinq , ou quatre , ou trois , ou deux , ou un seul chiffre.

Quatrièmement, les quatrièmes puissances 1 , 16 , 81 , 256 , etc. , indiquent chaque nombre des termes de la progression qu'on doit calculer pour former chaque huitième puissance ; en observant que l'unité est toujours le premier terme de chaque nombre.

Ainsi 16 la quatrième puissance de la racine 2 de laquelle on cherche la huitième puissance , indique qu'il faut additionner les seize termes suivans 1 , 3 , 5 , 7 , 9 , 11 , 13 , 15 , 17 , 19 , 21 , 23 , 25 , 27 , 29 , 31 , pour avoir la somme 256 la huitième puissance de 2.

Lorsque l'addition devient trop longue , nous nous servons de la multiplication pour sommer avec autant de vitesse que d'exactitude les nombreux termes de la progression qui sont absolument nécessaires pour former les huitièmes puissances. Ainsi cette sommation se fait 1° en prenant le double de chaque quatrième puissance qui toujours égale la somme des premier et dernier termes du nombre de ceux qui sont à calculer, et la moitié de chaque quatrième puissance qui toujours égale la moitié de chaque nombre ; 2° en multipliant la somme des premier et dernier termes de chaque nombre de ceux qui sont à calculer, par la moitié de chaque nombre , pour avoir un produit qui est justement la huitième puissance cherchée.

81 la quatrième puissance de 3 indique qu'il faut sommer les 81 premiers termes de la progression pour former la huitième puissance de 3. Cette sommation se fait 1° en prenant 162 le double de 81 qui égale la somme des premier et

dernier termes des 81 qui sont à calculer, et 40 ½ la moitié de la quatrième puissance qui égale la moitié du nombre à calculer ; 2° en multipliant 162 la somme des premier et dernier termes, par 40 ½, pour avoir le produit 6561 la huitième puissance de 3.

256 la quatrième puissance de 4 indique qu'il faut sommer les 256 premiers termes de la progression pour former la huitième puissance de 4. Cette sommation se fait 1° en prenant 512 le double de 256 qui égale la somme des premier et dernier termes des 256 qui sont à calculer, et 128 la moitié de la quatrième puissance qui égale la moitié du nombre à calculer ; 2° en multipliant 512 la somme des premier et dernier termes, par 128, pour avoir le produit 65536 la huitième puissance de 4.

Tous ces principes qui servent à former les huitièmes puissances, servent aussi à extraire la racine huitième d'un nombre quelconque qu'on aura auparavant partagé par tranches de huit chiffres en huit chiffres ; en sorte que chaque tranche doit avoir nécessairement huit chiffres, excepté la tranche le plus à gauche qui peut n'en avoir que sept, ou six, ou cinq, ou quatre, ou trois, ou deux, ou un seul chiffre.

La formation des neuvièmes puissances est le résultat de deux produits. Le premier qui provient des règles qu'on a suivies pour la formation des huitièmes puissances, est précisément la huitième puissance d'une racine ; le second qui provient de la multiplication de la huitième puissance trouvée par sa racine, est précisément la neuvième puissance de cette même racine.

Ces principes qui servent à former les neuvièmes puissances, servent aussi à extraire la racine neuvième d'un nombre quelconque qu'on aura auparavant partagé par tranches de neuf chiffres en neuf chiffres ; en sorte que chaque tranche doit avoir nécessairement neuf chiffres, excepté la tranche le plus à gauche qui peut en avoir une moindre quantité.

La méthode qui nous a servie à former les quatrièmes, cinquièmes, sixièmes, septièmes, huitièmes, neuvièmes puissances, et à extraire leurs racines ; peut également servir à former les puissances ultérieures, et à extraire leurs racines. Elle est simple ; puisqu'elle consiste seulement à connaître 1° chaque puissance indicative de chaque nombre des termes de la progression génératrice des quarrés qu'on doit sommer nécessairement pour là formation d'une autre ; 2° les règles faciles que nous avons enseignées, afin de calculer chaque nombre indiqué pour l'obtention de chaque puissance d'un degré pair et de chaque puissance d'un degré impair.

D'abord chaque puissance indique chaque nombre des termes de la série primitive qu'on doit sommer pour former chaque puissance d'un degré pair dont l'exposant est double, et concourt à former chaque puissance d'un degré impair qui suit immédiatement celle d'un degré pair qu'on a trouvée. Ensuite les règles dont nous nous sommes servies pour sommer chaque nombre indiqué, consistent 1° à prendre le double de chaque puissance indicative, lequel égale la somme des premier et dernier termes du nombre indiqué, à prendre aussi la moitié de chaque puissance indicative, laquelle moitié égale celle du même nombre indiqué ; 2° à multiplier la somme des premier et dernier termes du nombre indiqué par la moitié de ce même nombre, pour avoir un produit qui est justement la puissance cherchée. Enfin chaque puissance d'un degré impair égale la puissance précédente du degré pair multipliée par sa racine, ou ce qui est la même chose, égale la sommation de plusieurs termes de la progression génératrice des quarrés formant la puissance d'un degré pair qu'on a trouvée, laquelle sommation est répétée autant de fois que la racine a d'unités.

40

En général ; nous observons qu'un nombre quelconque dont on veut extraire la racine , doit être partagé , de droite à gauche , par tranches dont chacune ait autant de chiffres que l'exposant de la puissance de cette même racine a d'unités , excepté la tranche le plus à gauche qui peut en avoir une moindre quantité.

La facilité avec laquelle on peut employer ces méthodes pour la formation des puissances et l'extraction de leurs racines , nous fait concevoir la possibilité de former de grandes puissances et d'extraire leurs racines.

AUTRES
NOUVELLES MÉTHODES

DE FORMER LES CINQUIÈMES, SEPTIÈMES, NEUVIÈMES PUISSANCES, ET D'EXTRAIRE LA RACINE CINQUIÈME, SEPTIÈME, NEUVIÈME D'UN NOMBRE QUELCONQUE ; RÉSULTANTES DE LA PROGRESSION ARITHMÉTIQUE 1 , 3 , 5 , 7 , 9 , 11 , etc. etc.

AVANT d'extraire la racine des puissances des degrés impairs, c'est-à-dire, des cinquième, septième et neuvième puissances, nous allons faire connaître la manière de former chacune d'elles, résultante des termes de la progression arithmétique 1 , 3 , 5 , 7 , 9 , 11 , etc. etc. que nous appelons aussi progression génératrice des quarrés. Les termes de cette série calculés jusqu'à l'infini produisent jusqu'à l'infini les quarrés qui contiennent toutes les puissances des degrés pairs. Les termes de cette même série dont chacun est multiplié par une racine quelconque, ou bien, est pris autant de fois que la racine a d'unités, conservent entre eux la même différence, sont toujours en progression arithmétique, par conséquent calculables, et forment ainsi les puissances des degrés impairs. On verra dans la suite que leurs modes de formation seront absolument les mêmes pour l'extraction de leurs racines.

PREMIÈREMENT.

La manière de trouver la formation de la cinquième

puissance qui émane des termes de la progression génératrice des quarrés, consiste à savoir 1° que le quarré de
chaque racine indique précisément chaque nombre des
termes de cette série qu'on doit nécessairement prendre ;
2.° que chaque terme de chaque nombre de cette même
série doit être multiplié par la racine correspondante, ou
bien, doit être pris autant de fois que la racine correspondante a d'unités ; 3° que la sommation de chaque
nombre de ces mêmes termes ainsi augmentés doit être faite
en additionnant les premier et dernier termes de chaque
nombre, et en multipliant la somme qui résulte de cette
addition et qui toujours égale le double de chaque cube
correspondant, par la moitié du quarré de la racine correspondante.

Les exemples suivans rendront sensibles ces vérités
arithmétiques.

Pour trouver la cinquième puissance de 2 : 1° 4 le quarré
de 2 indique qu'il faut prendre les quatre termes suivans 1,
3, 5, 7 ; 2° chacun de ces quatre termes doit être multiplié par la racine 2, pour avoir 2, 6, 10, 14 ; 3° la sommation de ces quatre termes ainsi augmentés dont la différence constante est 4, se fait en additionnant 2 et 14 les
premier et dernier termes, et en multipliant la somme 16
qui égale le double de 8 cube de 2, par 2 la moitié du
quarré 4, pour avoir 32 la cinquième puissance de 2.

Pour trouver la cinquième puissance de 3 : 1° 9 le quarré
de 3 indique qu'il faut prendre les neuf termes suivans 1,
3, 5, 7, 9, 11, 13, 15, 17 ; 2° chacun de ces neuf termes
doit être multiplié par la racine 3, pour avoir 3, 9, 15,
21, 27, 33, 39, 45, 51 ; 3° la sommation de ces neuf termes ainsi augmentés dont la différence constante est 6, se
fait en additionnant 3 et 51 les premier et dernier termes,
et en multipliant la somme 54 qui égale le double de 27
cube de 3, par $4\frac{1}{2}$ la moitié du quarré 9, pour avoir 243
la cinquième puissance de 3.

(3o3)

Cette méthode peut être abrégée , puisque nous obtenons
la cinquième puissance d'une racine quelconque , en multipliant le double du cube de cette même racine , lequel égale
la somme des premier et dernier termes du nombre de ceux
qui sont à calculer et dont chacun a été pris autant de fois
que la racine a d'unités , par la moitié du quarré correspondant et indicateur du nombre des termes de la progression ainsi augmentés. De cette manière , nous multiplions
43904 le double de 21952 cube de 28 , lequel double égale
la somme des premier et dernier termes du nombre de ceux
qui sont à calculer et dont chacun a été multiplié par la
racine 28 , par 392 la moitié de 784 quarré de 28 lequel
indique le nombre des termes de la progression ainsi augmentés qu'on doit sommer ; pour avoir 17210368 la cinquième puissance de 28.

Lorsque nous voulons extraire la racine cinquième d'un
nombre quelconque ; d'abord nous partageons ce nombre
par tranches de cinq chiffres en cinq chiffres ; en sorte que
la tranche le plus à gauche peut en avoir une moindre
quantité : ensuite nous suivons , à chaque tranche , les mêmes opérations que nous avons suivies pour la formation
de la cinquième puissance.

EXEMPLE.

2059, 62976.

D'abord nous partageons le nombre 20596297 6 en deux
tranches. Ce partage nous montre que nous aurons à la
racine deux chiffres qui exprimeront des dizaines et des
unités.

Ensuite nous extrayons la racine cinquième de 2059 la
première tranche , et nous avons 4 la racine de 1024 la
cinquième puissance la plus grande de 2059 ; puisque 3125
la cinquième puissance de 5 l'excède.

Enfin nous cherchons celle du mombre entier 205962976.
Pour la trouver : 1° nous mettons à la suite de la racine 4
un zéro, et à la suite de sa cinquième puissance 1024 cinq
zéros ; en sorte que 40 est la racine 5ème de 102400000 ;
2° comme cette cinquième puissance qui a pour racine 40 ,
n'est pas la plus approchante du nombre entier dont il est
ici question : alors nous cherchons celle de 41 ; en élevant
41 à son cube 68921 , en prenant 137842 le double du cube
trouvé qui exprime la somme des premier et dernier termes
du nombre de ceux qui sont à calculer et dont chacun a été
multiplié par la racine 41 ; en élevant 41 à son quarré 1681
qui exprime le nombre des termes à calculer , en prenant
840 ½ la moitié du quarré trouvé ; et en multipliant 137842
la somme des premier et dernier termes des 1681 qui sont à
calculer, par 840 ½ qui exprime la moitié de leur nombre ,
pour avoir 115856201 la cinquième puissance de 41 qui
n'est pas la plus grande du nombre entier ; 3° comme
130691232 , 147008443 , 164916224 , 184528125 les cinquièmes puissances de 42, 43 , 44 et 45 que nous avons
obtenues par les opérations précédentes , ne sont pas les
plus grandes du nombre entier : c'est pour cela que nous
cherchons la cinquième puissance de 46 ; en élevant 46 à
son cube 97336 , en prenant 194672 le double du cube
trouvé qui exprime la somme des premier et dernier termes
du nombre de ceux qui sont à calculer et dont chacun a été
multiplié par la racine 46 ; en élevant 46 à son quarré 2116
qui exprime le nombre des termes à calculer, en prenant
1058 la moitié du quarré trouvé ; et en multipliant 194672
la somme des premier et dernier termes des 2116 qui sont
à calculer, par 1058 qui exprime la moitié de leur nombre ,
pour avoir 205962976 le nombre entier qui est exactement
la cinquième puissance de 46.

SECONDEMENT.

La manière de trouver la formation de la septième puissance qui émane des termes de la progression génératrice, des quarrés, consiste à savoir 1° que le cube de chaque racine indique précisément chaque nombre des termes de cette série qu'on doit nécessairement prendre ; 2° que chaque terme de chaque nombre de cette même série doit être multiplié par la racine correspondante, ou bien, doit être pris autant de fois que la racine correspondante a d'unités ; 3° que la sommation de chaque nombre de ces mêmes termes ainsi augmentés doit être faite, en additionnant les premier et dernier termes de chaque nombre, et en multipliant la somme qui résulte de cette addition et qui toujours égale le double de chaque quatrième puissance correspondante, par la moitié du cube de la racine correspondante.

Les exemples suivans feront facilement comprendre ces vérités arithmétiques.

Pour trouver la septième puissance de 2 : 1° 8 le cube de 2 indique qu'il faut prendre les huit termes suivans 1, 3, 5, 7, 9, 11, 13, 15 : 2° chacun de ces huit termes doit être multiplié par la racine 2, pour avoir 2, 6, 10, 14, 18, 22, 26, 3o ; 3° la sommation de ces huit termes ainsi augmentés dont la différence constante est 4, se fait, en additionnant 2 et 3o les premier et dernier termes, et en multipliant la somme 32 qui égale le double de 16 la quatrième puissance de 2, par 4 la moitié du cube 8, pour avoir 128 la septième puissance de 2.

Pour trouver la septième puissance de 3 : 1° 27 le cube de 3 indique qu'il faut prendre les vingt-sept termes suivans 1, 3, 5, 7, 9, 11, 13, 15, 17, 19, 21, 23, 25, 27, 29, 31, 33, 35, 37, 39, 41, 43, 45, 47, 49, 51, 53 ; 2° chacun de ces vingt-sept termes doit être multiplié par la racine 3, pour avoir 3, 9, 15, 21, 27, 33, 39, 45, 51, 57, 63, 69, 75, 81, 87, 93, 99, 105, 111, 117, 123, 129, 135, 141, 147, 153, 159 ; 3° la sommation de ces vingt-sept termes ainsi augmentés dont la différence constante est 6, se fait, en additionnant 3 et 159 les premier et dernier termes, et en multipliant la somme 162 qui égale le double de 81 la quatrième puissance de 3, par 13½ la moitié du cube 27, pour avoir 2187 la septième puissance de 3.

Cette méthode peut être exprimée plus brièvement ; puisque nous obtenons la septième puissance d'une racine quelconque, en multipliant le double de la quatrième puissance de la même racine, lequel égale la somme des premier et dernier termes du nombre de ceux qui sont à calculer et dont chacun a été pris autant de fois que la racine a d'unités, par la moitié du cube de la même racine lequel est indicateur du nombre des termes qu'on doit calculer. Ainsi nous multiplions 663552 le double de 331776 la quatrième puissance de 24 lequel double égale la somme des premier et dernier termes du nombre de ceux qui sont à calculer et dont chacun a été multiplié par la racine 24, par 6912 la moitié de 13824 cube de 24 lequel indique le nombre des termes de la progression ainsi augmentés qu'on doit sommer, pour avoir 4586471424 la septième puissance de 24.

Lorsque nous voulons extraire la racine septième d'un nombre quelconque ; nous partageons ce nombre par tranches de sept chiffres en sept chiffres, en sorte que la tranche le plus à gauche peut en avoir une moindre quantité ; ensuite nous suivons à chaque tranche les mêmes principes que nous avons suivis pour la formation de la septième puissance.

EXEMPLE.

340, 4825447.

D'abord nous partageons le nombre 3404825447 en deux tranches. Ce partage nous fait voir que la racine doit avoir deux chiffres qui exprimeront des dizaines et des unités.

Ensuite nous extrayons la racine septième de 34o la première tranche, et nous avons 2 la racine de 128 la septième puissance la plus grande de 34o; puisque 2187 la septième puissance de 3 la dépasse.

Enfin nous cherchons la racine septième du nombre entier 34o4825447, pour la trouver : 1º nous mettons à la suite de la racine 2 un zéro, et à la suite de sa septième puissance 128 sept zéros; en sorte que 20 est la racine septième de 128ooooooo, 2º comme cette septième puissance qui a pour racine 20, n'est pas la plus grande du nombre entier; alors nous cherchons celle de 21 que nous trouvons en multipliant 388962 le double de 194481 la quatrième puissance de 21, lequel égale la somme des premier et dernier termes des 9261 qui sont à calculer et dont chacun a été multiplié par la racine 21, par 463o $\frac{1}{2}$ la moitir de 9261 cube de 21; pour avcir 18o1o88541 la septième puissance de 21; 3º comme cette septième puissance qui a pour racine 21, n'est pas encore la plus grande du nombre entier; nous cherchons celle de 22 que nous trouvons, en multipliant 468512 le double de 234256 la quatrième puissance de 22 lequel égale le somme des premier et dernier termes des 10648 qui sont à calculer et dont chacun a été multiplié par la racine 22, par 5324 la moitié de 10648 cube de 22; pour avoir 2494357888 la septième puissance de 22; 4º cette septième puissance qui a pour racine 22 n'étant pas encore la plus grande du nombre entier; nous cherchons celle de 23 que nous trouvons, en multipliant 559682 le double de 279841 la quatrième puissance de 23 lequel égale la somme des premier et dernier termes des 12167 qui sont à calculer et dont chacun a été multiplié par la racine 23, par 6o83 $\frac{1}{2}$ la moitié de 12167 cube de 23, pour avoir 34o4825447 le nombre entier qui est exactement la septième puissance de 23.

TROISIÈMEMENT.

La manière de trouver la formation de la neuvième puissance qui émane des termes de la progression génératrice des quarrés consiste à savoir : 1° que la quatrième puissance de chaque racine indique justement chaque nombre des termes de cette série qu'on doit nécessairement prendre ; 2° que chaque terme de chaque nombre doit être multiplié par la racine correspondante ; 3° que la sommation de chaque nombre de ces mêmes termes ainsi augmentés doit être faite en additionnant les premier et dernier termes de chaque nombre, et en multipliant la somme qui résulte de cette addition et qui toujours égale le double de chaque cinquième puissance correspondante, par la moitié de la quatrième puissance de la racine correspondante.

Les exemples suivans serviront à rendre très-intelligible cette théorie.

Pour trouver la neuvième puissance de 2 : 1° 16 la quatrième puissance de 2 indique qu'il faut prendre les seize termes suivans : 1 , 3 , 5 , 7 , 9 , 11 , 13 , 15 , 17 , 19 , 21 , 23 , 25 , 27 , 29 , 31 : 2° chacun de ces seize termes doit être multiplié par la racine 2 , pour avoir 2 , 6 , 10 , 14 , 18 , 22 , 26 , 30 , 34 , 38 , 42 , 46 , 50 , 54 , 58 , 62 ; 3° la sommation de ces seize termes ainsi augmentés, dont la différence constante est 4 , se fait en additionnant 2 et 62 les premier et dernier termes, et en multipliant la somme 64 qui égale le double de 32 la cinquième puissance de 2 , par 8 la moitié de 16 la quatrième puissance de 2 , pour avoir 512 la neuvième puissance de 2.

Puisque la neuvième puissance d'une racine quelconque peut s'obtenir en multipliant le double de la cinquième puissance de la même racine lequel exprime la somme des premier et dernier termes du nombre de ceux qu'on doit calculer et dont chacun a été multiplié par la même racine , par la moitié de la quatrième puissance aussi de la même racine indicative de la moitié de leur nombre ; c'est pourquoi , pour obtenir la neuvième puissance de 24 , nous prenons 15925248 le double de 7962624 la cinquième puissance de 24 lequel exprime la somme des premier et dernier termes du nombre de ceux qu'on doit calculer et dont chacun a été multiplié par 24 , par 165888 la moitié de 331776 la quatrième puissance de 24 laquelle est indicative de la moitié du nombre à calculer , pour avoir 2641807540224 la neuvième puissance de 24.

Mais pour extraire la racine neuvième d'un nombre quelconque ; il faut partager ce nombre par tranches de neuf chiffres en neuf chiffres , en sorte que la tranche le plus à gauche peut en avoir une moindre quantité , et puis appliquer , pour l'extraction de cette racine , les mêmes principes dont nous nous sommes servis pour la formation de la neuvième puissance.

EXEMPLE.

35184, 372088832.

Ayant partagé le nombre 35184372088832 en deux tranches , nous devons avoir à la racine deux chiffres qui exprimeront des dizaines et des unités.

Ce partage fait, nous extrayons la racine neuvième de 35184 la première tranche. Le chiffre 3 qui exprime trois dizaines , est la racine de 19683 la neuvième puissance la plus grande que contienne 35184 la première tranche , puisque 262144 la neuvième puissance de 4 la dépasse.

L'extraction de la racine de la neuvième puissance la plus grande de la première tranche étant faite, nous cherchons celle du nombre entier, pour la trouver : 1° nous mettons à la suite de la racine 3 un zéro, et à la suite de sa neuvième puissance 19683 neuf zéros ; en sorte que 30 est la racine neuvième de 19683000000000 ; 2° comme cette neuvième puissance qui a pour racine 30, n'est pas plus grande du nombre entier, c'est pourquoi nous cherchons celle de 31 que nous trouvons, en multipliant 57258302 le double de 28629151 la cinquième puissance de 31 lequel égale la somme des premier et dernier termes des 923521 qui sont à calculer et dont chacun a été multiplié par la racine 31, par 461760 $\frac{1}{2}$ la moitié de 923521 la quatrième puissance de 31, pour avoir 26439622160671 la neuvième puissance de 31 ; 3° comme nous présumons que cette neuvième puissance qui a pour racine 31, n'est pas la plus grande du nombre entier, c'est pourquoi nous cherchons celle de 32 que nous trouvons, en multipliant 67108864 le double de 33554432 la cinquième puissance de 32 lequel égale la somme des premier et dernier termes des 1048576 qui sont à calculer et dont chacun a été multiplié par la racine 32, par 524288 la moitié de 1048576 la quatrième puissance de 32, pour avoir le nombre entier 35184372088832 qui est exactement la neuvième puissance de 32.

Observations.

La formation des quatrièmes, sixième et huitième puissances, comparée à celle des cinquième, septième et neuvième puissances dernièrement calculées, nous fait aisément concevoir la manière dont elles sont composées, et nous donne une idée claire et précise de leurs différences.

En effet il est évident que 256 la quatrième puissance de 4, est le produit de 32 la somme des premier et dernier termes de la première série et le double de 16 quarré de 4, multiplié par 8 moitié du nombre des termes à calculer et du quarré 16, 1024 la cinquième puissance de 4 est le produit de 128 la somme des premier et dernier termes de la première série et le double de 64 cube de 4 , multiplié par 8 moitié du nombre des termes à calculer et du quarré 16.

Que 4096 la sixième puissance de 4, est le produit de 128 la somme des premier et dernier termes de la première série et le double de 64 cube de 4 , multiplié par 32 moitié du nombre des termes à calculer et du cube 64; 16384 la septième puissance de 4, est le produit de 512 la somme des premier et dernier termes de la première série et le double de 256 la quatrième puissance de 4, multiplié par 32 moitié du nombre des termes à calculer et du cube 64.

Que 65536 la huitième puissance de 4, est le produit de 512 la somme des premier et dernier termes de la première série et le double de 256 la quatrième puissance de 4, multiplié par 128 moitié du nombre des termes à calculer et moitié de la quatrième puissance 256; 262144 la neuvième puissance de 4, est le produit de 2048 la somme des premier et dernier termes de la première série et le double de 1024 la cinquième puissance de 4, multiplié par 128 moitié du nombre des termes à calculer et de la quatrième puissance 256.

Il résulte, de la comparaison des puissances paires et impaires, que la formation de la puissance impaire diffère seulement de celle de la puissance paire qui la précède immédiatement, en ce que le multiplicande qui concourt à former la puissance impaire, est augmenté d'un degré.

Changer la Multiplication en Addition et en Soustraction.

La multiplication qui est une addition abrégée , nous fait prendre le nombre multiplicande autant de fois que le nombre multiplicateur contient d'unités ; pour en avoir le produit. Le résultat obtenu de cette manière est aussi sûr que expéditif. Si on peut parvenir à transformer la multiplication en addition et en soustraction, c'est-à-dire, à se servir de l'addition et de la soustraction pour produire un calcul aussi bien fait et bien plus prompt que celui de la multiplication ; alors on aura beaucoup simplifié cette opération , et on aura rendu un service important.

La nouvelle méthode de multiplier un nombre par un autre, en employant seulement les simples règles d'addition et de soustraction, consiste : 1° à additionner le multiplicande et le multiplicateur, et à prendre la moitié de cette somme ; 2° à soustraire le multiplicateur du multiplicande , et à prendre la moitié de la différence ; 3° à chercher le quarré de la moitié de la somme, et le quarré de la moitié de la différence ; 4° à ôter du premier quarré , le second, pour avoir un reste qui est exactement le produit du multiplicande par le multiplicateur.

Le tableau premier où les quarrés depuis 1 jusqu'à 100 compris sont formés , peut servir à trouver les produits de petits facteurs. Mais s'il faut trouver les produits de grands facteurs ; alors il devient indispensable de former les quarrés des nombres les plus considérables pour obtenir facilement leurs produits. Nous observons que le tableau premier peut être aisément continué et calculé jusques aux plus grands nombres, puisqu'il faut seulement employer la simple règle d'addition. Ainsi lorsqu'on connaîtra les quarrés des plus grands nombres, on trouvera aisément les produits de deux grands nombres multipliés l'un par l'autre ; puisqu'il suffira de soustraire le quarré de la moitié de la différence du multiplicande et du multiplicateur, du quarré de la moitié de la somme de ces deux facteurs.

Les exemples suivans feront comprendre l'utilité et la simplicité de cette méthode.

EXEMPLE I.

Si nous voulons multiplier 34 par 20 : 1° nous addition-

(313)

nons 34 et 20 dont la somme est 54, et nous prenons 27 la moitié de la somme 54; 2° nous soustrayons le multiplicateur 20 du multiplicande 34 dont la différence est 14, et nous prenons 7 la moitié de la différence 14; 3° nous trouvons, dans le tableau I, 729 le quarré de 27 la moitié de la somme, et 49 le quarré de 7 la moitié de la différence; 4° nous ôtons, du premier quarré 729 le second quarré 49, pour avoir le reste 680 qui est effectivement le produit de 34 par 20.

EXEMPLE II.

Si nous voulons multiplier 98 par 76 : 1° nous additionnons 98 et 76 dont la somme est 174, et nous prenons 87 la moitié de 174; 2° nous soustrayons le multiplicateur 76 du multiplicande 98 dont la différence est 22, et nous prenons 11 la moitié de 22; 3° nous trouvons, dans le tableau I, 7569 le quarré de 87 la moitié de la somme, et 121 le quarré de 11 la moitié de la différence; 4° nous ôtons, du premier quarré 7569, le second quarré 121, pour avoir le reste 7448 le produit de 98 par 76.

EXEMPLE III.

Si nous voulons multiplier 89 par 64 : 1° nous additionnons 89 et 64 dont la somme est 153, et nous prenons $76\frac{1}{2}$ la moitié de 153; 2° nous soustrayons le multiplicateur 64 du multiplicande 89 dont la différence est 25, et nous prenons $12\frac{1}{2}$ la moitié de 25; 3° nous trouvons, dans le tableau I, $5852\frac{1}{2}$ le quarré de $76\frac{1}{2}$ la moitié de la somme, et $156\frac{1}{2}$ le quarré de $12\frac{1}{2}$ la moitié de la différence; 4° nous ôtons, du premier quarré $5852\frac{1}{2}$ le second quarré $156\frac{1}{2}$, pour avoir le reste 5696 le produit de 89 par 64.

Nous observons que, dans l'exemple 3; $5852\frac{1}{2}$ quarré de $76\frac{1}{2}$ se compose de 5776 quarré de 76 et de $76\frac{1}{2}$ la moitié du terme 153 et le quarré de $\frac{1}{2}$, et que 156 $\frac{1}{2}$ quarré de 12 $\frac{1}{2}$ se compose de 144 quarré de 12 et de 12 $\frac{1}{2}$ la moitié du terme 25 et le quarré de $\frac{1}{2}$.

EXEMPLE IV.

Si nous voulons multiplier 86 par 33 : 1° nous additionnons 86 et 33 dont la somme est 119, et nous prenons 59 $\frac{1}{2}$ la moitié de 119 ; 2° nous soustrayons le multiplicateur 33 du multiplicande 86 dont la différence est 53, et nous prenons 26 $\frac{1}{2}$ la moitié de 53 ; 3° nous trouvons, dans le tableau I, 3540 $\frac{1}{2}$ le quarré de 59 $\frac{1}{2}$ la moitié de la somme, et 702 $\frac{1}{2}$ le quarré de 26 $\frac{1}{2}$ la moitié de la différence ; 4° nous ôtons, du premier quarré 3540 $\frac{1}{2}$, le second quarré 702 $\frac{1}{2}$; pour avoir le reste 2838 le produit de 86 par 33.

Nous observons que, dans l'exemple 4, 3540 $\frac{1}{2}$ quarré de 59 $\frac{1}{2}$ se compose de 3481 quarré de 59 et de 59 $\frac{1}{2}$ la moitié du terme 119 et le quarré de $\frac{1}{2}$; et que 702 $\frac{1}{2}$ quarré de 26 $\frac{1}{2}$ se compose de 676 quarré de 26 et de 26 $\frac{1}{2}$ la moitié du terme 53 et le quarré de $\frac{1}{2}$.

Abréger la Division.

Nous faisons connaître une méthode tendante à trouver aussi facilement que sûrement le quotient d'un dividende qui est exactement la puissance d'un degré quelconque du diviseur ; puisque la puissance d'un degré immédiatement inférieur du même diviseur indique précisément le quotient qu'on cherche.

Les exemples suivans vont rendre sensible cette vérité arithmétique.

EXEMPLE I.

Si nous voulons diviser 196 par 14 : nous savons 1° que 196 est le quarré de 14 ; 2° que 14 la première puissance indique le quotient que nous cherchons.

(315)

EXEMPLE II.

Si nous voulons diviser 216 par 6 : nous savons 1° que 216 est le cube de 6 ; 2° que 36 quarré de 6 est effectivement le quotient de 216 divisé par 6.

EXEMPLE III.

Si nous voulons diviser 97336 par 46 : nous savons 1° que 97336 est le cube de 46 ; 2° que 2116 quarré de 46 est effectivement le quotient de 97336 divisé par 46.

EXEMPLE IV.

Si nous voulons diviser 4096 par 8 : nous savons 1° que 4096 est la quatrième puissance de 8 ; 2° que 512 cube de 8 est effectivement le quotient de 4096 divisé par 8.

EXEMPLE V.

Si nous voulons diviser 390625 par 25 : nous savons 1° que 390625 est la quatrième puissance de 25 ; 2° que 15625 cube de 25 est effectivement le quotient de 390625 divisé par 25.

EXEMPLE VI.

Si nous voulons diviser 59049 par 9 : nous savons 1° que 59049 est la cinquième puissance de 9 ; que 6561 la quatrième puissance de 9 est effectivement le quotient de 59049 divisé par 9.

EXEMPLE VII,

Si nous voulons diviser 14348907 par 27 : nous savons 1° que 14348907 est la cinquième puissance de 27 ; 2° que 531441 la quatrième puissance de 27 est effectivement le quotient de 14348907 divisé par 27.

42

EXEMPLE VIII.

Si nous voulons diviser 46656 par 6 : nous savons 1° que 46656 est la sixième puissance de 6 ; 2° que 7776 la cinquième puissance de 6 est effectivement le quotient de 46656 divisé par 6.

EXEMPLE IX.

Si nous voulons diviser 4826809 par 13 : nous savons 1° que 4826809 est la sixième puissance de 13 ; 2° que 271293 la cinquième puissance de 13 est effectivement le quotient de 4826809 divisé par 13.

EXEMPLE X.

Si nous voulons diviser 823543 par 7 : nous savons 1° que 823543 est la septième puissance de 7 ; 2° que 117649 la sixième puissance de 7 est effectivement le quotient de 823543 divisé par 7.

EXEMPLE XI.

Si nous voulons diviser 268435456 par 16 : nous savons 1° que 268435456 est la septième puissance de 16 ; 2° que 16777216 la sixième puissance de 16 est le quotient de 268435456 divisé par 16.

EXEMPLE XII.

Si nous voulons diviser 2562890625 par 15 ; nous savons 1° que 2562890625 est la huitième puissance de 15 ; 2° que 170859375 la septième puissance de 15 est le quotient de 2562890625 divisé par 15

Dans les douze exemples ci-dessus donnés, nous avons choisi des dividendes qui sont justement les puissances des diviseurs ; afin de faire voir que chaque puissance d'un degré immédiatement inférieur à chacune des puissances dividendes, indique les quotients cherchés. D'après ces exemples, nous pensons que cette méthode peut se généraliser et s'appliquer à toutes les puissances possibles. Il est bien à souhaiter que cette découverte nous fasse trouver les quotients des dividendes qui ne sont pas les puissances des diviseurs, bien plus facilement qu'ils ne sont obtenus par les règles de la division.

Nos recherches à ce sujet nous ont fait découvrir une méthode qui abrège la division. Les règles qui en émanent, sont données dans les exemples ci-après.

EXEMPLE 1.

Nous divisons 978534 par 456. Pour abréger autant qu'il nous sera possible, ce calcul que nous voulons rendre exact : 1° nous cherchons le quarré du diviseur 456, nous multiplions ce quarré 207936 par 4 dont le produit est 831744 qui peut être ôté du dividende 978534 ; comme nous avons multiplié le quarré 207936 par 4, nous devons aussi multiplier sa racine 456 qui est le diviseur par 4, pour avoir 1824 qui est le premier quotient partiel ; 2° nous soustrayons le produit 831744 du dividende 978534, pour avoir le reste 146790 dont nous ne pouvons ôter que 103968 la moitié du quarré 207936, de même nous prenons 228 la moitié du diviseur 456 pour second quotient partiel ; 3° ayant soustrait de 146790, 103968 la moitié du quarré 207936, nous avons 42822 le reste du dividende qui, étant divisé par le diviseur 456, donne $93\frac{414}{456}$ pour troisième quotient partiel ; 4° nous additionnons les quotients partiels 1824, 228, $93\frac{414}{456}$, pour avoir $2145\frac{414}{456}$ le quotient total qui est exactement celui du nombre 978534 divisé par 456.

Dividende. : premier diviseur. . . deuxième diviseur.

$$978534 \ldots \ldots 207936 \ldots \ldots 456$$
$$831744$$

146790	*quotients partiels.*
103968	1824
	228
42822	$93 \frac{414}{456}$
4104	
1782	*quotient total.*
1368	$2145 \frac{414}{456}$
414	
456	

EXEMPLE II.

Pour diviser 7802752 par 834 : 1° nous cherchons le quarré du diviseur 834 qui est 695556 lequel peut seulement être ôté une fois de 784027 le premier membre du dividende ; nous prenons aussi une fois le diviseur 834 qui en est la racine pour premier quotient partiel ; 2° nous soustrayons le quarré 695556, de 784027, le reste est 88471 auquel nous joignons le chiffre 5, 884715 est le second membre du dividende duquel nous pouvons ôter une fois le quarré 695556 ; nous prenons de même une fois le diviseur 834 qui en est la racine pour second quotient partiel que nous plaçons sous le premier en avançant un chiffre vers la droite, par la raison que nous avons pris en allant de gauche à droite un chiffre du dividende ; 3° nous soustrayons le quarré 695556, de 884715, le reste est 189159 auquel nous joignons le dernier chiffre 2 du nombre à diviser ; 1891592 est le troisième membre du dividende duquel nous pouvons ôter 1391112 le double du quarré 695556 ;

nous prenons aussi 1668 le double du diviseur 834 pour troisième quotient partiel que nous plaçons sous le second en avançant un chiffre vers la droite, par la raison que nous avons pris le dernier chiffre 2 du dividende ; 4° nous soustrayons 1391112 le double quarré de 1891592, le reste est 500480 qnatrième membre du dividende duquel nous pouvons ôter 347778 la moitié du quarré 695556 ; nous prenons aussi 417 la moitié du diviseur 834 pour quatrième quotient partiel que nous plaçons directement sous le troisième, ainsi que les quotients partiels subséquens, par la raison que nul chiffre du dividende n'est compris dans nos calculs suivans ; 5° nous soustrayons 347778 la moitié du quarré 695556, de 500480 ; le reste est 152702 que nous divisons par 834, et qui nous donne $183 \frac{80}{834}$ pour cinquième quotient partiel ; 6° nous additionnons les quotients partiels 834, 834, 1668, 417, $183 \frac{80}{834}$, selon l'ordre qu'ils sont placés ci-après, pour avoir $94008 \frac{80}{834}$ le quotient tolal qui est exactement celui du nombre 78402752 divisé par 834.

Dividende . . premier diviseur . . deuxième diviseur.
78402752 . . . . 695556 , ... 834
695556

884715
695556   *quotients partiels.*

1891592
1391112   834

500480   834
347778   1668

152702   417
834      $183 \frac{80}{834}$

6930   *quotient total.*
6672

2582 $94008 \frac{80}{834}$
2502

80

834

EXEMPLE III.

Pour diviser 982076543 par 7543 : 1° nous cherchons
le quarré du diviseur 7543 qui est 56896849 lequel ne peut
être ôté qu'une fois de 98207654 le premier membre du dividende ; nous prenons aussi une fois le diviseur 7543 qui
en est la racine, pour premier quotient partiel ; 2° nous
soustrayons le quarré 56896849, de 98207654, le reste est
41310805 auquel nous joignons le chiffre 3, nous avons
413108053 le second membre du dividende duquel nous
pouvons ôter 398277943 qui égale sept fois le quarré
56896849 ; nous prenons aussi 52801 qui égale sept fois le
diviseur 7543, pour second quotient partiel que nous plaçons sous le premier en avançant un chiffre vers la droite,
par la raison que nous avons pris en allant de gauche à
droite un chiffre du dividende : 3° nous soustrayons
398277943, de 413108053, le reste est 14830110 auquel
nous joignons le dernier chiffre 1 du dividende, nous avons
14830101 le troisième membre du dividende duquel nous
pouvons ôter 113793698 le double du quarré 56896849 ;
nous prenons également 15086 le double du diviseur 7543,
pour troisième quotient partiel que nous plaçons sous le
second en avançant un chiffre vers la droite, par la raison
que nous avons pris en allant de gauche à droite un chiffre
du dividende ; 4° nous soustrayons 113793698, de
14830101 ; le reste est 34507403 quatrième membre du
dividende que nous divisons par 7543 ; le quatrième quotient qui résulte de cette division, est $4574\frac{5021}{7543}$ que nous
plaçons directement sous le troisième, par la raison que
aucun chiffre du dividende n'a été ajouté au nombre que
nous venons de diviser. Ensuite nous additionnons les quotients partiels 7543, 52801, 15086, $4574\frac{5021}{7543}$ selon l'ordre
qu'ils sont placés ci-après, pour avoir le quotient total

1301970 $\frac{5721}{7543}$ qui est exactement celui du nombre 982076543r
divisé par 7543.

    Dividende . . *premier diviseur* . . *deuxième diviseur,*
982076543r . . 56896849 7543
56896849

413108053   *quotients partiels.*
398277943

148301101   7543
113793698   52801

34507403   15086
30172   4574 $\frac{5721}{7543}$

43354   *quotient total.*
37715
     1301970 $\frac{5721}{7543}$

56390
52801

35893
30172

5721
7543

EXEMPLE IV.

Pour diviser 68974532 par 84 : 1º nous cherchons le
quarré du diviseur 84 qui est 7056 lequel, étant pris neuf
fois, égale 63504 et peut être ôté de 68974 le premier membre du dividende ; nous prenons aussi neuf fois le diviseur
84 qui est 756, pour premier quotient partiel ; 2º nous
soustrayons 63504, de 68974, le reste est 5470 auquel
nous joignons le chiffre 5, 54705 est le second membre du
dividende duquel nous pouvons ôter 49392 qui égale sept
fois le quarré 7056, nous prenons aussi 588 qui égale sept
fois le diviseur 84, pour second quotient partiel que nous
plaçons sous le premier en avançant un chiffre vers la droite ; 3º nous soustrayons 49392, de 54705, le reste est 5313

auquel nous joignons le chiffre 3 ; 53133 est le troisième
membre du dividende duquel nous pouvons ôter 49392 qui
est sept fois le quarré 7056 ; nous prenons aussi 588 qui est
sept fois le diviseur 84, pour troisième quotient partiel que
nous plaçons sous le second en avançant un chiffre vers la
droite ; 4º nous soustrayons 49392, de 53133, le reste est
3741 auquel nous joignons le chiffre 2, 37412 est le quatrième membre du dividende duquel nous pouvons ôter
35280 qui égale cinq fois le quarré 7056 ; nous prenons
aussi 420 qui égale cinq fois le diviseur 84, pour quatrième
quotient partiel que nous plaçons sous le troisième en avançant un chiffre vers la droite ; 5º nous soustrayons 35280,
de 37412, le reste est 2132 qui est le cinquième membre du
dividende, et que nous divisons par 84 ; nous avons $25\frac{32}{84}$
pour cinquième quotient partiel ; 6º nous additionnons les
quotients partiels 756, 588, 588, 420, $25\frac{32}{84}$, selon l'ordre
qu'ils sont placés ci-après, pour avoir le quotient total
$821125\frac{32}{84}$ qui est exactement celui du nombre 68974532
divisé par 84.

Dividende . . *premier diviseur* . . *deuxième diviseur.*
68974532 . . . 7056 84
63504

54705	
49392	
53133	*quotients partiels*
49392	7 5 6
	5 8 8
37412	5 8 8
35280	4 2 0
2132	2 5 $\frac{32}{14}$
168	
452	*quotient total.*
420	821125 $\frac{32}{14}$
32	
84	

(323)

DEUXIÈME EXEMPLE IV.

Nous voulons diviser 68974532 par 84 d'une manière
bien différente de la précédente. Pour faire cette division
aussi facilement que sûrement ; de rechef nous disons qu'il
est certain que le quotient d'un dividende qui est exactement la puissance d'un degré quelconque d'un diviseur, est
précisément indiqué par la puissance d'un degré immédiatement inférieur du même diviseur. Or, pour suivre strictement cette méthode qui nous paraît tellement se généraliser qu'elle peut s'appliquer à toutes les puissances possibles.
D'abord nous élevons le diviseur 84 à son cube 592704,
nous prenons ce cube soit simple, soit multiplié par un
chiffre quelconque, soit même divisé par moitié, par tiers,
par quart, etc., lequel nous soustrayons de chaque membre du dividende, ensuite nous élevons le diviseur 84 à son
quarré 7056 que nous prenons simple, ou multiplié ; ou divisé de la même manière que le cube, pour quotient partiel.

Cette théorie appliquée sur l'exemple IV sera facile à comprendre.

1° Nous divisons 689745 premier membre du dividende,
par 592704 cube de 84 ; nous prenons 7056 quarré de 84,
pour premier quotient partiel ; 2° nous soustrayons 592704,
de 689745, le reste est 97041 auquel nous joignons le chiffre 3 ; 970413 est le second membre du dividende duquel
nous pouvons ôter 592704 cube de 84 ; nous prenons 7056
quarré de 84, pour second quotient partiel que nous plaçons sous le premier en avançant un chiffre vers la droite ;
3° nous soustrayons 592704, de 970413, le reste est
377709 auquel nous joignons le chiffre 2 ; 3777092 est le
troisième membre du dividende duquel nous pouvons ôter
3556224 qui égale six fois le cube 592704 ; nous prenons
42336 qui égale six fois le quarré 7056, pour troisième

quotient partiel que nous plaçons sous le second en avançant un chiffre vers la droite ; 4° nous soustrayons 3556224
de 3777092 , le reste est 220868 duquel nous pouvons ôter
148176 le quart du cube 592704 ; nous prenons aussi 1764
le quart du quarré 7056 , pour quatrième quotient partiel
que nous plaçons directement sous le troisième ; 5° nous
soustrayons 148176, de 220868, le reste est 72692 que
nous divisons par 84, et qui nous donne $865\frac{32}{84}$ pour cinquième quotient partiel ; 6° nous additionnons les quotients
partiels 7056, 7056, 42336, 1764, $865\frac{32}{84}$, selon l'ordre
qu'ils sont placés ci-après , pour avoir le quotient total
$821125\frac{32}{84}$ qui est exactement celui du nombre 68974532
divisé par 84.

Dividende . . premier diviseur . . deuxième diviseur.

$$68974532 \ldots \ldots 592704 \ldots \ldots \ldots , 84$$
$$592704$$

$$970413$$
$$592704$$

quotients partiels.

$$3777092$$
$$3556224$$

$$7\ 0\ 5\ 6$$

$$220868$$
$$148176$$

$$7\ 0\ 5\ 6$$
$$4\ 2\ 3\ 3\ 6$$
$$1\ 7\ 6\ 4$$

$$72692$$
$$672$$

$$8\ 6\ 5\ \frac{12}{14}$$

$$549$$
$$504$$

quotient total.

$$8\ 2\ 1\ 1\ 2\ 5\ \frac{32}{84}$$

$$452$$
$$420$$

$$32$$
$$\overline{84}$$

TROISIÈME EXEMPLE IV.

Maintenant nous voulons diviser 68974532 par la quatrième puissance de 84. Pour faire cette division, nous élevons 84 à 49787136 sa quatrième puissance, et à son cube 592704. 1° nous divisons 68974532 par 49787136 la quatrième puissance de 84 ; nous prenons 592704 cube de 84 pour premier quotient partiel ; 2° nous soustrayons 49787136, de 68974532 le dividende ; le reste est 19187396 duquel nous pouvons ôter 12446784 le quart de 49787136 la quatrième puissance de 84 ; nous prenons aussi 148176 le quart de 592704 le cube de 84 , pour deuxième quotient partiel que nous plaçons directement sous le premier ; 3° nous soustrayons 12446784 , de 19187396 ; le reste est 6740612 duquel nous pouvons ôter 6223392 la huitième partie de 49787136 ; nous prenons aussi 74088 la huitième partie de 592704 , pour troisième quotient partiel que nous plaçons directement sous le deuxième ; 4° nous soustrayons 6223392 , de 6730612 ; le reste est 517220 que nous divisons par 7056 quarré de 84, duquel nous pouvons ôter successivement 49392 qui égale sept fois le quarré 7056, 21168 qui égale trois fois le quarré 7056, et dont la somme est 515088 ; nous prenons aussi successivement 588 qui égale sept fois la racine 84, 262 qui égale trois fois la racine 84, et dont la somme 6132 est prise pour quatrième quotient partiel que nous plaçons directement sous le troisième ; 5° nous soustrayons 515088, de 517220 ; le reste est 2132 qui ne peut être divisé facilement par le quarré 7056, mais bien par sa racine 84, et qui donne $25\frac{44}{14}$ pour cinquième quotient partiel ; 6° nous additionnons les quotients partiels 592704 , 148176 , 74088 , 6132 , $25\frac{44}{14}$, pour avoir le quotient total $821125\frac{44}{14}$ qui est exactement celui du nombre 68974532 divisé par 84.

Dividende . . 1ᵉʳ diviseur . . 2ᵉ diviseur . . 3ᵉ diviseur.

68974532 . . 49787136 . . . 7656 . . . . 84.
49787136

—————

19187396
12446784

—————

6740612
6223392

—————

517220
49392

—————

23300
21168

—————

2132
168

—————

452
420

—————

32
—
84

quotients partiels.

$$5 \; 9 \; 2 \; 7 \; 0 \; 4$$
$$1 \; 4 \; 8 \; 1 \; 7 \; 6$$
$$7 \; 4 \; 0 \; 8 \; 8$$
$$6 \; 1 \; 3 \; 2$$
$$2 \; 5 \tfrac{11}{84}$$

quotient total.

$$8 \; 2 \; 1 \; 1 \; 2 \; 5 \tfrac{11}{84}$$

Afin de rendre plus facile cette division ; nous avons
partagé successivement les quatrième et troisième puissances en deux, pour ôter de chaque membre du dividende
et placer à chaque quotient partiel, sa valeur numérique.

NUMÉROS DE LA DIVISION.	QUATRIÈME PUISSANCE.	TROISIÈME PUISSANCE.
1	49787136 correspond à .	592704
2	24893568	296352
4	12446784	148176
8	.6223392	.74088

EXEMPLE V.

Dès que nous devons diviser le nombre 82534679064186

successivement par 38753239544 le quarré du quarré de
789 , par 491169069 le cube de 789 , par 622521 le quarré
de 789 , et par la racine 789 ; et placer la valeur numérique
de la puissance correspondante immédiatement inférieure
à celle qui divise , pour quotient partiel : nous additionnons , afin de faciliter la division , chacun de ces quatre
diviseurs , par les neuf premiers chiffres 1 , 2 , 3 , 4 , 5 ,
6 , 7 , 8 et 9.

1 .	.38753239544	.491169069	.622521	.789
2 .	.775064790882	.982338138	1245042	1578
3 .	1162597186323	1473507207	1867563	2367
4 .	1550129581764	1964676276	2490084	3156
5 .	1937661977205	2455845345	3112605	3945
6 .	2325194372646	2947014414	3735126	4734
7 .	2712726768087	3438183483	4357647	5523
8 .	3100259163528	3929352552	4980168	6312
9 .	3487791558969	4420521621	5602689	7101

Comme il est démontré , par tout ce que nous avons dit
antérieurement , que le dividende étant précisément la
puissance d'un degré quelconque du diviseur , la puissance
d'un degré immédiatement inférieur du même diviseur indique toujours le quotient qu'on cherche. Quoique le nombre 82534679064186 qui doit être divisé par 789 , ne soit
aucunement la puissance de ce diviseur : cependant , ainsi
que nous l'avons déjà vu , cette règle peut se généraliser et
par conséquent servir à diviser tous les nombres possibles.
Lorsque nous diviserons ce dividende par le quarré du
quarré de 789 ; nous prendrons le cube correspondant de
789 pour quotient partiel : lorsque nous diviserons ce dividende par le cube de 789 ; nous prendrons le quarré correspondant de 789 pour quotient partiel : lorsque nous diviserons ce dividende par le quarré de 789 ; nous prendrons la racine correspondante de 789 pour quotient par-
partiel : lorsque nous diviserons ce dividende par la racine de

789 ; nous prendrons autant d'unités pour quotients partiels que de fois nous aurons employé cette racine pour cette division.

D'après ces connaissances bien établies, nous trouvons que 825346790641 premier membre du dividende peut être divisé par 775064790882 le double de 387532395441 le quarré du quarré de 789 ; nous prenons, en conformité de la règle qui est infaillible, 982338138 le double de 491169069 cube de 789 pour premier quotient partiel, en ôtant 775064790882, de 825346790641, nous avons le reste 50281999759 auquel nous joignons le chiffre 8. Ainsi 502819997598 est le second membre du dividende qui peut être divisé par 387532395441 le quarré du quarré de 789 ; nous prenons 491169069 cube de 789 pour second quotient partiel que nous plaçons sous le premier en avançant un chiffre vers la droite, en ôtant 387532395441, de 502819997598 ; nous avons le reste 115287602157 auquel nous joignons le chiffre 6. 1152876021576 est le troisième membre du dividende qui peut être divisé par 775064790882 le double de 387532395441 le quarré du quarré de 789 ; nous prenons 982338138 le double de 491169069 cube de 789 pour troisième quotient partiel que nous plaçons sous le second en avançant un chiffre vers la droite. Ensuite nous additionnons les quotients partiel 982338138, 491169069, 982338138 selon l'ordre qu'ils sont placés ci-après ; nous avons la première somme 104127842628.

Comme l'opération doit être continuée, nous ôtons 775064790882, de 1152876021570 ; le reste est 377811230694 le quatrième membre du dividende qui, au lieu d'être divisé par la quatrième puissance, le sera par la troisième. Les quotients qui résulteront de cette division, seront pris dans la seconde puissance ; par la raison que étant immédiatement inférieure à celle qui sert à diviser, elle indiquera les vrais quotients. Mais puisque la troisième

puissance qui divise, diminue de trois chiffres et doit commencer la division par les premiers chiffres du reste du dividende, et puisque la seconde puissance indicative a trois
chiffres de moins que la précédente, c'est pourquoi le quatrième quotient sera placé sous la première somme, de manière que son dernier chiffre ne dépassera pas ses centaines.
Cette observation est générale à l'égard de chaque mutation
de puissances descendantes. C'est en nous conformant strictement à tout ce que nous venons de dire que nous divisons
le reste 377811230694 qui est le quatrième membre du dividende, par 3438183483 le septuple de 491169069 cube
de 789, et que nous prenons 4357647 le septuple de 622521
le quarré de 789 pour quatrième quotient partiel que nous
plaçons sous la première somme tellement que le dernier
chiffre ne dépasse pas ses centaines : nous ôtons 3438183483,
de 3778112306 première partie de ce qui est à diviser ; le
reste est 339928823 auquel nous joignons le chiffre 9 du
nombre à diviser. 3399288239 le cinquième membre du dividende est divisé par 2947014414 le sextuple de 491169069
cube de 789, 3735126 le sextuple de 622521 quarré de 789
est le cinquième quotient partiel que nous plaçons sous le
quatrième en avançant un chiffre vers la droite. Nous ôtons
2947014414, de 3399288239 deuxième partie de ce qui est
à diviser ; le reste est 452273825 auquel nous joignons le
chiffre 4 du nombre à diviser. 4522738254 est le sixième
membre du dividende à diviser par 4420521621 le nonuple
de 491169069 cube de 789, nous prenons 5602689 le nonuple de 622521 quarré de 789 pour sixième quotient partiel que nous plaçons sous le cinquième en avançant un
chiffre vers la droite. Ensuite nous additionnons la première
somme 104127842628 et les quotients partiels 4357647,
3735126, 5602689 selon l'ordre qu'ils sont placés ci-après ;
pour avoir la deuxième somme 104606561277.

Comme l'opération doit être encore continuée ; nous ôtons

377709014061 qui est le résultat des trois nombres 3438183483, 2947014414, 4420521621, calculés selon l'ordre qu'ils sont placés, de 377811230694; le reste est 102216633 le septième membre du dividende que nous divisons par 622521 le quarré de 789, nous prenons la racine 789 pour septième quotient partiel que nous plaçons sous la seconde somme 104606561277, en sorte que le dernier chiffre ne dépasse pas ses centaines : nous ôtons 622521 de 1022166 première partie du nombre à diviser; le reste est 399645 auquel nous joignons le chiffre 3 du nombre à diviser. 3996453 le huitième membre du dividende est divisé par 3735126 le septuple de 622521 quarré de 789; 5523 le septuple de la racine 789, est le huitième quotient partiel que nous plaçons sous le septième en avançant un chiffre vers la droite. Nous ôtons 3735126 de 3996453 deuxième partie de ce qui est à diviser; le reste est 261327 auquel nous joignons le dernier chiffre 3 de ce qui est à diviser. 2613273 est le neuvième membre du dividende que nous divisons par 2490084 le quadruple de 622521 quarré de 789; nous prenons 3156 le quadruple de la racine 789 pour neuvième quotient partiel que nous plaçons sous le huitième en avançant un chiffre vers la droite, puis nous additionnons la seconde somme et les quotients partiels 789, 4734 et 8156 selon l'ordre qu'ils sont placés ci-après; pour avoir la troisième somme 10460690673.

Pour finir cette division, nous ôtons 2490084, de 2613273, le reste est 123189 le dixième et dernier membre du divividende que nous divisons par la racine 789. Nous obtenons pour dixième et dernier quotient partiel 156 $\frac{105}{789}$ que nous plaçons sous les trois derniers chiffres de la troisième somme. Enfin 10460690829 $\frac{105}{789}$ la somme totale est effectivement le vrai quotient du dividende 82534679064186 divisé par 789.

Dividende.	1er *diviseur.*	2e *divis.*	3e *divis.*	4e *divis.*
82534679064186	38753239544I	491169069	622521	789
77506479088 2	est la 4e puissance de 789.	est le cube de 789.	le quarré de 789.	est la racine.

502819997598 38753239544I	*premier quotient* . . 982338138
	deuxième quot. . . . 491169069
1152876021576 77506479088 2	*troisième quot.* . . . 982338138
37781123 694 3438183483	*première somme* . . 104127842628
3399288239 2947014 I4	*quatrième quotient* . 4357647
	cinquième quot. . . . 3735126
4522738254 4420521621	*sixième quot.* 5602689
102216633 622521	*deuxième somme* . 104606561277
3996453 3735126	*septième quotient* . 789
	huitième quot. . . 4734
2613273 2490084	*neuvième quot.* . . 3156
123189 789	*troisième somme* . 104606690673
4428 3945	*dixième quotient* . 156 $\frac{105}{789}$
4839 4734	*Somme totale* . . . . 1046066090829 $\frac{105}{789}$
$\frac{105}{789}$	

Noùs observons que , lorsque chaque puissance qui divise est parvenue à la fin du dividende ou de quelque partie du dividende sans avoir obtenu le quotient qu'on cherche, il faut employer la puissance inférieure pour continuer la division et placer au quotient la puissance qui précède immédiatement celle qui sert de diviseur, afin d'éviter par cette succession de puissances descendantes, de prendre la moitié le quart, le huitième des premières puissances pour terminer cette opération, et d'avoir aussi des fractions qui rendent ce calcul pénible.

Tout ce que nous avons dit précédemment, nous montre clairement qu'une puissance quelconque peut être considérée comme produit ou comme dividende ; et que la puissance qui la précède immédiatement peut être considérée comme multiplicande ou comme quotient. De ce principe général , il résulte que le quarré multiplié par sa racine a pour produit le cube de cette même racine ; et que le cube divisé par sa racine, a pour quotient le quarré de cette même racine. L'application de la première règle à la seconde est si facile que nous nous contenterons seulement de faire le tableau de la dernière qui peut être calculée jusqu'au plus grand nombre. Au lieu de mentionner les racines, les quarrés et les cubes , nous indiquerons seulement les diviseurs, les quotients et les dividendes, comme signes représentatifs.

DIVISEURS.	QUOTIENTS.	DIVIDENDES.	DIVIS.	QUOT.	DIVID.
2	4	8 . . .	7 . .	49 .	343
3	9	27	8 . .	64 .	512
4	16	64	9 . .	81 .	729
5	25	125	10 . .	100 .	1000
6	36	216	11 . .	121 .	1331

Telles sont les découvertes contenues dans cet ouvrage, et placées dans l'ordre qu'elles se sont présentées à notre esprit.

. Nous avons découvert les progressions génératrices des neuf premières puissances. Ces neuf séries étant additionnées successivement produisent ces mêmes puissances. Ainsi l'addition remplace la multiplication pour leur formation. Nous avons aussi découvert que la première progression 1 , 3 , 5 , 7 , etc. , est la source féconde de leur génération , puisque étant calculée d'après des règles appropriées à chaque puissance , elle produit toutes les puissances , et nous fait extraire leurs racines. Peut-être toutes ces découvertes que nous jugeons être basées sur des principes fondamentaux , contribueront-elles à discréditer certaines théories profondément obscures : peut-être aussi coopéreront-elles à faire abandonner des méthodes vraiment fastidieuses par l'emploi des règles longues et difficiles : peut-être enfin concourront-elles à simplifier d'utiles connaissances et à augmenter leur sphère ; cette aimable simplicité , toujours née d'une lumière directe et facile qui éclaire bien notre entendement , satisfait notre esprit , plaît à notre imagination , et contente notre raison , fait discerner le vrai d'avec le faux , approfondir , résoudre et même abandonner les difficultés qui se rencontrent dans les théories et les méthodes , pour les remplacer par des principes tellement lumineux que les sciences physiques et mathématiques pourront devenir très-aisées à comprendre , trouver beaucoup d'amateurs , et ainsi se propager.

FIN.

ERRATA.

Nous ne mettons, pour l'indication des fautes, que les chiffres où elles se trouvent.

PAGES.	LIGNES.	FAUTES A CORRIGER.
4	30	Au lieu de 153 (prog. génér.), il faut 133.
5	2	Au lieu de 147 (prog. génér., il faut 157.
10	31	20000 doit être placé entre 200 et 2000000.
15	5	Le mot racine doit être effacé.
25	17	Au lieu terme la même série, il faut terme de la même série.
31	26	Au lieu de 16700 (prog. gén.), il faut 16730.
43	5	Au lieu de 8453, il faut 8543.
43	28	Au lieu de et leurs quarrés, il faut et à leurs quarrés.
60	15 et 18	Au lieu de 84641, il faut 84681.
98	5	Au lieu de 1587 (différ.), il faut 1387.
107	16	Au lieu de 140600 (racine), il faut 140000.
109	3	Au lieu de 3791 (différ.), il faut 3781.
114	4	Au lieu de 614 (prog. génér.), il faut 114.
114	16	Au lieu de 32168 (cube), il faut 32768.
122	2	Au lieu de 238329 (cube), il faut 238328.
147	14	Au lieu de 62349490 (cube), il faut 62340490.
150	2	Au lieu de 218948290101, il faut 218948290710l.
150	27	Au lieu de 218948347, il faut 218948547.
150	33	Au lieu de 6134, il faut 6234.
151	21	Au lieu de hénératrice, il faut génératrice.
153	8	Au lieu de 218958542524l (différ.), il faut 218958542424l.
173	28	Au lieu de authentique, il faut arithmétique.
203	17	Au lieu de 4235, il faut 6235.
215	18	Au lieu de 2454080 (4.e différ.), il faut 3454080.
287	26	Au lieu de 10000000 (8.e puiss.), il faut 100000000.
307	15	Au lieu de la moitir, il faut la moitié.
318	8	Au lieu de 2145 $\frac{414}{416}$ (quotient total), il faut 2145 $\frac{414}{416}$.